Geomantische Geometrie

Geometriebestimmung in Landschaften

Klaus Piontzik

AF235116

© Klaus Piontzik, 2021
Geomantische Geometrie
Geometriebestimmung in Landschaften

Herstellung und Verlag: BoD – Books
on Demand, Norderstedt

ISBN 9783755742111

Klaus Piontzik

Klaus Piontzik (*1954) ist Ingenieur der Elektrotechnik, Mathematiker und Autor. Er kann auf eine etwa 30-jährige Laufbahn als Projektingenieur im industriellen Bereich und als Entwickler von Mikroprozessor-Systemen zurückblicken.

Seit 1994 hat er sich immer stärker auf elektromagnetische Felder spezialisiert, besonders im Hinblick auf das Erdmagnetfeld und seine Bedeutung für die Erde und das Leben auf ihr. Daraus ging die Beschäftigung mit der Geophysik, der Geodäsie, der Radiästhesie und der Geomantie hervor.
Auffallend war das Fehlen von geometrischen und geodätischen Grundlagen in der Geomantie, wenn es um Punkte und Linien ging bzw. deren Beziehungen zueinander. Um diese Lücke auszufüllen entstand dieses Buch.

Seit 2006 kamen noch die Tätigkeiten als Autor (Gitterstrukturen des Erdmagnetfeldes, Planetare Systeme der Erde 1 und 2, Konvertierung DNA in Farben und Töne, Wahrscheinlichkeiten in der Galaxie für Leben, Intelligenz und Zivilisation, Alien-Hypothese, Odysseus 2013) und als Webautor hinzu.

Ein Teil der Bücher ist auch im Internet zugänglich:

www.klaus-piontzik.de
www.pimath.de
www.die-alien-hypothese.de
www.wahrscheinlichkeiten-in-der-galaxie.com
www.odysseus2013.de
www.pimath.eu (Gitterstrukturen des Erdmagnetfeldes)
www.planetare-systeme.com

Geomantische Geometrie

INHALTSVERZEICHNIS

Teil 2 - Anwendungen

Teil 3 – Bauhütte

TEIL 1 – Grundlagen

0 – Einführung

0.1 – Was ist Geomantie?

Es gibt mittlerweile drei Richtungen, die eine Begründung der europäischen Geomantie liefern. Einerseits wird die Geomantie als Importprodukt gesehen, dass aus den arabischen Ländern, etwa zur Zeit Karls des Großen, nach Europa kam. Andererseits wird die Geomantie als Produkt der in Europa ansässigen Kulturen, also der Kelten und Germanen, erklärt. Und dann existiert noch die Sicht, dass es eine noch frühere Urkultur (Atlantis?) gab und die Geomantie ein erhaltenes Erbe dieser Zivilisation darstellt. Nach wie vor liegen die Anfänge der Geomantie hier in Europa im Dunkeln. Überschaubar ist aber die Forschung zur Geomantie in Europa.

Nach einer gängigen Interpretation soll sich der Begriff Geomantie auf eine arabische Form der Weissagung bezogen haben, die sich Ende des ersten Jahrtausends, von den moslemischen Ländern aus, nach Europa und nach Afrika hin verbreitete. Noch heute wird in vielen Lexika Geomantie als Wahrsagungsmethode z.B. aus Erdbeben oder ähnlichen Phänomenen erklärt. Im „Lexikon der Magischen Künste" von H. Biedermann (1998) steht:

„Eine kulturhistorisch interessante Disziplin der Mantik, erwähnt u.a. in der ‚Occulta Philosophia' des Agrippa von Nettersheim (II. Buch, Kap. 48). Es handelt sich um eine uralte, aber noch in neuerer Zeit geschätzte ‚Punktierkunst', bei welcher der Wahrsager rasch und ungezielt 16 Reihen von Punkten in Wachs, Sand, Ton oder auf Papier macht, diese mit Hilfe eines aus 12 Feldern bestehenden Quadrates, des ‚geomantischen Spiegels', geordnet und nach astrologischen Gesichtspunkten interpretiert werden (Parallelen in China, Westafrika, Vorderasien)."

Dass diese Beschreibung eine Verzerrung geomantischer Phänomene bedeutet, soll im Folgenden gezeigt werden.

Die asiatische, sprich chinesische Form der Geomantie wird als "**Feng-Shui**" bezeichnet, und lautet in der Übersetzung ganz einfach Wind und Wasser.

In der klassischen chinesischen Literatur findet man noch den Begriff "ti-li" was mit "Beschaffenheit der Landschaft" übersetzt wird und, in modernerer Ausdrucksweise, als Geographie bezeichnet werden könnte.

Wie Stephen Skinner in seinem Buch "Chinesische Geomantie" zeigt, existiert noch ein dritter Begriff, nämlich der des "**kan-yü**". Wörtlich übersetzt bedeutet dies "Wagen des Himmels und der Erde" und soll sich auf die runde Platte des Kompasses (Himmel) beziehen, der in die quadratische Erdplatte eingesetzt ist.

10

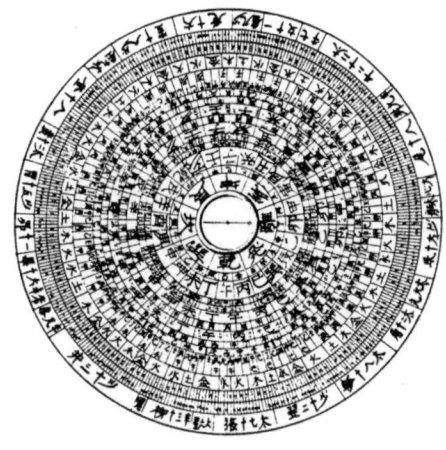

"kan-yü" war wahrscheinlich die ursprüngliche Bezeichnung für die Kompass-Schule und beinhaltete die alten Theorien der taoistischen Philosophie über die Wechselwirkungen zwischen Himmel und Erde.

Ein Instrument zur Messung geomantischer Verhältnisse stellt der **Lop`an** dar, wie im Bild links zu sehen. In der Mitte befindet sich ein Kompass, um den herum im Durchschnitt 16 bis 20 bewegliche Ringe angebracht sind. Der voll ausgestattete **Lo-ching Chieh** besitzt sogar 38 Ringe. Wobei die Ringe, je nach ihrer eingestellten Orientierung, verschiedene Facetten des Standortes anzeigen.

Dagegen präsentiert "**Feng-Shui**" die Form-Schule, die sich mehr mit dem Zyklus der fünf Elemente und ihren Ausdrucksformen in Landschaft und Architektur beschäftigt.

Die chinesische Form der Geomantie lässt sich als Theorie und Praxis der Standortbestimmung in Harmonie mit den Elementen und dem Himmel interpretieren.

Der englische Missionar E.J. Eitel war der erste Europäer, der sich mit dieser chinesischen Variante der Geomantie beschäftigte. 1873 erschien sein Werk über Feng-Shui. Die Bezeichnung "Geomantie" wurde in seiner Zeit dann von anderen Schriftstellern aufgegriffen, um "Feng-Shui" zu übersetzen.

Der Begriff Geomantie, in seiner heute gebräuchlichen Form, wurde in den 1980. Jahren durch Nigel Pennick in England geprägt. In seinem Buch "Die alte Wissenschaft der Geomantie" interpretiert er diesen Begriff als "**Gespür für die Erde**".

In dem 1998 von Andreas Lentz veröffentlichtem Werk "Geomantie / Tiefenökologie" wird Geomantie als "**Gewahrsein der Erde**" beschrieben.

Für den modernen westlichen Menschen erscheint die von Nigel Pennick vorgenommene Klassifizierung der Geomantie als Wissenschaft etwas befremdlich. Was für sogenannte "Sensitive" selbstverständlich und plausibel sein mag, ist für viele Menschen eher ein rein subjektiver Vorgang.

In Anlehnung an die Bezeichnung Geomantie als „**königliche Kunst**" könnte man Geomantie heute eher als Kunstform begreifen. Ein gutes Beispiel dazu geben die Projekte von Marco Pogačnik, dessen bekannteste Schöpfung das geomantische System in der Parkanlage des Schlosses von Kerpen Türnich ist. In seinem Buch "Die Erde heilen" ist dieses System ausführlich dargestellt.

11

0.2 – Historisches zur Geomantie

Man sollte nicht vergessen, dass die traditionelle Wissenschaft viele Jahrhunderte lang eine ganzheitliche Sichtweise pflegte, und sich daher auch keine Einzeldisziplinen im modernen Sinne ausbildeten. Dies geschah erst im Zuge der Aufklärung, also ab dem 17ten Jahrhundert.

Insbesondere die Herausbildung der sogenannten Naturwissenschaften gingen mit dem Wunsch nach "objektiven" Daten einher. Das kausal Beweisbare stellte die pure Erfahrung infrage. Diesem Differenzierungsprozess fielen auch die bis dato noch nicht beweisbare esoterische Elemente in der Wissenschaft zum Opfer. In Folge wurden diese Teile auch in der Geomantie einfach fallengelassen, jedenfalls von offizieller Seite aus.

Im Laufe der Zeit, durch Tradierung zum Allgemeingut geworden, sank die Geomantie eher auf das Niveau einer Glaubensfrage herab oder geriet ganz in Vergessenheit.

Eine Ausnahme bildet hier Island. Es ist das einzige Land in Europa, in dem sich geomantische Praxis seit uralten Zeiten bis auf den heutigen Tag erhalten hat! Offiziell scheint die Geomantie in Theorie und Praxis heute verschwunden zu sein.

Das Wahrnehmen der Erde, in ihren Formen und Wesen, mitsamt der Beziehungen zwischen diesen Teilen und ihre Beschreibungen ist allerdings erst eine **Hälfte** der Geomantie. Die andere Hälfte besteht daraus, dass Erspürte und Erkannte umzusetzen, durch Formung und Erhaltung von Landschaftsstrukturen!

Durch die Untersuchungen von Alfred Watkins Anfang des 20ten Jahrhunderts, der sogenannten "**ley-lines**" in England, wurde Geomantie wieder ein Gegenstand der Forschung.

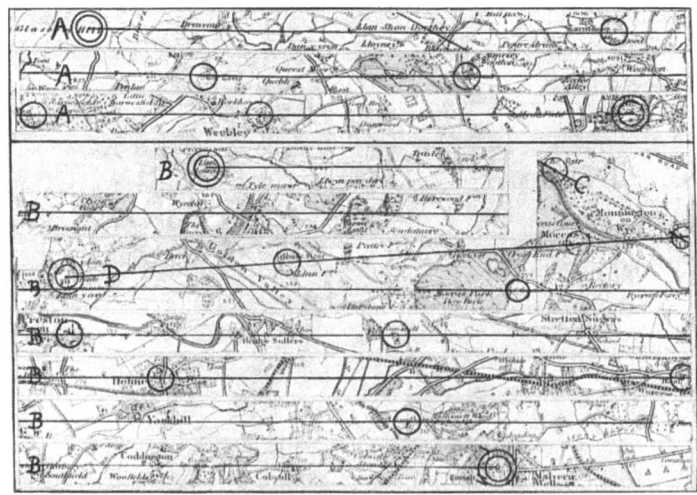

Der Begriff Ley-Linien leitet sich ursprünglich von Aufreihungen englischer Ortschaften mit den Endungen -**leigh** bzw. -**ley** (altenglisch für „Lichtung, Rodung") ab. Also von Orten die durch eine Linie verbunden werden konnten. Ihre Existenz wurde zum ersten Mal 1921 von dem Engländer Alfred Watkins formuliert.

1969 brachte der Schriftsteller John Michell (The View Over Atlantis) Ley-Linien mit spirituellen und mythischen Theorien in Verbindung, die zu einer neuen Interpretation der Linien führte.

In der heutigen Geomantie versteht man laut Marco Pogačnik (Die Erde heilen) unter Ley-Linien Linien mit einer bestimmten energetischen Charakteristik.

„Auf der Linie pulsiert die sogenannte Herzschlagkernschwingung und E-nergie wird teilweise spiralförmig (Yin-Wirbel) abgegeben."

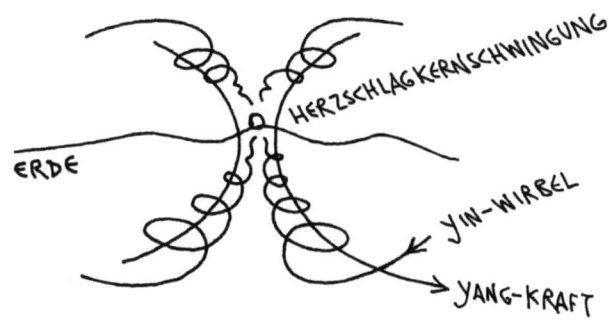

Seit Alfred Watkins gibt es in den angelsächsischen Ländern eine durchgehende Forschungstätigkeit. Die auch, bis auf den heutigen Tag, durch Nigel Pennick, John Michell, Paul Devereux und andere fortgesetzt wird.

In Frankreich finden sich geomantisch orientierte Menschen wie Boudaille, Circare, Doumayrou, Guichard und Guinguand. Die Situation in Deutschland gestaltet sich dagegen deutlich komplizierter.

0.3 – Geomantie in Deutschland

Anfang des 20ten Jahrhunderts bzw. schon im Kaiserreich bis ins Dritte Reich hinein, gab es auch eine ausgeprägte Forschung auf dem Gebiet der Geomantie in Deutschland.

In den 1930er Jahren existierten in Deutschland ebenfalls Untersuchungen geomantischer Art. Die Studien von Wilhelm Teudt, Hermann Wirth und Josef Heinsch kamen zu ähnlichen Ergebnissen wie die von Watkins, nämlich der Existenz großräumiger Landschaftsstrukturen in Europa.

Wilhelm Teudt und Josef Heinsch sind die **Begründer der deutschen Geomantie** (damals Kultgeographie genannt) und haben mit ihren Studien die Geomantie in Deutschland in der Vergangenheit wesentlich beeinflusst.

Heinsch äußerte sogar *„dass die deutsche Landschaft in ihrer urtümlichen sakralen Raumordnung eine riesige, umfassend einheitliche Hieroglyphe darbietet".*

Von Josef Heinsch sind Dokumente übermittelt (Nigel Pennick „Hitlers Secret Sciences") die belegen, dass er Studien zu Stonehenge in England und zu Ordy in der ehemaligen Tschechoslowakei betrieb.
J. Heinsch beschreibt 1937 in der "Ortung in kultgeometrischer Sinndeutung" den sogenannten **Gottesberg** als Ausdruck bzw. Entsprechung des Weltenbaumes **Yggdrasil**. Gottesberge sind natürliche oder künstlich geschaffene Hügel. Die keltische Weltenesche war ein dreistämmiger oder -ästiger Baum, der mit seinen Ästen den Himmel und mit seinen Wurzeln die Erde festhält.
Josef Heinsch fand, dass "heilige Berge" den Beginn von Ley-Linien darstellten. Das ist dann später von Paul Devereux übernommen und nach England transportiert worden.

„Dementsprechend ist es auch ein natürlicher Ausdruck dieser kosmisch-sakralen Himmelsbildvorstellung, dass die als urtümliche Zentren für das kultische wie völkische Gemeinschaftsleben überall in Erscheinung treten-den Gottesberge sich regelmäßig in allen deutschen Gauen noch heute nachweisen lassen und dass sich überdies von ihnen ausgehend die umliegende Landschaft in ihren Grenzen mit allen irgendwie bedeutsamen Örtlichkeiten allenthalben nach den gleichen Maßeinheiten und Maßverhältnissen in den Richtungsbeziehungen einheitlich geortet zeigt."

Von Josef Heinsch stammt das Werk „Vorzeitliche Raumordnung als Ausdruck magischer Weltschau" (1937). Überliefert sind auch Beiträge in Zeitschriften und einzelne Schriftstücke. Josef Heinsch war ebenfalls zeitweise mit dem „Ahnenerbe" involviert.
Wilhelm Teudt kam zu der Erkenntnis, dass heilige Orte durch ein Netz gerader Linien miteinander verbunden sind. Sein Buch "Germanische Heiligtümer" (1926) besaß für die Nationalsozialisten quasi Kultstatus. Teudts grundlegende These zur germanischen Vorgeschichte besagt, dass die auf dem Gebiet des späteren Deutschlands lebenden Germanen bereits vor ihrer Berührung mit Römern und Westfranken eine eigene hochstehende Kultur gehabt hätten.
Wilhelm Teudt avancierte zeitweise zum Leiter von Heinrich Himmlers „Ahnenerbe". Das deutsche „Ahnenerbe" beschäftigte sich mit allem, was die germanischen Traditionen betraf. Dazu gehörten alte Lieder und Tänze,

Folklore, Legenden, Runen, Symbolismus, rassische Studien, die Geomantie, Megalithen und ebenso das Paranormale.

Wie E. Carmin in seinem Buch "Das schwarze Reich" zeigt, hatten die inneren Zirkel des nationalsozialistischen Systems, allen voran Himmler, einen überaus okkulten, heute würde man sagen „esoterischen" Hintergrund und Zweck.

Himmler erhob Teudt zum Direktor eines Programms, das die Wiederbelebung der Externsteine als heiliges Monument anstrebte.

Teudt hatte von Himmler eine direkte Weisung, die Externsteine als sakrales Monument „des deutschen Geistes" wieder zu beleben, wie es angeblich 1200 Jahre vorher gewesen sein soll.

Geplant war auch eine Replik der „Irminsul" auf den Externsteinen zu platzieren. Die Irminsul war eine heilige Säule oder heiliger Baum der Sachsen. Die Replik der Irminsul sollte auf dem höchsten Punkt der Externsteine angebracht werden. Teudt war sogar der Ansicht, dass die originale Irminsul, also die von Karl dem Großen zerstörte, ehemals an den Externsteinen gestanden habe.

Anfang des 20ten Jahrhunderts bzw. schon im Kaiserreich bis ins Dritte Reich hinein gab es auch eine ausgeprägte Forschung auf dem Gebiet der Geomantie in Deutschland.

Durch die Beteiligung von Hermann Wirth, Wilhelm Teudt, Joseph Heinsch und anderer Geomanten am Ahnenerbe lässt sich erklären wieso die Geomantie, im Zuge der Entnazifizierung nach dem zweiten Weltkrieg, als nationalsozialistisches Gedankengut eingestuft wurde.

Folgerichtig kam es in Deutschland nach dem zweiten Weltkrieg zu einem abrupten Ende jedweder Forschung im geomantischen Bereich.

So wurde dann die Geomantie in Deutschland derart verschwiegen und tabuisiert, dass sie für die folgenden Jahrzehnte fast vollkommen in Vergessenheit geriet oder lediglich als Kuriosität bzw. Glaubenssache angesehen wurde. Beispielhaft sind hier die alten Leute, die noch mit Ruten oder Pendeln Wasseradern aufspüren konnten.

Das Interesse der Nationalsozialisten für die Geomantie hatte noch weitere fatale Folgen. Um ihre Geheimnisse zu bewahren, vernichteten die Nationalsozialisten bei Kriegsende zahlreiche unersetzliche Dokumente.

Und nach dem Krieg beschlagnahmten sowohl die Amerikaner als auch Britische Sondereinheiten (denen das Interesse der Reichsregierung durchaus bekannt war, da sie nach ähnlichen Kriterien arbeiteten), das übrig gebliebene Material und transportierten es ab.

Neben der Zerstörung vieler Archive durch Bombardements in den Kriegsjahren ist dies der Hauptgrund, warum in Deutschland in vielen Städten keine oder nur lückenhafte Aufzeichnungen über architektonische und landschaftsstrukturierende Gebilde der letzten 100 Jahre vorhanden sind und das, obwohl gerade in diesen Zeiten eine überaus rege Bautätigkeit stattgefunden hat.

0.4 – Ein neuer Anfang

Erst die in den 90er Jahren des 20ten Jahrhunderts aufkommende New Age- und Esoterikwelle hat das Thema der Geomantie wieder nach Europa und daher auch nach Deutschland gespült und salonfähig gemacht.
Vielen Menschen sind die Begriffe Energielinien oder Orte der Kraft oder Feng-Shui, als Kunst des Wohnens, schon einmal begegnet und erzeugen auch ein gewisses Interesse. Aber was es mit diesen Linien und Orten bzw. Energien auf sich hat, dass kann kaum jemand erklären.
Die meisten mehr oder weniger esoterischen Erklärungsversuche bzw. Modelle sind zwar für sogenannte "Sensitive" hinreichend plausibel, doch esoterische Begriffe wie Wasser- oder Feuerenergie sind, vom wissenschaftlichen Standpunkt aus, in ihrer Existenz (noch) nicht bewiesen. Sie sind demzufolge auch bisher kein Objekt wissenschaftlicher Forschung.
Die Veröffentlichung einer naturwissenschaftlich ernstzunehmenden Untersuchung erfolgte hier erst 1988, als das Buch von Jens M. Möller "Geomantie in Mitteleuropa" erschien. Das darin gezeigte Lichtmeßsystem bietet einen Ansatz für eine **geometrische** Begründung der Geomantie, obwohl diese Methode auch nicht immer als solche erkannt wird.

Die Benutzung und Einbeziehung von Bergen und/oder Türmen in Verbindung mit Licht- und Spiegelsystemen bzw. deren Ausrichtung nach astronomischen Begebenheiten (Sonne bzw. Mond) gestattet eine geophysikalische Ableitung und auch Bestimmung von Linien auf der Erdoberfläche.
Von ganzheitlichen Standpunkten aus betrachtet, bilden lebende Wesen und ihre Umwelt eine Einheit. Daher kann Formung der Landschaft auch immer als Formung der darin lebenden Wesen verstanden werden.
Ganzheitlich betrachtet, erzeugen raumgreifende Landschaftsstrukturen (mit den hinreichenden Energiequellen), durchsetzt mit architektonischen Konstruktionen, die nach bestimmten Mustern geordnet sind (um die Energien zu leiten), auch Wirkungen auf die darin lebenden Wesen, gleich welcher Art.

Nach Jens M. Möller ist *„Geomantie die alte Kunst, Energiezentren auf der Erdoberfläche auszumachen und durch künstliche Veränderung der Landschaft, durch den Bau von Heiligtümern und Konstruktionen, zu verstärken oder zu verändern. Mit Hilfe der Geomantie sollten die künstlich von Menschen geschaffenen Siedlungen in Einklang mit den Energieströmen der Erde und des Kosmos gebracht werden."*

So verstanden ist die Geomantie ein Instrument, welches (aus einem ganzheitlichen Verständnis) die Macht besitzt, **Kulturen zu schaffen und zu formen**. So ist es also nicht verwunderlich, wenn die königliche Kunst eben eher als Kunst der Könige gehandelt wurde. Also die Kunst der Eingeweihten und Mächtigen.

0.5 – Geometrische Begründung

Wenn gestaltende Kräfte, mit welchem Hintergrund und mit welcher Absicht auch immer, auf eine Landschaft einwirken und sie strukturieren, so entsteht ein Gebilde aus Objekten und deren Beziehungen untereinander - Kurz: Ein komplexes System von physikalischen Manifestationen und Relationen, ein **geomantisches System**.

Mathematik ist die Wissenschaft der formalen Systeme. Wobei unter einem formalen System eine Sammlung von Axiomen zu verstehen ist, die erstens voneinander möglichst unabhängig und zweitens zueinander widerspruchsfrei sein sollten. „Axiome" sind Grundsätze oder auch Regeln, allgemein also Aussagen, die Eigenschaften von Systemteilen und damit das Verhalten des Gesamtsystems definieren.

Ein formales System besteht also insgesamt aus einer Menge von Axiomen, die dann eine weit größere Menge von Schlussfolgerungen, Sätzen, Konsequenzen und eventuell Realisationen erzeugen.

Demnach lässt sich ein geomantisches System auch als formales System im mathematischen Sinne auffassen. Die Definitionen von bestimmten Eigenschaften und Regeln (innerhalb der Geomantie) bilden dabei die Menge der Axiome, und die Landschaftsstrukturen stellen deren Realisationen dar.

Geomantische Systeme sind dem zufolge physikalisierte formale Systeme. Physikalisierte Mathematik ist bekannt unter dem Namen **Geometrie**. Daher sind geomantische Systeme stets auch geometrische Systeme.

Die Existenz oder Nichtexistenz von Geometrie bzw. bestimmten Geometrien in einer Landschaft ist nachweisbar bzw. widerlegbar.

Geomantie als Geometrie kann und muss daher auch Gegenstand wissenschaftlicher Forschung sein. Diesen Teil könnte man dann **Geomantische Geometrie** nennen und durchaus als **Teilgebiet der historischen Forschung** ansehen.

Durch Abstands- und/oder Winkelmessungen bzw. Bestimmungen lassen sich, über Vergleiche und anschließender Konstruktion und/oder auch Berechnung, vorhandene Geometrien finden und nachweisen.

Einen Vorteil bietet dabei die **optische** Erfassungsgabe des Menschen. Durch Anwendung geometrischer Kriterien lassen sich nämlich Techniken entwickeln, mit denen alle Geometrien direkt, d.h. auf optischem Wege und ohne aufwendige Berechnungen, erkennbar werden.

0.6 – Mathematisches

Die Geometrie ist logischerweise auch die Grundlage der vorliegenden Studie. Die Kriterien zur Geometrieerkennung werden im ersten Kapitel des ersten Teils der Abhandlung erläutert, und bilden das Fundament für alle weiteren Betrachtungen.

In dieser Abhandlung werden Begriffe wie Punkte, Umgebungen, Bereiche und Gebiete definiert. Darüber hinaus werden deren Beziehungen zu Linien bestimmt, d.h. ob ein Objekt auf, an neben oder in der Nähe einer Linie liegt. Über die Einführung von Abstandsteilungen werden dann sogenannte Gittersysteme abgeleitet und beschrieben. Und durch Definition von Winkelteilungen sind Vielecke bzw. Polygone darstellbar.

Für die Bestimmung von Orten bzw. Objekten werden geographische Koordinaten benutzt. Daher kann dann auch eine erste Genauigkeits- und Fehlerbetrachtung zur Standortbestimmung vorgenommen werden.

Insgesamt steht mit den definierten Kriterien ein effektives Werkzeug zur Verfügung, um **geometrische Konstruktionen in Landschaften hinreichend genau bestimmen zu können**.

Da die Erde eine gekrümmte Oberfläche besitzt, treten keine Linien im euklidischen Sinne auf. Die auftretenden Linien sind, genau genommen, Teile von Kreisen. Da die Erde auch keine Kugelgestalt, sondern mehr eine elliptische Form besitzt, sind praktisch fast alle Linien auf der Erdoberfläche Teile von Ellipsen.

Die Kriterien zur Geometriebestimmung sind dagegen in einer Ebene definiert, also euklidisch orientiert. So erhebt sich hier die Frage nach der Genauigkeit. Es hat sich gezeigt, dass alle aufgestellten Kriterien mit einer hinreichenden Genauigkeit benutzt werden können, wenn die zu untersuchenden Flächen klein genug gehalten werden. Klein genug bedeutet hier etwa Deutschland-Größe.

Insgesamt sind damit alle benötigten Grundlagen vorhanden, um ein genaues Arbeiten zu ermöglichen, d.h. es ist möglich, Geometrien in Landschaften exakt und eindeutig zu bestimmen.

Da bei größeren Strecken die Krümmung der Erde zu berücksichtigen ist wird im zweiten Kapitel des ersten Teils dieser Abhandlung das Augenmerk auf Linien gelegt, die auch über Deutschland hinausgehen können.

18

Linien werden in der Regel als Liste von Orten angegeben. Orte besitzen Koordinaten und so lassen sich Linien geodätisch behandeln bzw. berechnen

Sowohl eine mittlere Ausrichtung als auch die Entfernung zur Linie lässt sich für jeden beteiligten Ort ermitteln. Daraus ergibt sich eine neue Definition für Linien.

Das erste Kapitel des zweiten Teils behandelt die Externstein-Pyramide, die mit einer besonderen mathematischen Struktur verbunden ist, nämlich der Quadratur des Kreises bzw. einer geometrischen Näherung davon. Aus der Externstein-Pyramide resultieren die Gitter Externstein-System 1 und 2 sowie das Machalett-Gitter.

Im zweiten Kapitel wird eine Quadrierungslinie beschrieben die durch das Ruhrgebiet verläuft und eine Parallele zur Externstein-Ostlinie bildet.

Daraus resultiert ein Gitternetz, welches mit dem Externsteinsystem 1 identisch ist. Dabei kann belegt werden, dass das Gitter schon im Kaiserreich bekannt war und benutzt worden ist.

Im dritten Kapitel wird die Wewelsburg behandelt, an der die Nationalsozialisten, allen voran Himmler, so ein enormes Interesse hatten und es kann der Bezug zu den Externsteinen hergestellt werden.

Im vierten Kapitel erfolgt die geometrisch/geomantische Analyse eines Parks in Sachsen-Anhalt, der um 1900 herum vom Architekten Paul Schultze Naumburg entworfen und erbaut wurde.

Das fünfte Kapitel beschäftigt sich mit dem Schatz von Štěchovice der angeblich von Nationalsozialisten vergraben sein soll. Es soll in Hradištko nahe der Stadt Štěchovice bei Prag in der mittelböhmischen Region der Tschechischen Republik versteckt sein. Die Geschichte besagt, dass Emil Klein, ein SS-Obergruppenführer und Heinrich Kammler dort Kriegsbeute in Tunneln in Hradištko begraben haben.

Emil Klein hat Unterlagen hinterlassen, die eine gewisse Systematik bei der Versteckanlegung sehen lassen.

Im dritten Teil des Buches erfolgt die Betrachtung von Stilelementen und Symbolen der Dombauhütte, anhand von Turmdächern, Turmknöpfen und Wetterfahnen, sowie die Darstellung des Weiblichen in der Dombauhütte.

1 – Grundlagen zur Geometriebestimmung

Geomantische Konstruktionen sind, in der Regel, auch geometrische Konstruktionen. Sie zeichnen sich, im Allgemeinen dadurch aus, das in ihnen Regelmäßigkeiten und Symmetrien auftreten. Dabei verlaufen sie nicht zwangsläufig immer linear bzw. euklidisch und müssen auch nicht direkt erkennbar sein.

Denn Geomantie war die Kunst der Eingeweihten, so sollte es nicht überraschen, wenn Tarnungen benutzt worden sind. Unter Umständen sind Strukturen nicht direkt sichtbar, da sie entweder so verteilt sind, dass erst erkennbar, wenn das gesamte Muster bekannt ist, oder auch getarnt durch Weglassen bestimmter Punkte, d.h. unausgefüllt von Architektur. Solche nämlich, die die Struktur unmittelbar offenbaren würden.

Durch Abstand- und/oder Winkelmessungen lassen sich aber dennoch, über Vergleiche und anschließender Konstruktion und/oder auch Berechnung, vorhandene Geometrien finden und nachweisen.

Kriterium:

Als allgemeine Grundlage dienen die Sätze der euklidischen und sphärischen Geometrie, sowie der Topologie.

Einen wesentlichen Vorteil bietet dabei die **optische** Erfassungsgabe des Menschen. Durch Anwendung definierter Kriterien lassen sich fast alle Geometrien direkt, also auf optischem Wege, erkennen.

Die folgenden Kriterien werden hier also abgeleitet, um geometrische, sprich geomantische Konstruktionen, in Landschaften, ausfindig zu machen und beschreiben zu können.

1.1 – Umgebungen

Die meisten in regionalen Studien benutzten Zeichnungen haben einen Maßstab von 1:100.000.

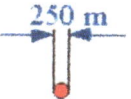 Die darin verwendeten Kreise um die einzelnen Orte besitzen in der Regel einen Radius von 1,25 mm. Dies entspricht einer Strecke von 125 Meter. Der Durchmesser des Kreises beträgt damit **250 Meter**.

Damit ist in jedem Fall garantiert, das **alle** aufzunehmenden Objekte **innerhalb** dieser Begrenzung liegen. Dies ist wichtig für diejenigen Anlagen, von denen sich ein metergenauer Standpunkt nicht (mehr) angeben lässt.
Die Benutzung von 250 Meter als Grunddurchmesser hat sich in der Praxis als günstigste Größe ergeben. Einzelne Objekte, wie Denkmäler und Gebäude, befinden sich dann stets im Zentrum des jeweiligen Kreises.
Allgemein gesehen stellen die Kreise die unmittelbare **Umgebung** eines geographischen Ortes dar. Daher lassen sich jetzt, **in Anlehnung an die Topologie**, folgende Definitionen tätigen:

Definition 1	Eine beliebig große **kreisförmige Fläche um** einen geographischen Ort (als Mittelpunkt) heißt **Umgebung** des Ortes.
Definition 1.1	Hat die Umgebung eines beliebigen geographischen Ortes einen Radius von **125 Meter** so heißt sie **Standardumgebung** des Ortes.
Definition 1.2	Ein beliebiger geographischer Ort mit einer Standardumgebung heißt dann **Umgebungspunkt**.

So lässt sich auch genau unterscheiden zwischen einem **geographischen Punkt**, der ja durch Länge und Breite angegeben wird, und den zur Untersuchung von Geometrien benutzten **Umgebungspunkten**.
Der Einfachheit halber lässt sich noch vereinbaren, dass Umgebungspunkte auch einfach als „**Umgebungen**" bezeichnet werden können. Ein Umgebungspunkt in drei Kartenmaßstäben sieht dann so aus:

Maßstab 1:25000	Maßstab 1:50000	Maßstab 1:100000

Bei größeren Maßstäben, also ab 1:200.000 ist es nicht mehr sinnvoll Umgebungspunkte zu gebrauchen. Diese wären einfach zu klein. Zur weiteren Betrachtung müsste die Umgebung ausgedehnt werden.

Durch eine entsprechende Farbgebung lässt sich an den Umgebungen auch noch die Art des darin enthaltenen Objektes festlegen bzw. feststellen. Für einen Maßstab von 1:100.000 sieht das so aus:

🔴	Burg, Haus, Schloß, vermutetes Objekt
⚫	Gut, Villa, Rathaus, amtliche Gebäude
⚫	Denkmal
🔵	Kloster
🟠 ●	Kirche
🟢	Nauturdenkmal, Parkanlage, Naturgebiet
⚪	Turm, sonstiges Objekt

1.2 – Erweiterte Umgebung, Bereiche, Gebiete

Es existieren weiterhin Objekte, die über die Umgebungspunkte hinaus reichen, z.B. Parkanlagen oder auch durch eine größere bauliche Ausdehnung. In diesen Fällen ist es erforderlich, den Durchmesser des umgebenden Kreises zu erweitern. Der einfachste Weg der Umgebungserweiterung besteht in der **Verdopplung** des Radius bzw. des Durchmessers eines Umgebungspunktes.

Definition 2	Hat die Umgebung eines beliebigen geographischen Ortes einen Radius von **250 Meter** so heißt sie **erweiterte** Standardumgebung des Ortes.
Definition 2.1	Ein beliebiger geographischer Ort mit einer erweiterten Standardumgebung heißt dann eine **erweiterte Umgebung** oder auch **2fach**-Umgebung.

Eine **erweiterte Umgebung** sieht in der graphischen Darstellung dann so aus:

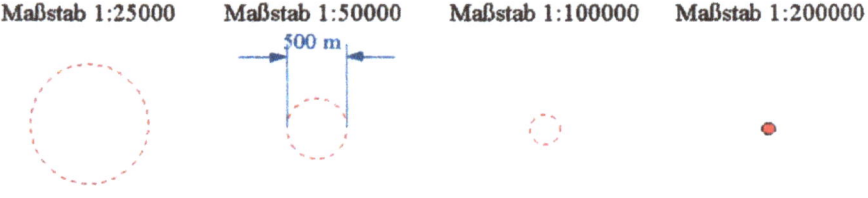

Maßstab 1:25000   Maßstab 1:50000   Maßstab 1:100000   Maßstab 1:200000

Da die erweiterten Umgebungen in den Maßstäben 1:25.000 bis 1:100.000 immer nur in Kombination mit Umgebungspunkten erscheinen, und darüber hinaus auch gestrichelt gezeichnet werden, sind Verwechslungen eigentlich ausgeschlossen.

Und beim Maßstab 1:200.000 stellen die erweiterten Umgebungen ja gerade die Fortsetzung der Umgebungspunkte dar.

Trotz der Erweiterung treten noch Fälle auf, bei denen die Gesamtanlage umfassender ist als eine erweiterte Umgebung. Und für diesen Fall ist es angebracht, die erweiterte Umgebung in ihrem Radius noch einmal zu vergrößern, z.B. im nordwestlichen Ruhrgebiet, im Raum zwischen Ruhr und Lippe und zwischen dem Rhein und Dortmund existierten ehemals über 100 Burgen und Schlösser. Erhalten geblieben wenn auch nur als Ruine, sind etwa nur die Hälfte dieser Objekte. Oft ist noch ein gewisser Bereich bekannt, in dem das Objekt gelegen hat. In der Regel findet man dort und heute eher eine Industrieanlage oder auch ein ganzes Industriegebiet. Daher lassen sich bestimmte Objekte nicht so ohne weiteres lokalisieren.

So ist es also notwendig, jetzt eine erweiterte Umgebung auf eine größere Fläche auszudehnen. Auch hier besteht der einfachste Weg in einer nochmaligen Verdopplung der Umgebung.

Definition 3   Hat die Umgebung eines beliebigen geographischen Ortes einen Radius von **500 Meter** so heißt sie **Bereichsumgebung** des Ortes.

Definition 3.1   Ein beliebiger geographischer Ort mit einer Bereichsumgebung heißt dann **Bereichspunkt** oder auch **4fach-**Umgebung.

Ein Bereichspunkt sieht in der graphischen Darstellung dann so aus:

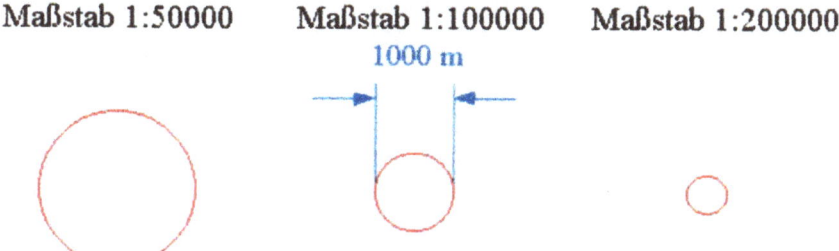

Maßstab 1:50000   Maßstab 1:100000   Maßstab 1:200000

Da die Bereichspunkte in allen Maßstäben immer nur in Kombination mit Umgebungspunkten und erweiterten Umgebungen erscheinen, sind auch hier Verwechslungen eigentlich ausgeschlossen.

Der Einfachheit halber kann man auch hier nur den Begriff „**Bereich**" benutzen, wenn von Bereichspunkten die Rede ist.

Eine weitere Vergrößerung der Umgebung ist für einzelne Objekte nicht mehr sinnvoll. Zur Eingrenzung und Betrachtung von Stadtgebieten dagegen kommt es nicht so sehr auf genaue Koordinaten an, sondern eher auf die Ausdehnung des jeweiligen Stadtkernes. In diesem Fall ist es also angebracht, noch einmal eine Erweiterung der Umgebung vorzunehmen. Und zwar wieder durch eine Verdopplung.

Definition 4	Hat die Umgebung eines beliebigen geographischen Ortes einen Radius, der größer als **1000 Meter** ist, so heißt sie **Gebietsumgebung** des Ortes.

Definition 4.1	Ein beliebiger geographischer Ort mit einer Gebietsumgebung heißt dann **Gebietspunkt**.

Ein Gebietspunkt sieht in der graphischen Darstellung folgendermaßen aus:

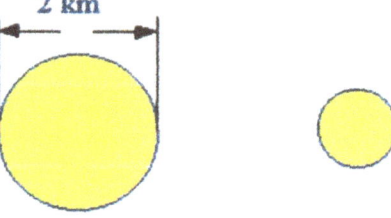

Maßstab 1:100000   Maßstab 1:200000

2 km

Auch hier lässt sich der Einfachheit halber vereinbaren, das Gebietspunkte ebenfalls als „**Gebiete**" bezeichnet werden können.

Da Gebiete nur bei Städtebetrachtungen benutzt werden, ist durch den Umkreis und die gelbe Füllung immer ein eindeutiger Zusammenhang gegeben.

Ein weiterer Unterschied von Gebieten zu Umgebungen und Bereichen liegt darin, dass alle in den Definitionen beschriebenen Umgebungen jeweils einen fixen Radius besitzen, während bei Gebieten nur ein gewisser Mindestradius (1000 m) gefordert wird.

Genau dieser Umstand ermöglicht es, die Gebiete in ihren Radien an den tatsächlich vorhandenen Stadtkernen anzupassen. Das ermöglicht eine recht gute Einordnung von Städten in Gittersysteme oder andere geometrische Konstruktionen.

1.3 – Reduzierte Umgebung, Mikropunkte

Analog zur Vergrößerung von Umgebungen, lassen sich Umgebungen auch verkleinern. Dies ist bei kleineren Maßstäben durchaus sinnvoll, da es die Genauigkeit der Betrachtung erhöht und etliche Einzelobjekte auf diese Weise noch besser lokalisiert werden können. Ausgehend von einem Umgebungspunkt erhalten wir die nächst kleinerer Umgebung durch eine Halbierung des Umkreisradius.

Definition 5   Hat die Umgebung eines beliebigen geographischen Ortes einen Radius von **62,5 Meter** so heißt sie **reduzierte** Standardumgebung des Ortes.

Definition 5.1   Ein beliebiger geographischer Ort mit einer reduzierten Standardumgebung heißt dann **reduzierte Umgebung** oder auch **1/2**-Umgebung.

Eine reduzierte Umgebung lässt sich in der graphischen Darstellung so darstellen:

Bei einem Maßstab von 1:50.000 stellt die reduzierte Umgebung quasi die Fortführung des Umgebungspunktes dar. Analog zur erweiterten Umgebung, nur in die andere Richtung, also ins Kleinere.
Aus dieser Analogie heraus wird auch der Umkreis der reduzierten Umgebung in gestrichelter Form ausgeführt, wenn der Maßstab noch weiter verkleinert wird. Da dies nur noch der Maßstab 1:25.000 ist, und die reduzierte Umgebung immer mit dem jeweilig zugehörigem Umgebungspunkt auftritt, sind auch hier Verwechslungen ausgeschlossen.
Bei Objekten wie einzelnen Gebäuden, Türmen oder auch bei Denkmälern ist noch eine weitere Verkleinerung sinnvoll. Wie gehabt lässt sich jetzt die kleinste, hier vorkommende, Umgebung aus einer erneuten Halbierung der reduzierten Umgebung gewinnen.

Definition 6   Hat die Umgebung eines beliebigen geographischen Ortes einen Radius von **31,25 Meter** so heißt sie **Mikroumgebung** des Ortes.

Definition 6.1   Ein beliebiger geographischer Ort mit einer Mikroumgebung heißt dann **Mikropunkt** oder auch **1/4**-Umgebung.

Ein Mikropunkt ist hier ja lediglich in einem Maßstab von 1:25000 vorhanden und sieht in der graphischen Darstellung so aus:

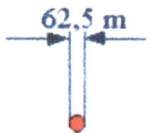

Denkbar wäre jetzt zwar noch eine weitere Verkleinerung der Umgebung, also die Einführung eines Nanopunktes. Wie sich jedoch gezeigt hat, ist dies nicht mehr sinnvoll, da man damit in die Fehlergrenzen der geographischen Koordinaten geraten würde. Eine ausreichende Möglichkeit zur Unterscheidung wäre dann nicht mehr vorhanden. Daher wird hier darauf verzichtet.

Für die meisten Studien sind die bisher getätigten Definitionen ausreichend, um ein Objekt oder eine architektonische Anlage hinreichend genau zu umreißen bzw. zu positionieren.
Und gegebenenfalls sind die bisherigen Kriterien so ausgelegt, dass eine Erweiterung, im Großen wie in Kleinen, bzw. eine Anpassung oder auch Differenzierung jederzeit möglich ist.

1.4 – Linien

Wie aus der Geometrie ja bekannt ist, lassen sich zwei Punkte stets durch eine Linie verbinden. Daher werden also mindestens drei Punkte benötigt, um in einer Landschaft hinreichend die Existenz einer Linie annehmen zu können. Hieraus ließe sich das erste Entscheidungskriterium ableiten: Eine Linie muss durch mindestens drei Punkte gekennzeichnet sein.

Drei Punkte können allerdings auch nur Bestandteil einer einfachen Symmetrie sein, oder lediglich eine begrenzte Strecke markieren. Je mehr Punkte bzw. Objekte auf einer Linie liegen, umso größer ist die Wahrscheinlichkeit eines linearen Zusammenhanges. Eine Verschärfung des Kriteriums lässt sich durch eine Erhöhung der Punktanzahl erreichen. Daraus ergibt sich eine Definition für geomantische Linien.

Definition 7	Eine geomantische Linie ist durch mindestens **vier** Punkte gekennzeichnet.

$$P_1 \qquad P_2 \qquad P_3 \qquad P_4$$

Die einzelnen Punkte können dabei unterschiedliche Positionen bezüglich der Linie einnehmen. Es genügt, Punkte mit den zu untersuchenden architektonischen Objekten bzw. mit den zugehörigen geographischen Orten und deren Umgebungen gleich zu setzen.
Es geht hier darum Kriterien zu definieren, die eine Beschreibung der Beziehungen von Objekten zueinander gestatten.

1.5 – Punkte und Linien

Die Einführung von Umgebungen hat, außer der genauen Ortsbestimmung bzw. Eingrenzung, noch einen weiteren Zweck zu erfüllen. Durch die 125 Meter Markierung des Umkreises, d.h. durch die Umgebung, wird nämlich sichtbar, ob ein Objekt **auf** einer Linie liegt, bzw. **an** oder **neben** dieser Linie. So können jetzt weitere Gestaltungszusammenhänge definiert werden:

Definition 8	Ein Umgebungspunkt liegt **genau auf** einer Linie, wenn das **Zentrum** des Umkreises **auf** der Linie liegt.

Definition 8.1	Ein Umgebungspunkt liegt **auf** einer Linie, wenn der **125m-Umkreis** die Linie überlappt, also **2x schneidet**.

Definition 8.2	Ein Umgebungspunkt liegt **an** einer Linie, wenn der **125m-Umkreis** die Linie in einem Punkt **berührt**.

Definition 8.3

Ein Umgebungspunkt liegt **neben** einer Linie, wenn der **125m-Umkreis** und die Linie einen maximalen **Zwischenraum** von einem Radius (**125m**) besitzen.

Definition 8.4

Alle Umgebungspunkte, deren 125m-Umkreis den maximalen Zwischenraum überschreiten, heißen **außerhalb** liegender Punkte bzgl. der vorgegebenen Linie.

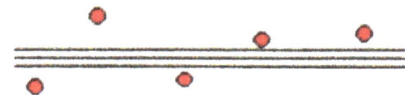

Für außerhalb liegende Punkte, die jedoch eine gewisse Nähe zu einer Linie besitzen, lässt sich, durch die Anwendung von Bereichspunkten, noch eine weitere Beziehung definieren:

Definition 8.5

Ein Objekt liegt **in der Nähe** einer Linie, wenn der **500m-Umkreis** der Bereichsumgebung die Linie in mindestens einem Punkt **berührt**.

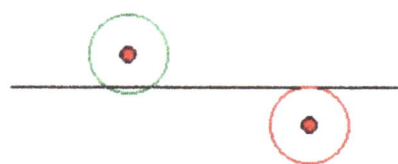

Bei Bedarf lassen sich auch hier weitere Verfeinerungen der Begriffe bilden.

Für die meisten Untersuchungen reichen die bis jetzt gemachte Definitionen aus, um eine effektive Grundlage zur Geometrie-Erkennung von geographischen Orten zu liefern.

1.6 – Abstandsteilungen

Außer Linienbildung existieren noch die regelmäßigen Abstands- und Win-kelteilungen als Grundbeziehungen. Mehrere Objekte können gleiche Ab-stände voneinander besitzen. Wie bei der Linienbildung sind auch hier mindestens drei Punkte erforderlich, die dann zwei gleiche Abstände er-zeugen. Dies könnte man so formulieren: Eine regelmäßige Abstands-Teilung muss durch mindestens drei Punkte und zwei gleichen Abständen zwischen diesen Punkten gekennzeichnet sein.
Zwei Abstände können aber auch hier lediglich durch eine Symmetrie er-füllt werden. Je mehr Objekte mit gleichem Abstand vorhanden sind, umso größer ist die Wahrscheinlichkeit einer regelmäßigen Teilung. Eine Ver-schärfung des Kriteriums lässt sich auch hier durch eine Erhöhung der Punkt- und der Abstandsanzahl erreichen.

Definition 9   Eine **einfache regelmäßige Abstands-Teilung** muss durch mindestens **vier** Punkte und **drei** gleichen Ab-ständen gekennzeichnet sein.

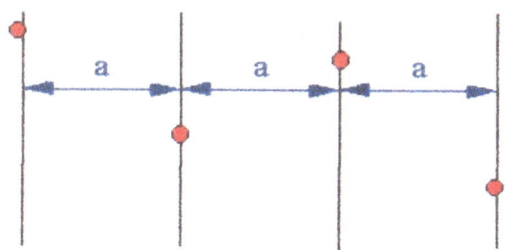

Der Einfachheit halber wird künftig nur noch von **„Abstands-Teilungen"** die Rede sein, wenn eine einfache regelmäßige Abstandsteilung vorliegt. Bei der Konstruktion von Abstandsteilungen kann sich folgende, oder auch eine ähnliche, Situation ergeben:

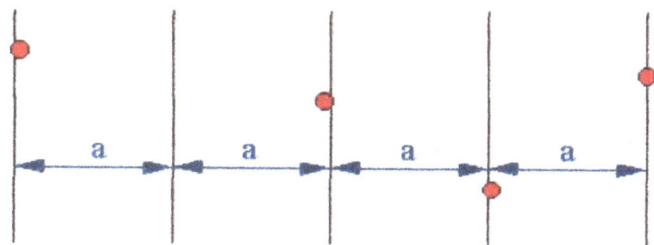

Hier verbleibt eine Teilung ohne Punkt. Egal aus welchen Gründen ein oder mehrere Orte unbelegt bleiben, die Teilung erfüllt in jedem Fall die Definition 9. Es wurde ja nicht gefordert, dass die Punkte aufeinander folgend angeordnet sein müssen. Der Abstand bleibt bei der obigen Konstruktion invariant, und man erhält sogar noch einen Abstand mehr, als in Definition 9 gefordert. Daher können, ohne Beschränkung der Allgemeinheit, auch solche Abstandsteilungen benutzt werden, deren Teilungslinien **nicht vollständig belegt sind**.

Zu beachten ist noch der Umstand, dass die Punkte selber nicht unbedingt auf einer Linie liegen müssen. Tun sie es doch einmal, so haben wir eine besondere Art der Abstandsteilung erhalten, nämlich:

Definition 9.1   Eine einfache regelmäßige Abstands-Teilung, deren Punkte alle auf einer Linie liegen, heißt **lineare Unterteilung**.

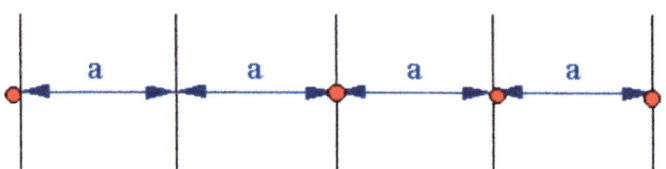

Eine typische Anwendung der linearen Unterteilung ist die ständige Halbierung einer Strecke. Die daraus entstehende Abstandsteilung besitzt die kleinste vorkommende Halbierungsstrecke als Abstand **a**. Das sieht dann so aus:

Allgemein lassen sich durch lineare Unterteilungen beliebige ganzzahlige Teilungsverhältnisse darstellen. Umgekehrt bieten lineare Unterteilungen aber auch die Möglichkeit, ganzzahlige Vielfache von Strecken abzubilden. Lineare Unterteilungen eignen sich damit vorzüglich zur Beschreibung von **Proportionen**. Zeichnet man nur die Punkte ein, ergibt sich folgendes Bild:

Hieran kann man erkennen, dass sich das Vorhandensein einer linearen Unterteilung nicht feststellen lässt, wenn nur die Punkte allein betrachtet werden. So ist auch nachvollziehbar, mit welch einfachen Methoden selbst lineare Zusammenhänge verschleiert werden können.

Mit Hilfe der Abstandsteilungen kann noch eine weitere wichtige Anwendung abgeleitet werden, nämlich die so genannten „Gitter".
Liegt z.B. eine Abstands-Teilung in waagerechter Richtung vor, und existiert dazu auch in senkrechter Richtung eine andere Abstandsteilung, so lässt sich, mit den beiden gegebenen Abständen als Grundseiten, ein rechteckiges Gitter erzeugen. Daraus direkt ableitbar sind sämtliche Gitterstrukturen, die vorkommen können, welche in Kapitel 1.8 beschrieben werden.

1.7 – Winkelteilungen

Außer Abständen (Strecken) lassen sich auch Winkel zur Geometrienbildung benutzen. Ein Kriterium für Abstandsteilungen lässt sich gleichermaßen auf Winkel anwenden.

Regelmäßige Winkelteilungen werden bei der Konstruktion von Vielecken benötigt, also Figuren die 5,6,7 oder mehr Ecken und Seiten besitzen. Wie bei den Abständen können drei Punkte, mit zwei Winkeln dazwischen, lediglich eine Symmetrie bzw. ein Dreieck oder auch Teil eines Vierecks darstellen. Auch hier muss eine Verschärfung erfolgen, so dass ein Kriterium für Winkelteilungen lautet:

Definition 10   Eine **einfache regelmäßige Winkel-Teilung** muss durch mindestens **vier** Punkte, und **drei** gleiche Winkel α gekennzeichnet sein.

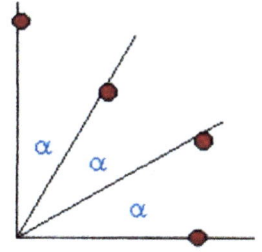

Genau wie bei den Abstandsteilungen, brauchen nicht alle Teilungsachsen belegt zu sein, d.h. Beispiele wie das hier Folgende können uneingeschränkt für Nachweise benutzt werden.

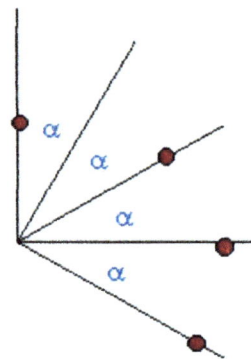

Ähnlich der linearen Unterteilung bei den Abstandsteilungen können bei Winkelteilungen alle Punkte auf einem Kreisradius angeordnet sein. Sie besitzen also gleichen Abstand vom gegebenen Zentrum aus.

Definition 11
Eine regelmäßige Winkel-Teilung, deren Punkte **gleiche** Abstände vom Zentrum besitzen wird als **Kreisteilung** bezeichnet.

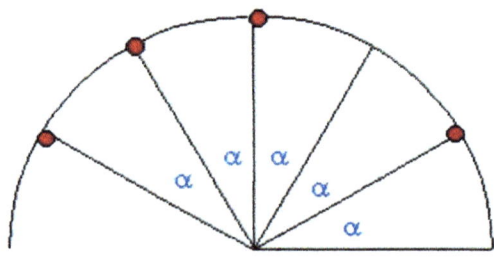

Eine der bekanntesten Kreisteilungen ist in der Geometrie des Stadtplanes von Karlsruhe zu sehen.

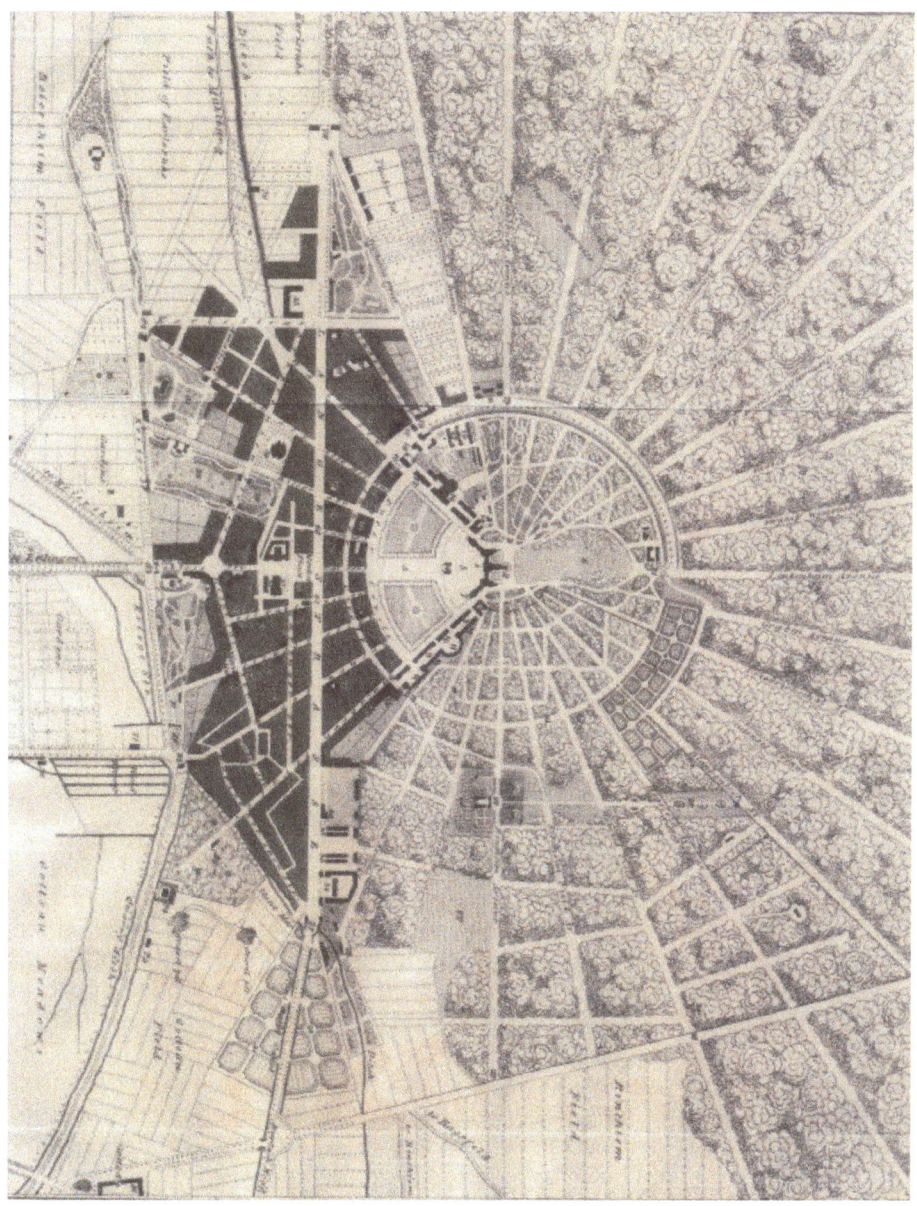

1.8 – Gitter

Mit Hilfe der Abstandsteilungen kann noch eine weitere wichtige Anwendung abgeleitet werden, nämlich die so genannten Gitter. Liegt z.B. eine Abstands-Teilung in waagerechter Richtung vor, und existiert dazu auch in senkrechter Richtung eine andere Abstandsteilung, so lässt sich, mit den beiden gegebenen Abständen als Grundseiten, ein rechteckiges Gitter erzeugen.

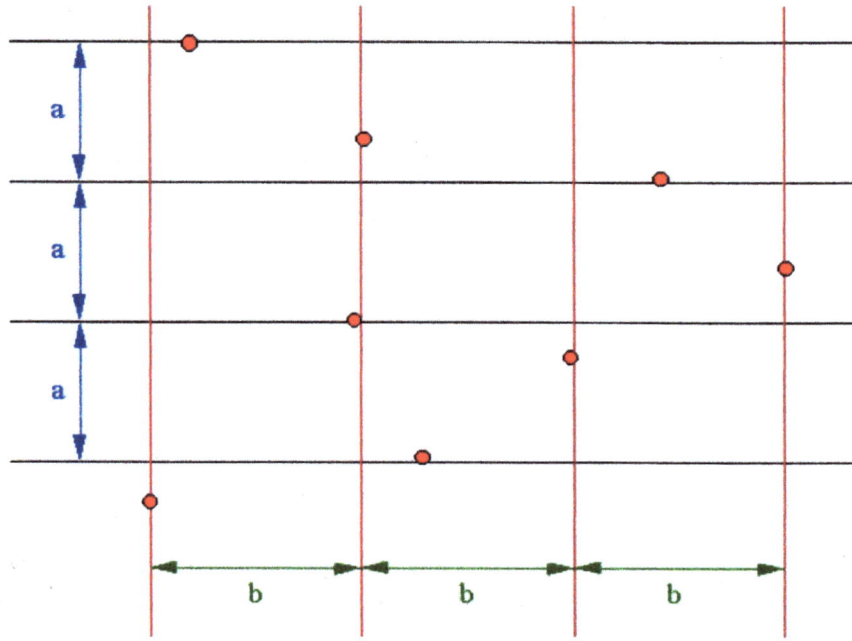

Die beiden Abstands-Teilungen brauchen nicht unbedingt senkrecht aufeinander zu stehen, sondern können sich auch unter einem bestimmten Winkel schneiden. Ebenso brauchen die beiden Teilungen nicht unbedingt in senkrechter oder horizontaler Richtung zu verlaufen. Sie können auch in einem beliebigen Winkel zum (kartesischen) Bezugssystem liegen.

Aufgrund dieser Umstände müssen einige Begriffserklärungen bezüglich der konstruierbaren Gitter getätigt werden. In Anlehnung an die Geometrie, lassen sich daher folgende Definitionen aufstellen:

34

Definition 12

Ein **affines rechteckiges Gitter** liegt vor, wenn **zwei** regelmäßige **Abstands-Teilungen** existieren, die nicht parallel zu einander verlaufen.

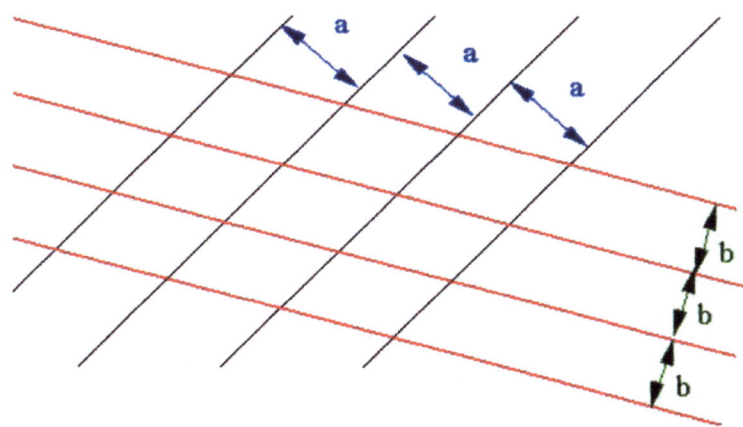

Dieses ist die allgemeinste Form eines affinen Gitters. Alle anderen Gittertypen lassen sich als affine Gitter mit bestimmten Eigenschaften beschreiben.

Definition 13

Ein affines Gitter heißt **quadratisch**, wenn die beiden Abstands-Teilungen **gleiche** Abstände besitzen.

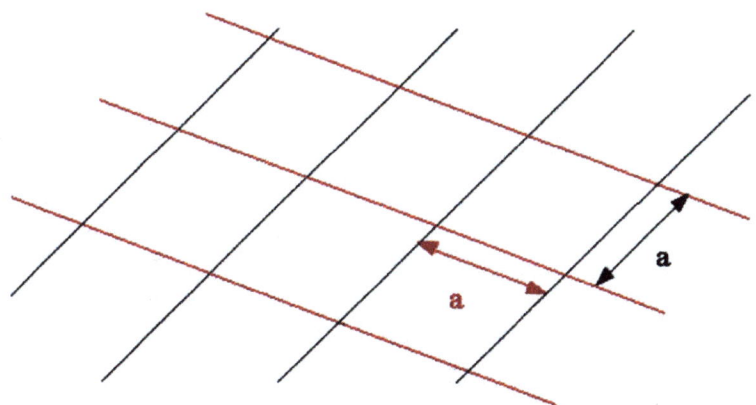

Definition 14   Ein affines Gitter heißt **orthogonal**, wenn die beiden Abstands-Teilungen **senkrecht** auf einander stehen.

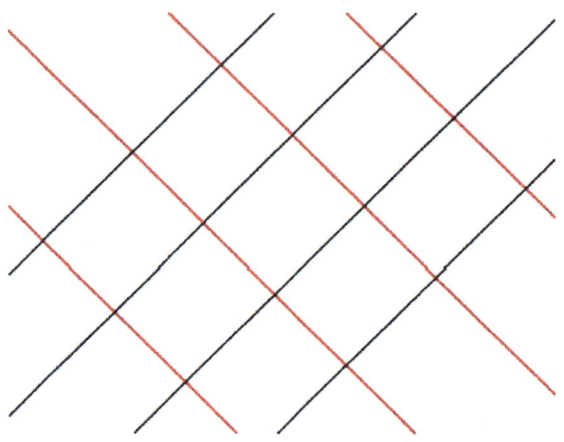

Definition 15   Ein affines Gitter heißt **kartesisch**, wenn es orthogonal ist, und die beiden Abstandsteilungen in horizontaler und in vertikaler Richtung verlaufen.

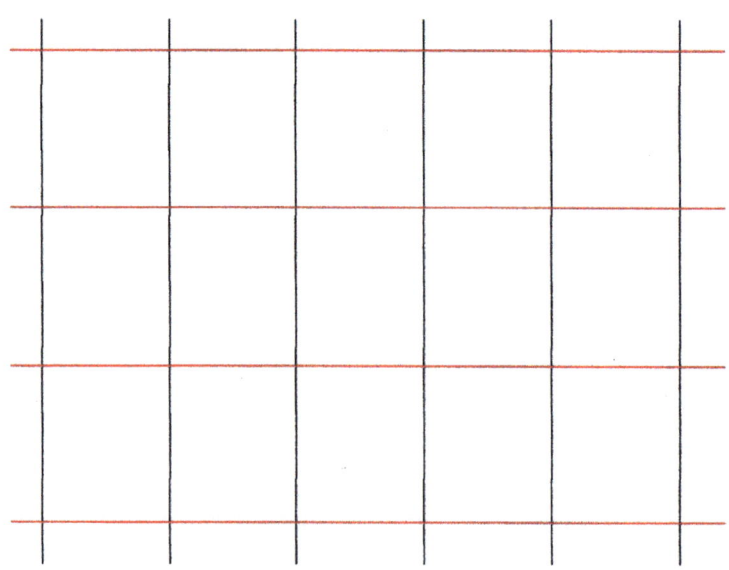

Mit diesen Definitionen lassen sich quasi alle Gitter, die möglich sind, klassifizieren. Die meisten in dieser Studie gefundenen Gitter kann man als affine, quadratische oder orthogonale Gitter bezeichnen.

Kartesische Gitter sind, nach Definition, auch immer orthogonale Gitter. Die Längen- und Breitenkreise, die zur Angabe der geographischen Koordinaten dienen, werden hier als kartesisches Gitter benutzt. Die Breitenkreise bilden dabei die horizontale Ausrichtung und die Längenkreise stehen für die vertikale Ausrichtung.

Zu jedem Gitter existiert aber auch ein entsprechendes Diagonalgitter. Einerseits kann man dies geometrisch begründen, andererseits gibt es historische bzw. geomantische Gründe.

In vielen Kirchen, hauptsächlich den gotischen, bilden die Pfeiler der einzelnen Schiffe fast stets ein quadratisches Gitter, während die eingefügten Kreuzgewölbe das Diagonalgitter präsentieren. So lässt sich das nächste Kriterium aufstellen:

SATZ 1   Jedes Gitter lässt sich durch ein entsprechendes **Diagonalgitter** erweitern oder auch ersetzen.

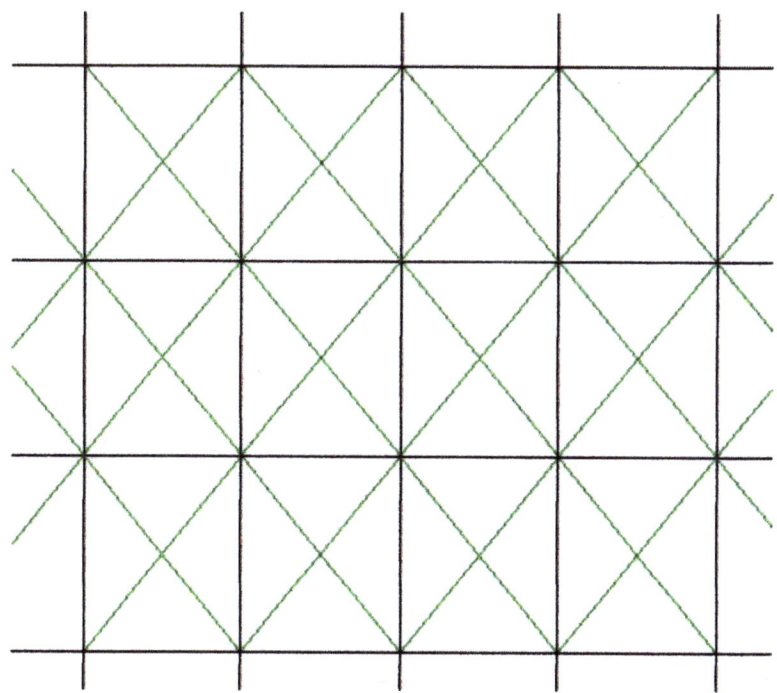

In der Zeichnung ist zu erkennen, dass das Diagonalgitter nicht orthogonal verläuft, obwohl das zugrunde liegende Gitter diese Qualität besitzt, ja sogar kartesisch ist. Um orthogonale Diagonalgitter zu erhalten bedarf es nämlich folgender Eigenschaft:

SATZ 2   Ein **Diagonalgitter** ist dann **orthogonal**, wenn das zugrunde liegende Gittersystem **quadratisch** ist.

Und nur eine ganz bestimmte Gruppe von Gittern erzeugt Diagonalgitter, die nicht nur orthogonal, sondern auch quadratisch sind:

SATZ 3   Nur quadratische, orthogonale Gitter erzeugen ebenfalls quadratische, orthogonale Diagonalgitter.

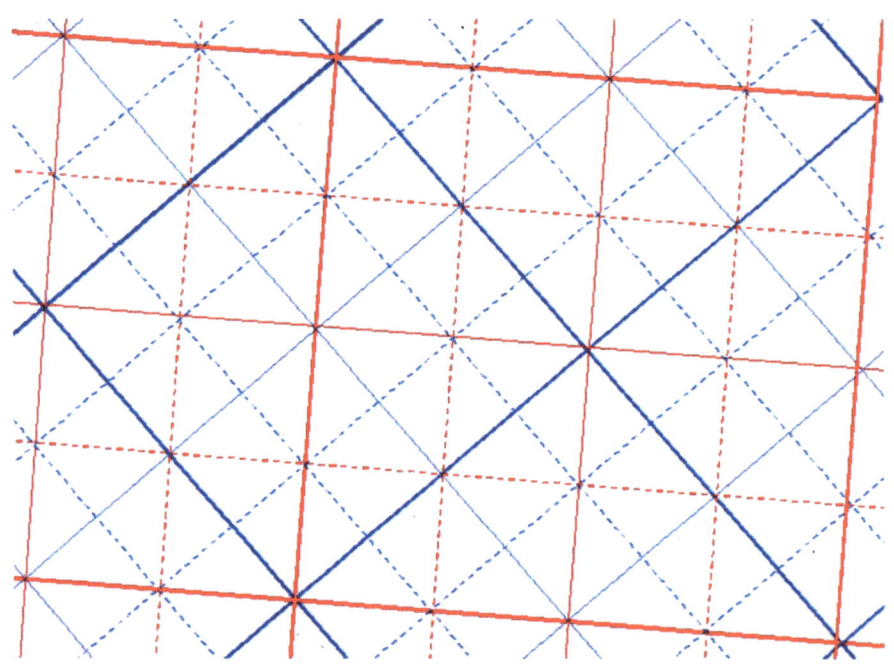

1.9 – Schreibweisen für Gitter

Auf der Grundlage der bisherigen Betrachtungen lässt sich jetzt eine Schreibweise für Gittersysteme einführen. Die durch Objekte (Punkte) gebildeten Systeme, die als Bezugssysteme dienen, kann man z.B. als Grundsysteme benutzen. Ebenso das geographische Koordinatensystem.

Definition 16   Gitter die als Bezugssysteme benutzt werden heißen **Grundgitter**.

Schreibweise   Gitter G $\Leftrightarrow$ #G

Die Eigenschaften der Gitter lassen sich dann mit kleinen Buchstaben darstellen, die einfach hinter die bisherige Bezeichnung geschrieben werden:

Schreibweise   Eigenschaften der Grundgitter

a) Gitter G ist quadratisch $\Leftrightarrow$ #Gq

b) Gitter G ist orthogonal $\Leftrightarrow$ #Go

c) Gitter G ist kartesisch $\Leftrightarrow$ #Gk

Treten mehrere Eigenschaften auf, so werden auch diese einfach hinter einander gesetzt. Im Grunde kommen ja lediglich die Kombinationen **qo** und **kq** in Frage.

In dieser Untersuchung wird als kartesisches Grundsystem das geographische System benutzt, mit der geographischen Länge λ (Lambda) und der geographischen Breite φ (Phi). Dieses System erhält jetzt einen Eigennamen, hauptsächlich aus Vereinfachungs- und Übersichtsgründen.

Schreibweise   kartesisches geographisches Grundsystem

Gitter ist kartesisches geographisches Grundsystem $\Leftrightarrow \lambda\varphi$#

$\lambda\varphi$# wird gelesen: **Lambda-Phi-Gitter.**

Dadurch braucht man bei den geographischen Systemen nur noch zwischen rechteckigen und quadratischen Systemen zu unterschieden. Laut obiger Definition der Eigenschaften von Gittern, ist es dann auch hinreichend, lediglich die quadratischen Systeme zu kennzeichnen, und zwar mit: $\lambda\varphi$#q

Außer den Grundgittern existieren auch noch Systeme, die sich aus dem

Grundgitter heraus erzeugen lassen. Wie das Diagonalsystem. Solche Gittersysteme heißen dann **erzeugte** Systeme.

Definition 17   Gitter, die aus einem Grundgitter ableitbar sind, heißen **erzeugte Gitter**.

Schreibweise $\lambda\varphi\#$ erzeugt Gitter G $\Leftrightarrow$ $\lambda\varphi\#(G)$

Mit einem quadratischen $\lambda\varphi$ - Gitter als Grundgitter ($\lambda\varphi\#q$), lassen sich quasi alle anderen Gitter als erzeugte Gittersysteme darstellen.

1.10 – Erzeugte Gitter

In einem gegebenen Gitter kann man beliebig liegende Strecken als Teilungsverhältnisse der Gitterseiten ausdrücken. Besonders einfache Gestalt erhält man, wenn **ganzzahlige** Proportionen benutzt werden.

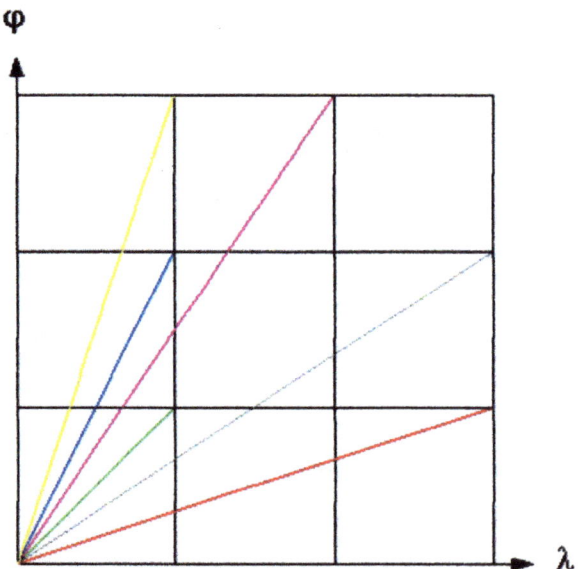

Das sieht dann so aus wie in der obigen Abbildung

Für die Teilungsverhältnisse der einzelnen Strecken ergeben sich so folgende Zusammenhänge:

40

Farbe	Seiten-Verhältnis
gelb	3:1
blau	2:1
Magenta	3:2
grün	1:1
grau	2:3
rot	1:3
allgemein	y:x

Genau genommen gibt das Teilungsverhältnis ja den Tangens des Winkels an, den die Strecke mit der Lambda-Achse bildet. Für die rote Strecke gilt demnach:

tan Winkel = 1:3 => Winkel = 18,4349°

Der Sachverhalt ist hier identisch mit Funktionen, die in einem xy-System dargestellt werden. Das Teilungsverhältnis steht demnach auch gleichzeitig für das Steigungsverhältnis y:x der Strecke.

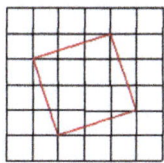

Nimmt man nun diese Strecke als Grundseite und konstruiert daraus ein Quadrat, so ergibt sich das obere Bild. Aus dem Quadrat kann man jetzt auch ein komplettes Gitter erzeugen.

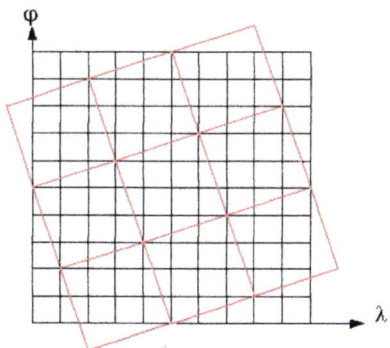

Mit dem Steigungsverhältnis y:x und der Schreibweise für erzeugte Gitter, lässt sich das rote Gitter im λφ #-System z.B. so darstellen:

$$\#G = \lambda\varphi\#(\ y{:}x) = \lambda\varphi\#(1{:}3)$$

Wird in einem Grundgitter ein weiteres Gitter erzeugt, so gibt es stets zwei Möglichkeiten dieses neue Gitter anzulegen. In der folgenden Abbildung ist das blaue Gitter das Grundgitter und das rote Gitter ist das zugehörige Diagonalgitter.

Das dunkelgrüne Gitter ist dann ein 1:2-Gitter und das hellgrüne Gitter ist das zweite Gitter. Der rot-markierte Punkt dient als Ausgangspunkt der Erzeugung für die grünen Gitter.

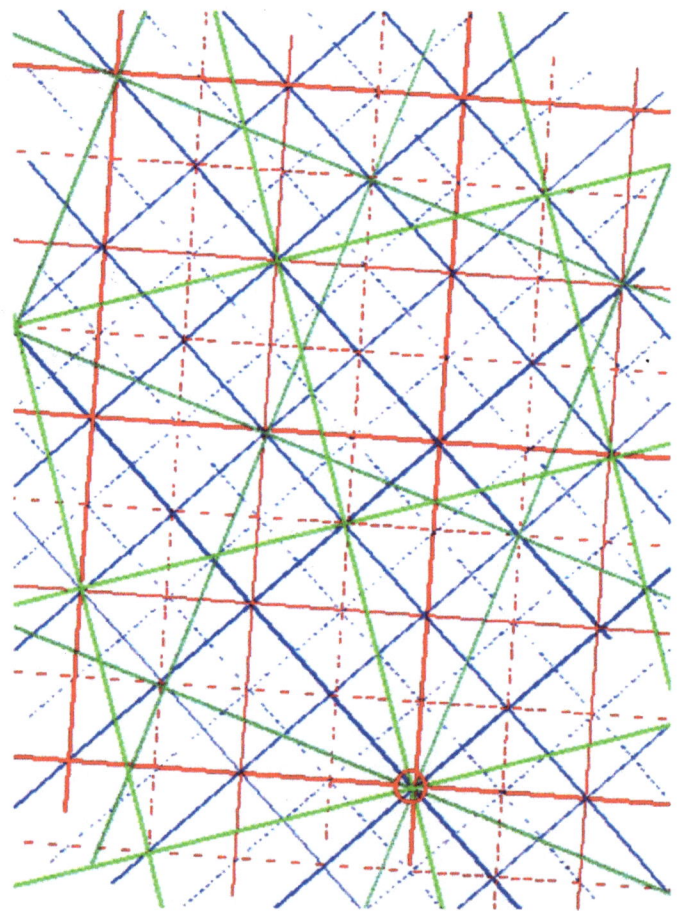

Sind, außer den Winkelwerten im $\lambda\varphi\#$ - System, die Abmaße x, y des Grundgitters bekannt, so lässt sich, anhand des Satzes von Pythagoras, auch die Länge der erzeugten Strecke $s^2 = x^2 + y^2$ bestimmen.

Da die Gitterseiten s aber auch andere Längen besitzen können als die durch die Konstruktion vorgegebene, müssen für eine allgemeine Definition noch diese Gitterlängen berücksichtigt werden.

Schreibweise erzeugte Gitter

$\lambda\varphi$# erzeugt #G mit Steigungsverhältnis y:x = tan a und der Gitterlänge s

#G = $\lambda\varphi$#(y:x, s) = $\lambda\varphi$#(tan a , s)

Ist die Gitterlänge $s^2 = x^2 + y^2$, also durch das Steigungsverhältnis und das Grundgitter eindeutig festgelegt, so kann die Gitterlänge weggelassen werden.

$\lambda\varphi$# erzeugt #G mit Steigungsverhältnis y:x
und Gitterlänge $s^2 = x^2 + y^2$

#G = $\lambda\varphi$#(y,x)

Ist das zugrunde liegende Gitter selbst ein erzeugtes Gitter z.B. im $\lambda\varphi$#-System, so ergibt sich folgende Schreibweise für das Diagonalgitter:

Schreibweise   Diagonalgitter eines erzeugten Gitters

#D = $\lambda\varphi$ #(G(d)) = $\lambda\varphi$ #(G)(d) = $\lambda\varphi$ #(y:x)(d)

Die hier eingeführte Schreibweise reicht aus, um alle anfallenden Gitter beschreiben zu können.

1.11 – Summen von Winkeln

Winkel werden häufig durch die Seitenverhältnisse eines zugrunde liegenden Dreiecks angegeben. In der Regel entspricht dieses Verhältnis dem Tangens des Winkels.
Sollen nun zwei Winkel addiert werden, so kann dies über die Additionstheoreme der Trigonometrie geschehen. Die entsprechende Gleichung lautet:

$$\tan(\alpha + \beta) = \frac{\tan \alpha + \tan \beta}{1 - \tan \alpha \cdot \tan \beta}$$

Da der Tangens in der Regel als Bruchdarstellung vorliegt, ist hier eine Vereinfachung möglich.

Es sei $\quad \tan \alpha = \dfrac{a}{b} = a : b \quad$ und $\quad \tan \beta = \dfrac{c}{d} = c : d$

Einsetzen der Brüche in die obige Gleichung, Bildung des Hauptnenners und anschließende Kürzung, ergibt dann folgende Formel:

$$\tan(\alpha + \beta) = \frac{ad + bc}{bd - ac}$$

Für den Fall das a = c = 1 gilt dann für das Tangensverhältnis:

Es sei $\quad \tan \alpha = \dfrac{1}{b} = 1 : b \quad$ und $\quad \tan \beta = \dfrac{1}{d} = 1 : d$

Damit ergibt sich folgende Vereinfachung: $\quad \tan(\alpha + \beta) = \dfrac{d + b}{bd - 1}$

1.12 – Gitter und Winkel

Wenn Gittersysteme vorliegen, wird zu einem erzeugten Gitter oft das zugehörige Diagonalgitter gesucht. Dabei wird zum Grundwinkel des erzeugten Gitters 45 Grad hinzugefügt. Der Tangens für 45 Grad ist aber gleich eins.

$\tan \alpha = \dfrac{a}{b} = a : b \quad$ und $\quad \tan b = 1$

Einsetzen der Brüche in die Summengleichung, Bildung des Hauptnenners und anschließende Kürzung, ergibt dann folgende Formel:

$$\tan(\alpha + \beta) = \frac{a + b}{b - a}$$

Für den Fall das **a = 1** gilt dann für das Tangensverhältnis:

44

Es sei $\quad\quad\quad$ $\tan \alpha = \dfrac{1}{b} = 1:b$ $\quad\quad\quad$ und **tan b = 1**

Damit ergibt sich die Vereinfachung: $\quad\quad$ $\tan\left(\alpha + 45^{\circ}\right) = \dfrac{b+1}{b-1}$

Seitenverhältnis des erzeugten Gitters	Seitenverhältnis des Diagonalgitters
1:2	3:1
1:3	2:1
1:4	5:3
1:5	3:2
1:6	7:5
1:7	4:3
1:8	9:7
1:9	5:4
1:10	11:9

1.13 – Fehler und Genauigkeitsbetrachtung

Um mit den Mikro-, Umgebungs-, Bereichs- und Gebietspunkten arbeiten zu können, bedarf es in der Regel der Kenntnis des im Zentrum liegenden, geographischen Ortes.
Zur Standortbestimmung der einzelnen Objekte bzw. Orte werden topographische Karten verwendet, wie sie als Normalausgabe vom Landesvermessungsamt Nordrhein-Westfalen veröffentlicht und über fast jede Buchhandlung bezogen werden können.
Sie besitzen einen Maßstab von 1:25000. Bei einer Messgenauigkeit von ± 0,2 mm (gewöhnliches Lineal) beträgt die Abstands-Ungenauigkeit der zu bestimmenden Objekte ± 5 m.
Aus der topographischen Karte 4407 (Bottrop) wurde, durch Bestimmung der Kartengröße, und anschließender Verhältnisbildung mit der geographischen, winkelmäßigen Ausdehnung, die Breiten- und Längenkreislängen pro Winkelsekunde ermittelt. Es ergaben sich folgende Werte für einen Breitengrad von 51 Grad und 30 Minuten:

geographische Längenkreise 1 Winkel-Sekunde = 19,25 m ± 0,01m
geographische Breitenkreise 1 Winkel-Sekunde = 30,82 m ± 0,02m

Dieser Breitengrad und die hier angegebenen Werte dienen als Mittelwerte bzw. Referenzwerte für die Koordinatenbestimmung sämtlicher angegebener Objekte.

Bei der Ermittlung der Koordinaten werden die Abstände auf der Karte gemessen, in Bezug zum nächst liegenden kleineren Längen- bzw. Breitengrad. Anschließend erfolgt eine Umrechnung der Distanzen in Winkelsekunden. Die vorgegebenen Breiten- und Längenabstände der Karten verfügen ja schon über eine Minutenteilung. Durch Umrechnung und Rundungen entsteht eine Koordinatenungenauigkeit von maximal ± 0,5 Winkelsekunden.

Eine Genauigkeit von ± 0,5 Winkelsekunden entspricht einer Strecke von 10 bis 15 Metern.

Somit lassen sich die geographischen Koordinaten aller Objekte bzw. Orte mit hinreichender Genauigkeit für alle hier getätigten Untersuchungen bestimmen.

Hätte man weiter oben Nanopunkte eingeführt, so besäßen diese einen Radius von 15,625 Metern. Heißt also, der Radius der Umgebung ist so groß wie die Fehlertoleranz. Damit ließe sich ein Nanopunkt aber nicht mehr genau positionieren und man müsste auf die nächst größere Umgebung übergehen. Man müsste also Mikropunkte verwenden. Nanopunkte sind, bei der vorgegebenen Genauigkeit, nicht mehr sinnvoll und wurden daher auch nicht definiert.

1.14 – Betrachtung Abstandsteilungen

Wenn zum Beispiel eine Abstandsteilung längenmäßig nicht genau ermittelt werden kann, und dadurch einen Fehler von ein paar Metern besitzt, so hat das auf die Lagesituation der Punkte bezüglich Linien nur minimalen Einfluss.

Betrachtet man nämlich mehrere Teilungen, so addiert sich der Fehler. Aber selbst bei einer Ungenauigkeit von etwa 10 Metern, muss man schon 11 bis 12 Teilungen anlegen, bis eine Linie sozusagen aus einer Umgebung herausgeschoben wird.

Damit ist in jedem Fall garantiert, das alle auftretenden Beziehungen zwischen Punkten und Linien erhalten bleiben, selbst dann, wenn später eine größere Genauigkeit erreicht werden sollte.

Aufgrund dieser Resistenz gegenüber Toleranzen lässt sich hier eine Technik anwenden, die Bestimmung von Geometrien wesentlich erleichtert. Man kann nämlich Zirkel und Lineal benutzen.

Bei einer Zeichenungenauigkeit von maximal ± 0,2 mm, liegt der Fehler bei ± 20 m, wenn ein Maßstab von 1:100000 verwendet wird. Dadurch ist auch hier in jedem Fall garantiert, das die Relationen zwischen Punkten bzw. Umgebungen und Linien erhalten bleiben.

Und genau dieser Umstand ermöglicht ein Arbeiten mit Zirkel und Lineal bezüglich Karten, wobei die Auswertung dann auf optischem Wege erfolgen kann.

Berechnungen sind als Beweisgrundlage also nicht unbedingt notwendig. Sie dienen in dieser Studie aber zur Präzisierung und als Kontrolle.

Außer den Definitionen zur Geometriebestimmung stehen noch andere Quellen zur Verfügung. In der Regel existieren noch weitere geometrische bzw. mathematische Informationen oder auch historische, geomantische und/oder geophysikalische Begebenheiten, die als ergänzende Faktoren hinzugezogen werden können.

So steht, mit den hier definierten Kriterien, ein Werkzeug, mit der notwendigen und hinreichenden Genauigkeit bereit, um geomantische Geometrien ausfindig zu machen und zu beschreiben.

2 – Linien

2.1 – Die Linien von Jens M. Möller

Eine naturwissenschaftlich ernstzunehmende Untersuchung von Linien erfolgte in Deutschland 1988, als das Buch von Jens M. Möller "Geomantie in
Mitteleuropa" erschien. Das darin publizierte Lichtmeßsystem bietet einen
Ansatz für eine **geometrische** Begründung der Geomantie.
Möller veröffentlicht in seinem Buch eine Reihe von Linien, die als Listen
von Orten vorliegen und zum größten Teil auch Namen besitzen. Es erfolgt
eine grafische Darstellung der Situation in Deutschland und Europa und
danach eine tabellarische Auflistung der Linien:

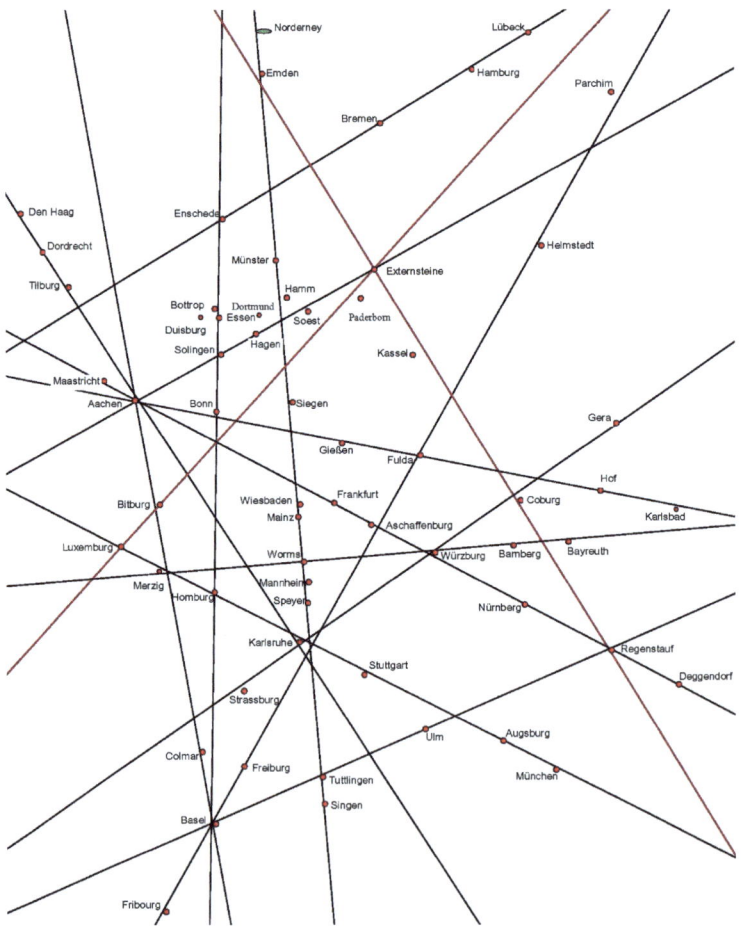

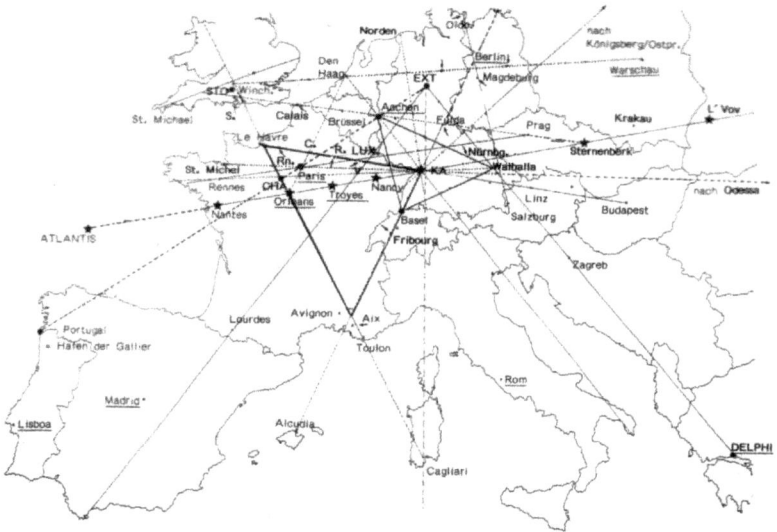

Weiterhin kann Jens Möller in seinem Werk zeigen, dass ein Teil dieser Linien zusammen mit bestimmten Orten im süddeutschen Raum, hauptsächlich um Karlsruhe herum, eine überaus komplexe Geometrie erzeugen, in die Figuren, wie 5- oder 6-Ecke und auch so genannte Cheopspyramiden bzw. Quadraturdreiecke einbezogen sind.

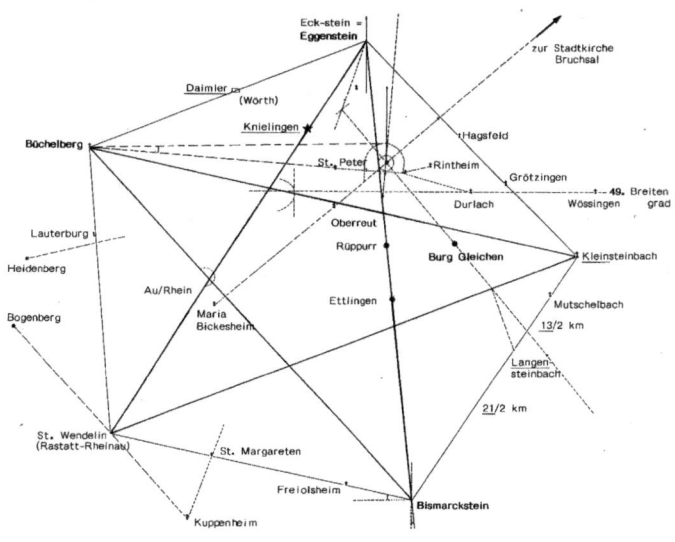

49

Die Linien von Jens M. Möller aus „Geomantie in Mitteleuropa"

Nr	Name der Linie	Orte auf der Linie
1	Externstein-Pyramide	
1a	Ostlinie	Externsteine (Horn), Kassel, Regenstauf, Zagreb, Delphi (Cheops)
1b	Westlinie	Externsteine, Bitburg, Luxemburg (Lichtburg), Lourdes, Gibraltar, Kanadische Inseln (Atlantis)
1c	Meridian	Externsteine, Marsberg, Marburg, Neckargmünd, Kloster Maulbronn, Haigerloch, Hohentwiel (Singen), Genua, Cagliari
2	Atlantis-Linie	Nordspitze Portugal, Chartes, Paris, Aachen, Soest, Externsteine
3	Kelten-Linie	Cancarneau, Quimperle, Rennes, Chartes, Karlsruhe, Donaustauf (Walhalla)
4	Michaels-Linie	Mont St. Michel, Paris, Chalon, St. Mihiel, Karlsruhe, Straubing, Deggendorf, Odessa
5	Drei-Kaiserdom-Linie	Norderney, Hamm, Werl, Kreuztal, Siegen, Mainz, Worms, Speyer, Karlsruhe, Berneck, Hohentwiel (Singen)
6	Siegfried-Linie	Rennes, Paris, Burg Esch, Worms, Lorsch, Michelstadt, Würzburg, Bayreuth, Prag
7	Normandie-Linie	Le Havre, Rouen, Campiegne, Reims, Verdun, Metz, Karlsruhe, Landshut, Linz, Budapest (Kriegs und Blutgürtel Europas)
8	Deutschland-Linie	Aix-en-Provence, Fribourg (Belchen-Schweiz), Basel, Belchen (Freiburg), Herrenalb, Karlsruhe, Neckargmümd, Schloss Mespelbrunn, Fulda, Brocken, (Eisenach?), Helmstedt
9	Logen-Linie	Perth, Den Haag, Aachen, Kirn, Kalmit, Karlsruhe, Bebenhausen, Lichtenstein, Zwiefalten, Bussen, Stein (Allgäu), Nebelhorn, Leuca
10	Bonifacius-Linie	Southampton, Brüssel, Aachen, Fulda, Prag, Sternberk
11	Artus-Linie	Belfast, Winchester, Le Havre, Chartes, Orleans, Toulon, Cagliari
12	Grals-Linie	Nantes, Orleans, Troyes, Nancy, Eschbach, Eschbourg, Fleville, Pfaffenhofen, Durmersheim, Karlsruhe, Kloster Maulbronn, Schwäbisch Hall, Wolframseschenbach, Sternberk (CSSR), L'Vov (Lemberg/Ukraine)

Nr	Name der Linie	Orte auf der Linie
13	Kaiser-Linie	Aachen, Karlsruhe (Eggenstein), Habichegg (Teil der Logenlinie)
14	Königs-Linie	Hochkönigsbourg (Elsaß), Königsbach/Stein, Baden-Baden, Karlsruhe, Bretten, Königsberg (Bayern), Haßfurt (Bayern), Veste Coburg, Gera, Königsberg (Preußen-Kaliningrad)
15	Keltenfürsten-Linie	Saarluis, Blieskastel, Burg Esch, Karlsruhe, Hochdorf, Hohenstaufen, Dillingen, Scherneck, St.Wolfgang
16	Kaspar-Hauser-Linie	Karlsruhe, Burg Zähringen, Kaiseraugst (Basel/Dornach) (Teil der Deutschlandlinie)
17	Hohenzollern-Linie	Burg Riehen (Basel), Burg Hohenzollern, Hoheneufen, Burg Teck, Hohenstaufen, Ellwangen, Dinkelsbühl, Nürnberg
18	Nornen-Linie	Donaustauf (Walhalla), Nürnberg, Würzburg, Frankfurt (Main), Königstein (Taunus), Aachen
19		Basel, Hochkönigsburg, Trier, Aachen
20		Basel, Beuron, Zwiefalten, Ulm, Dillingen, Donaustauf (Walhalla)
21		Basel, Homburg (Saar), Idar-Oberstein, Bonn, Essen, Enschede
22		Luxemburg, Dahn, Bergzabern, Karlsruhe, Stuttgart, Esslingen, Augsburg, Königsbrunn, Marquartstein
23		Stuttgart, Frankfurt, Wetzlar, Soest, Beckum, Norderney
24		Enschede, Bremen, Hamburg, Lübeck
25		Gera, Weissenfels, Berleburg, Magdeburg, Oldenburg (Holstein)

Im Folgenden wird gezeigt wie, anhand der geographischen Ortsdaten, Linien geodätisch beschrieben und behandelt werden können.

2.2 – Linienanalyse

Es gibt zwei Methoden mit Linien in Landschaften umzugehen und beide werden benötigt, da sie sich ergänzen.

METHODE 1

Die erste Möglichkeit besteht darin die Linien direkt auf Karten, also **mit dem Lineal**, zu übertragen. Dabei fällt auf, dass man die Linien mit einem Spielraum von 1 bis 2 Grad in eine Landschaft legen kann, ohne das Verhältnis der Orte zur Linie zu beeinträchtigen.

Bei den Linien von Jens Möller kommt noch hinzu, dass hier Orte zur Linie zugeordnet werden, die nach den Kriterien zur Geometriebestimmung eigentlich neben der Linie liegen.

Eine Differenzierung ist hier durch die Kriterien zur Geometriebestimmung möglich. Man nimmt die Punkte die **auf** bzw. **an** der Linie liegen als eigentliche Linienorte und die nebenliegenden Orte werden quasi nur noch zur ergänzenden Betrachtung benötigt.

Nach Anwendung dieser Kriterien, also Reduzierung auf die erkennbar richtungsweisenden Punkte, kann man eine Linie schon relativ exakt auf einer Karte positionieren, wenn man Karten benutzt die maximal etwa Deutschland enthalten. Bei Karten, die größeren Umfang besitzen, treten durch die Erdkrümmung bedingt größere Fehler auf, die ein Arbeiten mit dem Lineal nur noch beschränkt möglich machen.

Durch die Anwendung der Kriterien zur Geometriebestimmung und die Einschränkung auf Deutschland ergibt sich aber keine Einschränkung der Allgemeinheit.

METHODE 2

Mit den selektierten Daten kann man aber auch zur zweiten Methode übergehen. Diese besteht darin die Linien zu **berechnen** und damit eine genaue geodätische Angabe für eine Linie bzw. ihre Ausrichtung zu schaffen. Das sei hier erst mal allgemein erläutert.

2.2.1 - Berechnung der mittleren Richtung

Sind die geographischen Koordinaten (Breite, Länge) von zwei Orten bekannt, so kann man mit der sogenannten **zweiten geodätischen Hauptaufgabe** den Abstand als auch die Richtungen der Orte zueinander berechnen.

Der Abstand X (als Winkel) der beiden Punkte zueinander ergibt sich mit:

$$\cos X = \sin B_1 \cdot \sin B_2 + \cos B_1 \cdot \cos B_2 \cdot \cos(L_2 - L_1)$$

Der Winkel Alpha vom Ursprungsort aus gesehen lautet:

$$\sin \alpha = \frac{\cos B_2 \cdot \sin(L_2 - L_1)}{\sin X}$$

Ausgehend von einem Ursprungsort lassen sich jetzt die Winkel zu den einzelnen Orten auf der Linie berechnen.
Bildet man aus den gefundenen Werten den Mittelwert, so erhält man auch hier die **mittlere Ausrichtung der Linie**.

2.2.2 - Berechnung der Abstände

Mit der gefundenen mittleren Richtung lässt sich jetzt noch die Entfernung bestimmen, die ein Ort von der mittleren Linie besitzt. Wenn X die Entfernung zwischen den zwei Punkten ist, und $\Delta\alpha$ die Richtungsdifferenz zur mittleren Richtung, dann lässt sich der Abstand eines Ortes zur Linie nach folgender Gleichung berechnen:

$$\sin s = \sin X \cdot \sin \Delta\alpha$$

Werden die Winkel in Bogenmaß benutzt, dann lässt sich annähernd der **Abstand** eines Ortes (in Kilometer) zur Linie berechnen:

$$s = 6370 \cdot \arcsin(\sin X \cdot \sin \Delta\alpha)$$

2.2.3 - Differenzierung der Orte

Nach den Kriterien zur Geometriebestimmung muss eine Linie durch mindestens **vier** Punkte gekennzeichnet sein.

Zur Differenzierung nimmt man nur die Punkte die, nach den Kriterien zur Geometriebestimmung, **auf** bzw. **an** einer Linie liegen als eigentliche Linien-Orte. Die nebenliegenden Orte werden dann nur noch zur ergänzenden Betrachtung benötigt.

53

Nach den Kriterien zur Geometriebestimmung heißt eine Umgebung eines beliebigen geographischen Ortes mit einem Radius, der größer als 1000 Meter ist, Gebietsumgebung des Ortes. Zur Behandlung der hier angegebenen Orte und ihr Verhältnis zur mittleren Linie dürften Gebietspunkte ausreichen.

Die Beziehungen eines Ortes zu einer Linie nach der bisherigen Definition für Umgebungspunkte lassen sich dann einfach auf die Gebietspunkte übertragen.
Berücksichtigt man, dass der 1000 Meter Radius eines Gebietspunktes gerade den Ortskern einer heutigen Stadt darstellt, lassen sich die Kriterien für Punkte noch etwas differenzieren:

Beziehung zur Linie   **Radius**

Beziehung zur Linie	Radius
genau auf	**bis 500 m**
auf	**500 bis 1000 m**
an	**1000 bis 5000 m**
in der Nähe	**5000 m bis 50 km**

Mit diesem Verfahren lassen sich alle anzugebenden Linien, also auch die von Jens M. Möller und Walther Machalett, in ihrer Ausrichtung quantifizieren. Man erhält gleichzeitig einen guten Überblick wie genau die Orte auf der Linie liegen. Im Folgenden wird dieses Verfahren am Beispiel einiger Linien verdeutlicht.

2.2.4 - Bemerkung

In allen Linienuntersuchungen werden die Beziehungen der Orte zur Linie streng gehandhabt, wie in der Tabelle dargestellt. Es ist aber zu berücksichtigen, dass z.B. ein Abstand von 6 bis 7 km zur Linie für eine heutige Stadt bedeuten kann, noch an der Linie zu liegen. Bei Großstädten kann dies sogar bedeuten, dass der Ort noch auf der Linie liegt.
Daher kann die Einstufung einiger Orte in ihrer Beziehung zur Linie noch etwas moderater formuliert werden, wenn man dazu vorher die Sachlage klärt.

2.3 – Atlantis-Linie

Nach den Angaben von Jens M. Möller ergeben sich folgende Orte auf der Atlantis-Linie:
Nordspitze Portugal, Chartes, Paris, Aachen, Soest, Externsteine.

Für die angegebenen Orte lauten die geographischen Koordinaten:

	geographische Breite			geographische Länge		
	Grad	Minuten		Grad	Minuten	
Chartes	48	27	N	01	30	E
Paris	48	51	N	02	21	E
Aachen	50	47	N	06	05	E
Solingen	51	10	N	07	50	E
Hagen	51	22	N	07	29	E
Soest	51	34	N	08	07	E
Externsteine	51	52	N	08	55	E

Das Einzeichnen in eine Deutschland-Karte führt zu dem Bild auf der nächsten Seite.

Aus der Karte ergeben sich noch folgenden zusätzlichen Orte:
Hagen, Solingen.

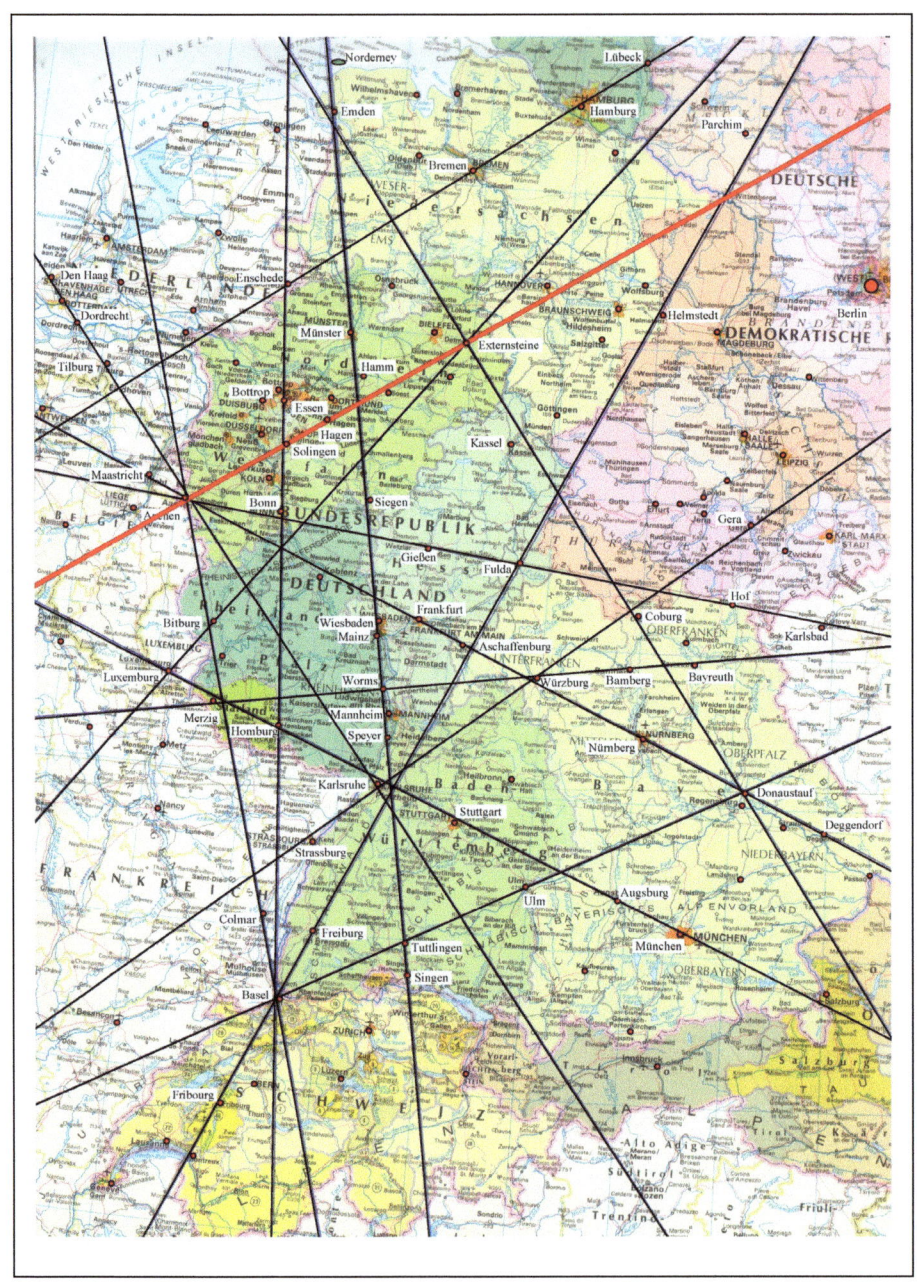

Atlantislinie

2.3.1 - Berechnung der mittleren Richtung

Sind die geographischen Koordinaten (Breite, Länge) von zwei Orten bekannt, so kann man mit der sogenannten zweiten geodätischen Hauptaufgabe den Abstand als auch die Richtungen berechnen. Ausgehend von einem Ursprungsort lassen sich jetzt die Winkel zu den einzelnen Orten auf der Linie berechnen. Als Bezugspunkt werden die Externsteine genommen.

von Externsteine nach	Richtung
Soest	59,1289 NO
Hagen	61,2356 NO
Solingen	44,3471 NO
Aachen	59,6509 NO
Paris	56,8068 NO
Chartes	57,1741 NO

Lediglich die Richtungen für Solingen weicht von den anderen Richtungen ab. Sie wird daher zur mittleren Richtungsfindung zunächst nicht weiter berücksichtigt.
Bildet man aus den restlichen Werten den Mittelwert, so erhält man die mittlere Ausrichtung der Linie. Die mittlere Ausrichtung der Atlantislinie beträgt dann **58,7992 Grad NO** bzw. **121,2008 NW**.

2.3.2 - Berechnung der Abstände zur Linie

Mit der gefundenen mittleren Richtung lässt sich jetzt die Entfernung bestimmen, die ein Ort von der mittleren Linie besitzt.

Ort	Abstand [km] zur Linie	Beziehung zur Linie
Externsteine	0	genau auf
Soest	0,371	genau auf
Hagen	4,824	an
Solingen	26,964	in der Nähe
Aachen	3,429	an
Paris	19,915	in der Nähe
Chartes	18,407	in der Nähe

Externsteine, Soest, Hagen, Aachen liegen **auf** bzw. **an** der Atlantis-Linie.

Entlang der Linie zwischen Externsteine und Chartes, also einer Strecke von **650 km** befinden sich alle Orte (außer Solingen) in einem Streifen von maximal **±20 km** links und rechts neben der Linie.

2.4 – Kelten-Linie

Nach den Angaben von Jens M. Möller ergeben sich folgende Orte auf der Atlantis-Linie:
Cancarneau, Quimperle, Rennes, Chartes, Karlsruhe Walhalla.

Für alle angegebenen Orte lauten die geographischen Koordinaten:

	geographische Breite			geographische Länge		
	Grad	Minuten		Grad	Minuten	
Cancarneau	47	52	N	-03	55	W
Quimperle	47	52	N	-03	33	W
Rennes	48	05	N	-01	41	W
Chartes	48	27	N	01	30	E
Karlsruhe	49	00	N	08	30	E
Walhalla (Donaustauf)	49	02	N	12	14	E

Das Einzeichnen in eine Deutschland-Karte führt zu dem Bild auf der nächsten Seite.

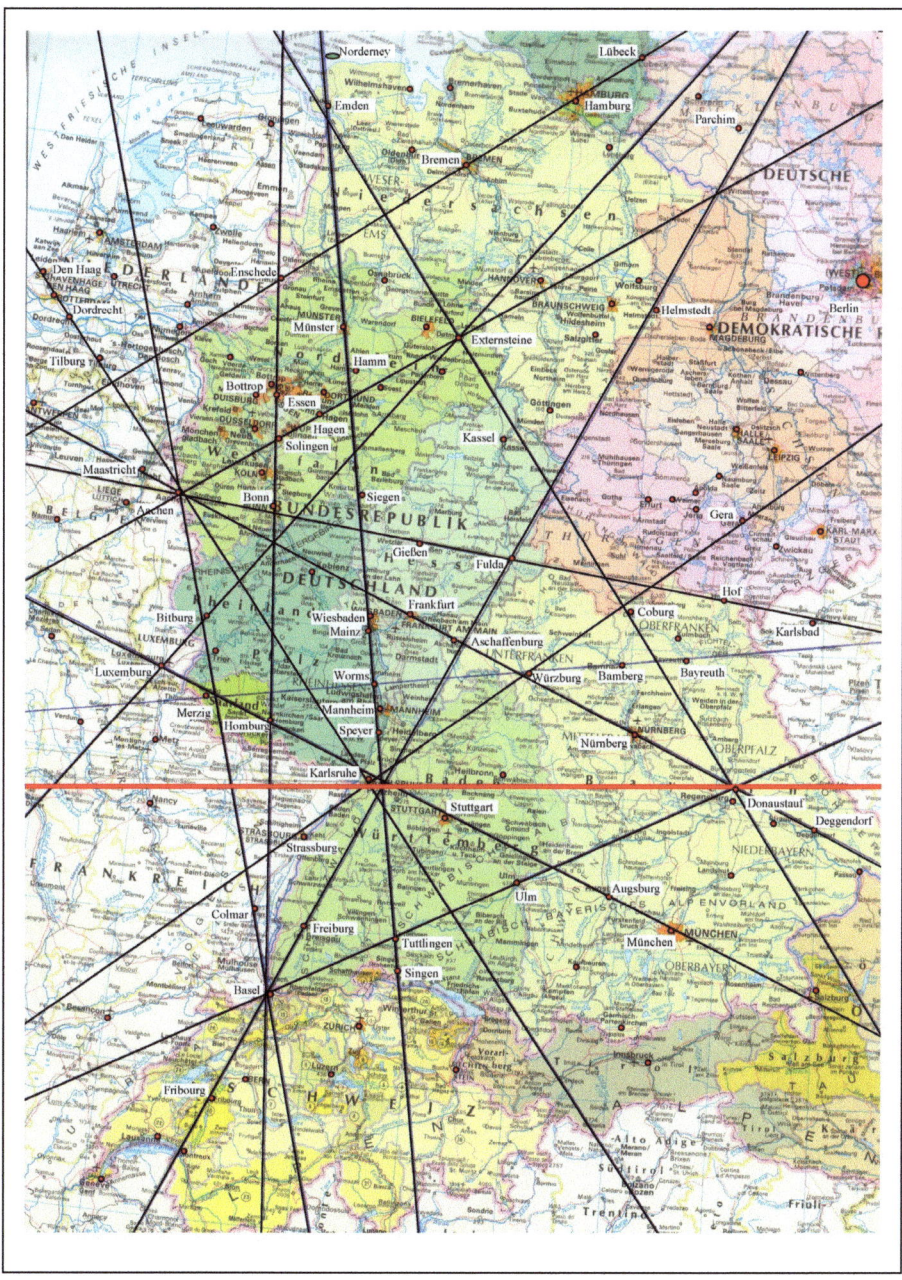

Kelten-Linie

2.5 – Michaels-Linie

Nach den Angaben von Jens M. Möller ergeben sich folgende Orte auf der Michaels-Linie:
Mont St. Michel, Paris, Chalon, St. Mihiel, Karlsruhe, Straubing, Deggendorf, Odessa.

Für alle angegebenen Orte lauten die geographischen Koordinaten:

	geographische Breite			geographische Länge		
	Grad	Minuten		Grad	Minuten	
Mont St. Michel	48	38	N	-01	31	W
Paris	48	51	N	02	21	E
Chalon	48	57	N	04	22	E
St. Mihiel	48	53	N	05	32	E
Karlsruhe	49	01	N	08	24	E
Straubing	48	53	N	12	34	E
Deggendorf	48	50	N	12	58	E
Odessa	46	29	N	30	44	E

Das Einzeichnen in eine Deutschland-Karte führt zu dem Bild auf der nächsten Seite.

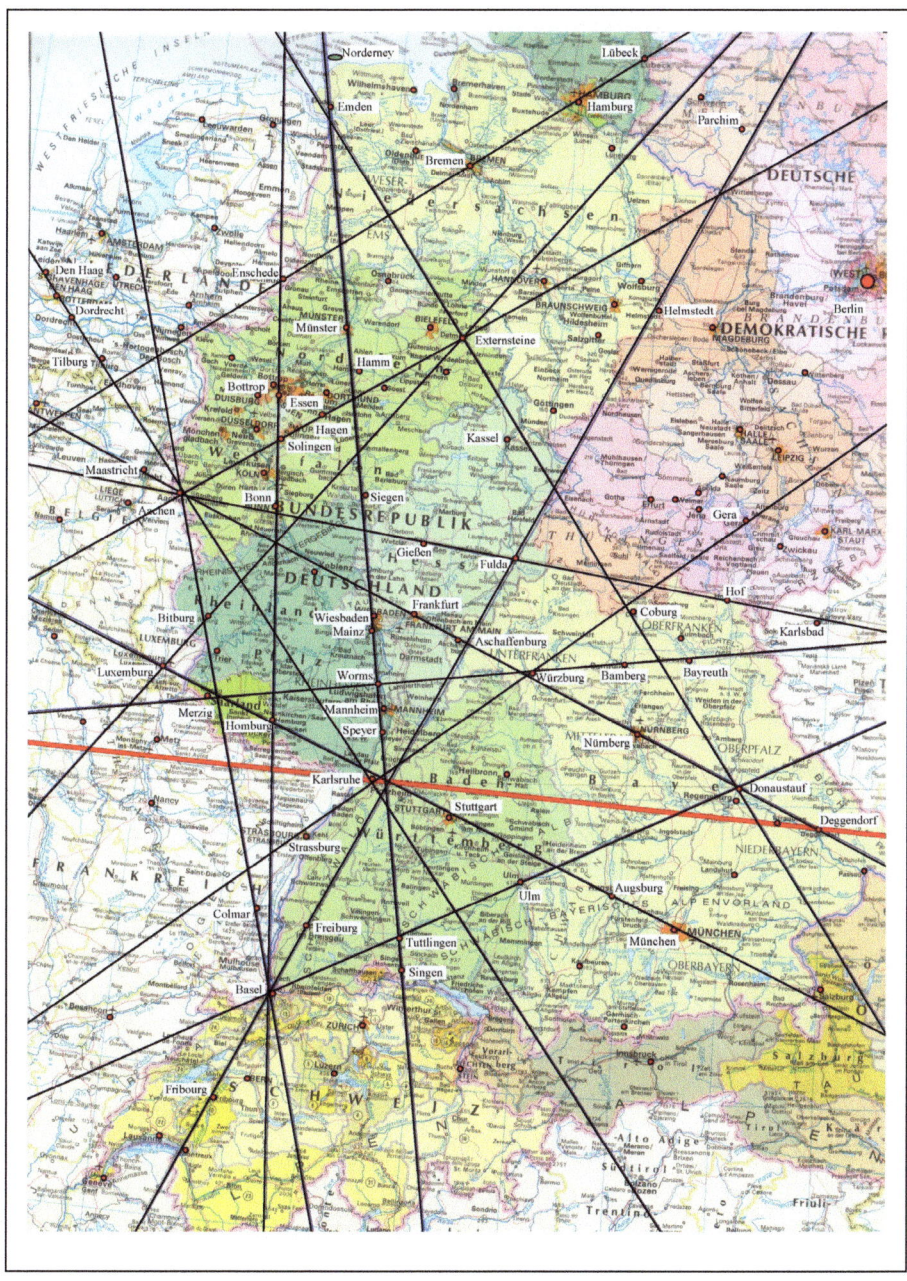

Michaels-Linie

2.5.1 - Berechnung der mittleren Richtung

Sind die geographischen Koordinaten (Breite, Länge) von zwei Orten bekannt, so kann man mit der sogenannten zweiten geodätischen Hauptaufgabe den Abstand als auch die Richtungen berechnen. Ausgehend von einem Ursprungsort lassen sich jetzt die Winkel zu den einzelnen Orten auf der Linie berechnen. Als Bezugspunkt wird hier Karlsruhe genommen.

von Karlsruhe nach	Richtung
Mont St. Michel	89,6157 NW
Paris	89,8826 NW
Chalon	89,9203 NW
St. Mihiel	87,0307 NW
Karlsruhe	0
Straubing	88,7830 NW
Deggendorf	88,2271 NW
Odessa	88,8593 NW

Bildet man aus allen Werten den Mittelwert, so erhält man die mittlere Ausrichtung der Linie. Die mittlere Ausrichtung der Michaels-Linie beträgt dann **88,9099 Grad NW** bzw. **91,0901 NO**.

2.5.2 - Berechnung der Abstände zur Linie

Mit der gefundenen mittleren Richtung lässt sich jetzt die Entfernung bestimmen, die ein Ort von der mittleren Linie besitzt.

Ort	Abstand [km] zur Linie	Beziehung zur Linie
Mont St. Michel	8,931	in der Nähe
Paris	7,500	in der Nähe
Chalon	5,189	an
St. Mihiel	6,879	an
Karlsruhe	0	genau auf
Straubing	0,674	genau auf
Deggendorf	3,980	an
Odessa	1,472	auf

Entlang der Linie zwischen Mont St. Michel und Odessa also einer Strecke von **2413 km** befinden sich alle Orte in einem Streifen von maximal **±9 km** links und rechts neben der Linie.

2.6 – Drei-Kaiser-Dom-Linie

Nach den Angaben von Jens M. Möller ergeben sich folgende Orte auf der Drei-Kaiser-Dom-Linie:
Norderney, Hamm, Werl, Kreuztal, Siegen, Mainz, Worms, Speyer, Karlsruhe, Berneck, Hohentwiel (Singen).

Für alle angegebenen Orte lauten die geographischen Koordinaten:

	geographische Breite			geographische Länge		
	Grad	Minuten		Grad	Minuten	
Norderney	53	42	N	07	10	E
Emden	53	22	N	07	12	E
Münster	51	58	N	07	38	E
Hamm	51	41	N	07	48	E
Werl	51	33	N	07	55	E
Kreuztal	50	58	N	07	59	E
Siegen	50	52	N	08	01	E
Wiesbaden	50	05	N	08	14	E
Mainz	50	00	N	08	15	E
Worms	49	38	N	08	21	E
Mannheim	49	29	N	08	28	E
Speyer	49	19	N	08	26	E
Karlsruhe	49	01	N	08	24	E
Berneck (Altensteig)	48	36	N	08	37	E
Tuttlingen	47	59	N	08	49	E
Singen	47	46	N	08	50	E

Das Einzeichnen in eine Deutschland-Karte führt zu dem Bild auf der nächsten Seite.
Aus der Karte ergeben sich noch folgende zusätzlichen Orte:
Emden, Münster, Wiesbaden, Mannheim, Tuttlingen.

Jens M. Möller gibt für die Drei-Kaiser-Dom-Linie an (Seite 174):
germaische Thingsstätte Hohentwiel bei Singen, Calmbach im Schwarzwald, Hopfenberg (Hohenberg) bei Pfinzthal-Berghausen, Kaiserdom Speyer, Kaiserdom Worms, Kaiserdom Mainz, Sigen, Werl (Wallfahrtskirche), Münster (Westfalen)

Die Drei-Kaiser-Dom-Linie stellt eine zentrale Achsenverbindung zwischen Nord- und Süddeutschland her.

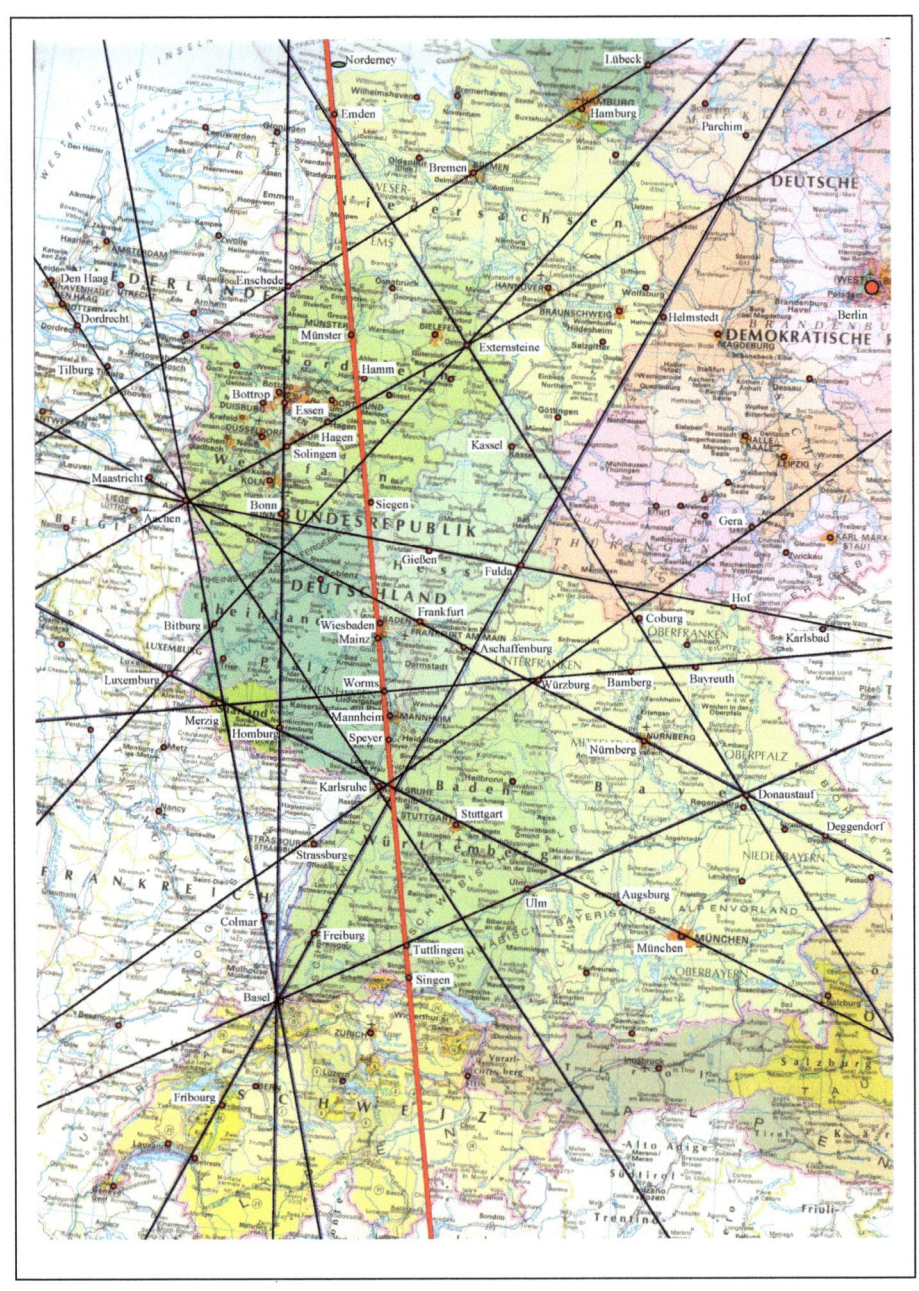

Drei-Kaiser-Dom-Linie

2.6.1 - Berechnung der Abstände zur Linie

Mit der gefundenen mittleren Richtung lässt sich jetzt die Entfernung bestimmen, die ein Ort von der mittleren Linie besitzt. Es werden **16** Orte für die Linie ausgewertet.

Ort	Abstand [km] zur Linie	Beziehung zur Linie
Norderney	0,462	genau auf
Emden	5,131	in der Nähe
Münster	4,602	an
Hamm	1,091	auf
Werl	6,423	in der Nähe
Kreuztal	0,292	genau auf
Siegen	0,082	genau auf
Wiesbaden	0,236	genau auf
Mainz	0,167	genau auf
Mannheim	5,494	in der Nähe
Worms	0	genau auf
Speyer	0,015	genau auf
Karlsruhe	7,970	in der Nähe
Berneck	0,046	genau auf
Tuttlingen	3,310	an
Singen	0,621	auf

4 Orte werden rausgenommen, weil sie nur "in der Nähe liegen"

Ort	Abstand [km] zur Linie	Beziehung zur Linie
Norderney	0,462	genau auf
Münster	4,602	an
Hamm	1,091	auf
Kreuztal	0,292	genau auf
Siegen	0,082	genau auf
Wiesbaden	0,236	genau auf
Mainz	0,167	genau auf
Worms	0	genau auf
Speyer	0,015	genau auf
Berneck	0,046	genau auf
Tuttlingen	3,310	an
Singen	0,621	auf

2.6.2 - Berechnung der Richtung

Die Richtungen der übriggebliebenen **12** Orte ergeben sich zu:

von Worms nach	Richtung
Norderney	9,7686 NW
Münster	10,708 NW
Hamm	9,4405 NW
Kreuztal	9,8222 NW
Siegen	9,6771 NW
Wiesbaden	9,4441 NW
Mainz	9,9422 NW
Worms	0
Speyer	9,7351 NW
Berneck (Altensteig)	9,6882 NW
Tuttlingen	10,727 NW
Singen (Hohentwiel)	9,8798 NW

In den folgenden Betrachtungen wird Worms als Referenzpunkt ebenfalls herausgefiltert. Die Richtungen der übriggebliebenen **11** Orte ergeben ein Winkelintervall.

Es ergibt sich ein Winkelintervall 9,4405 – 10,7273 Grad NW.

Die Mittelwertbildung aus Winkelintervall **10,0839° ±0,6434°**

Die Mittelwertbildung aus den Richtungen der 11 Orte ergibt sich zu 9,894° ±0,4535°

Das ergibt ein Winkelintervall von **9,4405° – 10,3475°**

Bildet man aus den gefundenen Werten den Mittelwert, so erhält man auch hier die mittlere Ausrichtung der Linie. Die Richtung der Drei-Kaiser-Domlinie lautet:

170° nach 350° = **170 Grad NO nach 10 Grad NW**

Eigenwinkel = 10°

Die Genauigkeit liegt bei ±0,1°

Norderney, Emden, Münster, Hamm, Kreuztal, Siegen, Wiesbaden, Mainz, Worms, Speyer, Berneck, Tuttlingen, Singen liegen **auf** bzw. **an** der Drei-Kaiser-Dom-Linie.

Entlang der Linie zwischen Norderney und Singen also einer Strecke von **670 km,** befinden sich alle Orte in einem Schlauch bzw. Streifen von maximal **±4,6 km** links und rechts neben der Linie.

Berücksichtigt man noch Orte die in der Nähe der Linie liegen, dann erweitert sich der Streifen auf jeweils **±8 km.**

Nimmt man nur die Orte die **auf** bzw. **genau auf** der Linie liegen, also Norderney, Hamm, Kreuztal, Siegen, Wiesbaden, Mainz, Worms, Speyer, Berneck und Singen so ergibt sich ein Streifen von maximal **±1 km.**

2.7 – Siegfried-Linie

Nach den Angaben von Jens M. Möller ergeben sich folgende Orte auf der Siegfried-Linie:
Rennes, Paris, Burg Esch, Worms, Lorsch, Michelstadt, Würzburg, Bayreuth, Prag.

Für alle angegebenen Orte lauten die geographischen Koordinaten:

	geographische Breite			**geographische Länge**		
	Grad	**Minuten**		**Grad**	**Minuten**	
Rennes	48	07	N	01	41	E
Paris	48	51	N	02	21	E
Burg Esch (Oberesch)	49	24	N	06	34	E
Merzig	49	27	N	06	39	E
Worms	49	38	N	08	21	E
Lorsch	49	39	N	08	34	E
Michelstadt	49	41	N	09	00	E
Würzburg	49	48	N	09	56	E
Bamberg	49	54	N	10	54	E
Bayreuth	49	57	N	11	35	E
Prag	50	05	N	14	25	E

Das Einzeichnen in eine Deutschland-Karte führt zu dem Bild auf der nächsten Seite,
Aus der Karte ergeben sich die zusätzlichen Orte:
Merzig, Bamberg.

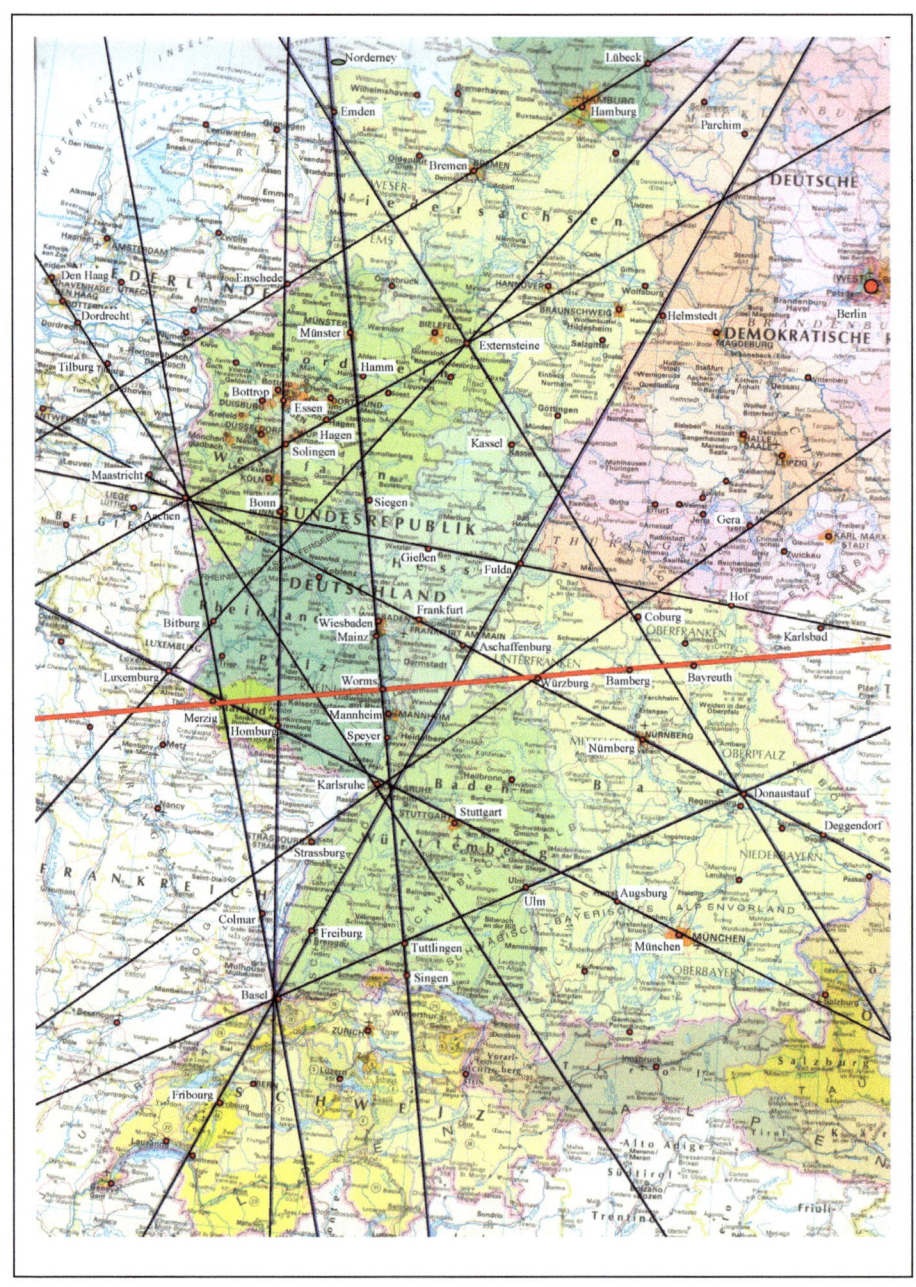

Siegfried-Linie

Jens M. Möller gibt für die Siegfried-Linie an (Seite 173):
Burg Esch, Burgruine Oberstaufenburg (Pfalz), Kaiserdom Worms, romanische Torhalle in Lorsch, Marienberg, Residenz Würzburg, Bamberg, Bayreuth
Nach Jens M. Möller, mit Hinweis auf Richard Wagner (Nibelungen), liegen hier die gemeinsamen Wurzeln der Mythen von Kelten und Germanen (Burg Esche = Esche = germanisch Weltenbaum Yggdrasil).

2.7.1 - Berechnung der Abstände zur Linie

Mit der gefundenen mittleren Richtung lässt sich jetzt die Entfernung bestimmen, die ein Ort von der mittleren Linie besitzt.
Es werden **10** Orte für die Linie ausgewertet.

Ort	Abstand [km] zur Linie	Beziehung zur Linie
Paris	4,546	an
Burg Esch	2,528	an
Merzig	1,786	an
Worms	0	genau auf
Lorsch	0,755	auf
Michelstadt	2,127	an
Würzburg	0,479	genau auf
Bamberg	1,802	an
Bayreuth	1,012	an
Prag	5,607	an

2.7.2 - Berechnung der Richtung

Die Richtungen der übriggebliebenen **10** Orte ergeben sich zu:

von Worms nach	Richtung
Paris	80,9751 NO
Burg Esch (Oberesch)	79,2847 NO
Merzig	81,2114 NO
Worms	0
Michelstadt	82,9758 NO
Würzburg	80,1498 NO
Bamberg	79,8314 NO
Bayreuth	80,1410 NO

Es werden die Orte mit einer größeren Distanz als 3 km oder Orte mit mehr als 2 Grad Winkelabweichung herausgefiltert. Es ergeben sich **6** Orte:

von Worms nach	Richtung
Burg Esch (Oberesch)	79,2847 NO
Merzig	81,2114 NO
Worms	0
Würzburg	80,1498 NO
Bamberg	79,8314 NO
Bayreuth	80,1410 NO
Prag	81,1228 NO

In den folgenden Betrachtungen wird Worms als Referenzpunkt ebenfalls herausgefiltert. Die Richtungen der übriggebliebenen 6 Orte ergeben ein Winkelintervall.

Es ergibt sich ein Winkelintervall 79,2847 – 81,2114 Grad NO.

Die Mittelwertbildung aus Winkelintervall **80,25° ±0,965°**

Die Mittelwertbildung aus den Richtungen der 6 Orte ergibt sich zu 80,29° ±1,0032°

Das ergibt ein Winkelintervall von **79,2868° – 81,2932°**

Paris, Burg Esch, Merzig, Worms, Lorsch, Michelstadt, Würzburg, Bamberg, Bayreuth, Prag liegen auf bzw. an der Siegfried-Linie.

Entlang der Linie zwischen Paris und Prag also einer Strecke von **882 km** befinden sich alle Orte in einem Streifen von maximal **±5,6 km** links und rechts neben der Linie.

2.7.3 - Verhältnis Siegfried-Linie zur Drei-Kaiser-Dom-Linie

Die mittlere Ausrichtung der Drei-Kaiser-Dom-Linie beträgt **9,7109 Grad NW** bzw. **170,2891 Grad NO**.
Die mittlere Ausrichtung der Siegfriedlinie beträgt dann **80,388 Grad NO** bzw. **99,612 NW**.
Bildet man die Differenz zwischen Drei-Kaiser-Dom-Linie und Siegfried Linie in der Ausrichtung, dann beträgt diese **90,0989 Grad**. Das ist eine Differenz von **6 Bogenminuten** zur Senkrechten.

Dies kann man als hinreichend **senkrecht** ansehen. Also lässt sich sagen das **die Drei-Kaiser-Dom-Linie und die Siegfriedlinie ein rechtwinkliges Koordinatensystem bilden, mit Worms als Mittelpunkt.**

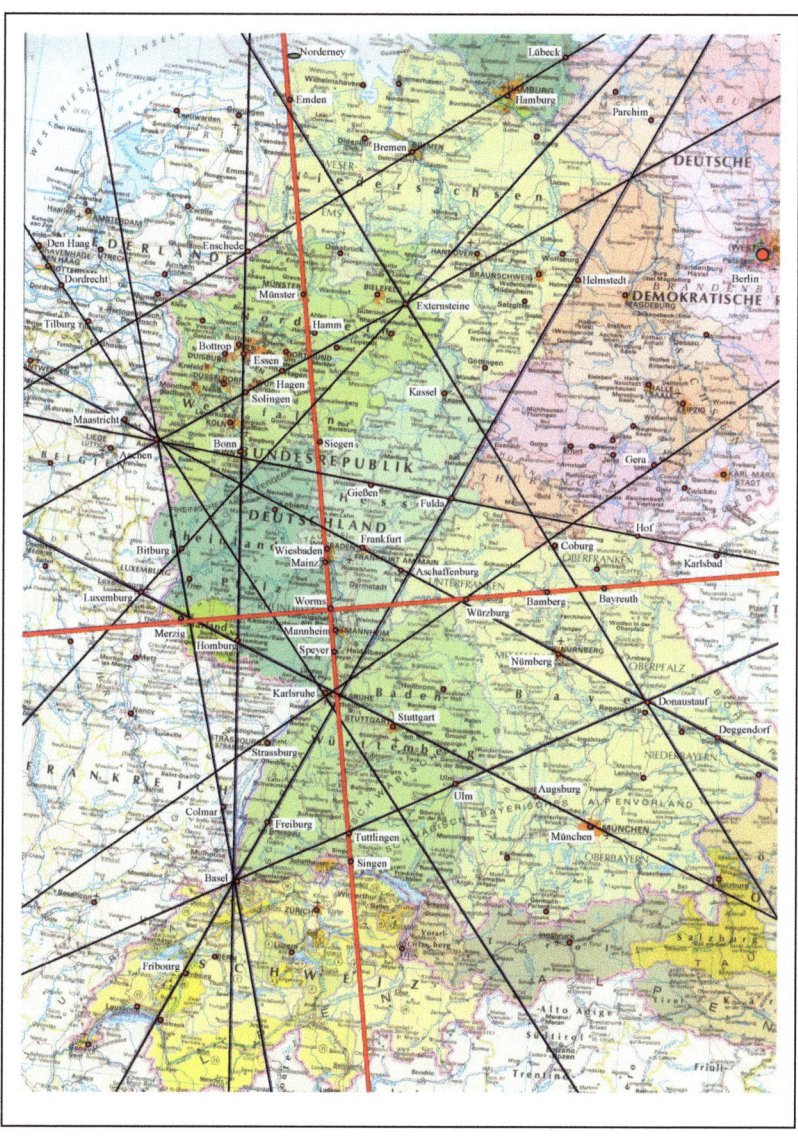

Drei-Kaiser-Dom-Linie und Siegfried-Linie

2.7.4 - Historische Betrachtungen

Mit diesem Verfahren lassen sich alle anzugebenden Linien, also auch die von Jens Möller, in ihrer Ausrichtung quantifizieren. Und man erhält gleichzeitig einen guten Überblick, wie genau die Orte auf der Linie liegen. Denn je größer die Differenz zum Mittelwert um so weiter ist der Ort von der Linie entfernt. Wobei eine Differenz von 0,5 Grad bedeutet, das der zugehörige Ort schon etwas neben der Linie liegt.

Bildet man die Differenz zwischen Drei-Kaiser-Dom-Linie und Siegfried Linie in der Ausrichtung, dann beträgt diese 89,971 Grad, weicht also nur 1,74 Bogenminuten von der Senkrechten ab. Dies kann man als hinreichend senkrecht ansehen. Also lässt sich sagen das **die Drei-Kaiser-Dom-Linie und die Siegfriedlinie ein rechtwinkliges Koordinatensystem bilden, mit Worms als Mittelpunkt.**

Worms war ursprünglich eine keltische Siedlung. 50 v.Chr. wurde sie in das römische Reich eingegliedert. Ab dem 4 Jahrhundert ist sie Bischofssitz. Der romanische Kaiserdom wurde im 11 Jh. erbaut. Von 1184 bis 1790 war Worms freie Reichsstadt.

Speyer war ebenfalls eine Siedlung der Kelten und kam 70 v.Chr. unter römische Herrschaft. Sie wurde im 5 Jahrhundert zerstört und der fränkische Neuaufbau fand außerhalb des alten Platzes statt. Um 600 herum wurde Speyer Bischofssitz. Seine Blütezeit erlebte es im 11 Jh. unter den Salierkaisern und im 16 Jh. als freie Reichsstadt.

Mainz ebenfalls eine Siedlung der Kelten, ab 13 v.Chr. Legionärslager und später Hauptstadt der Provinz Obergermanien. Seit 346 kann das Bistum Mainz belegt werden. 782 wurde es, unter Bonifatius, zum Erzbistum erhoben. Ende des 5 Jh. kam es zum Frankenreich.

Singen um 787 Sisinga genannt, 888 Sigingun und 920 Siginga. 1521 wurde die württembergische Festung auf dem Hohentwiel gebaut.

Würzburg wird 704 erstmals genannt, um 741 hieß es Wirzaburg, was soviel bedeutet wie die Burg der Würzkräuter. Etwa 740 Jahre errichtete Bonifatius (siehe Mainz!) ein Missionsbistum. Im 12 Jh. wurde aus der Königspfalz die Bischofspfalz Würzburg und die Salvatorkirche, das heutige Neumünster, entstand.

Bayreuth wird 1194 das erste Mal genannt als Baierrute, 1255 Beiierriud, 1321 Beierreut, 1488 Bayreut und seit 1633 Bayreuth. Der Name bedeutet, dass bayrische Siedler hier die erste Rodung angelegt haben. Seit 1231 ist Bayreuth Stadt.

Betrachtet man nun die Orte, die nur etwas neben den Linien liegen, kommen zur Ergänzung Wiesbaden, Siegen, Münster, Hamm, Werl, Emden bzgl. der Drei-Kaiser-Dom-Linie hinzu und bzgl. der Siegfriedlinie erhält man noch Bamberg und Merzig.

Wiesbaden entstand Ende des 1 Jh. als römische Siedlung. In der fränkischen Zeit wurde es Reichsbesitz und etwa 819 Mittelpunkt des Königssondergaus. Der Name Wisibada 829 und Wisibadun 965 bedeutet, in den Wiesenbädern! Siegen, 1080 Sigena genannt, um 1239 Sigin, was den alten Flussnamen für Sieg bedeutet. Vom 13. bis 18. Jh. war es die Residenz der Grafen von Nassau und Mittelpunkt für Eisenverhüttung und Bergbau.

Münster entstand um 790 als karolingische Wallburg am Schnittpunkt alter Strassen. Hier gründete der heilige Liudger ein Kloster (siehe auch Abtei Werden) der 804 erster Bischof von Münster wurde.

Hamm geht zurück auf einem Oberhof der Burg Mark die 1174 erstmalig genannt wird. Die Stadt Hamm wurde 1226 von Graf Adolf I von Altena-Mark an einer Straßenkreuzung südlich der Lippe gegründet.

Werl wird 931 Werlaha genannt, 1089 Werele und 1136 Werle, was so viel wie Gehölz oder Hain bedeutet. Werl lag etwas östlich vom Hellweg entfernt und entstand in der Nähe von Salzquellen. Im 10/11 Jh. war Werl Sitz einer Grafschaft und kam 1089 an das Erzstift Köln. Stadtrechte erhielt Werl 1246.

Emden entstand um 800 als Handelsniederlassung an der Ems. Der Name Amuthon 9 Jh. und Emutha 10 Jh. heißt so viel wie an der Mündung der Ee. Es wurde im 11 Jh. Münzstätte und etwa 1200 Hafen für die Englandfahrten.

Bamberg entstand im 9 Jh. an der Regnitz, bei einer ostfränkischen Burg. Der Name Bamberc 1174, Babenberch 1138 sowie Papinberg 973 bedeutet so viel wie Burg des Papo. 1007 wurde das Bistum Bamberg gegründet, seit 1873 ist es Erzbistum.

Merzig entstand aus einem fränkischen Königshof in der Nähe einer verlassenen römischen Siedlung. Der Name Merzich 1290, Marcei 1189, Marciacum 949 geht zurück auf praedium Martiaticum was so viel bedeutet wie Gut des Martius. Im 9 Jh. kommt Merzig zum Erzbistum Trier.

Wie an Worms, Speyer und Mainz zu sehen ist, existiert die Grund-ausrichtung der Drei-Kaiser-Dom-Linie schon zu keltischer Zeit.

Im Römerreich wurden die vorhandenen Beziehungen weiterbenutzt, es er-folgen die zwei Neugründungen Wiesbaden und Merzig.

Erst im 8-9 Jahrhundert erfolgt wieder eine Benutzung der Ausrichtung, wie an der Gründung von Würzburg, Münster, Emden, Singen und Bamberg zu sehen ist. Hier spielt die katholische Kirche in Würzburg, Mainz und Müns-ter durch Bonifatius und Liudger, eine gewisse Rolle.

Im 11-12 Jh. kommt es noch einmal zu einer Benutzung, wie an der Grün-dung von Hamm, Bayreuth und Siegen zu sehen, sowie an der Errichtung der drei Kaiserdome, dem die entsprechende Linie auch ihren Namen ver-dankt.

Insgesamt finden also zwischen dem 8 und dem 12 Jahrhundert we-sentliche Stadtgründungen, Kirchenbauten und Bistumsbildungen auf der Drei-Kaiser-Dom-Linie und der Siegfriedlinie statt, während die Wurzeln bis in keltische Zeiten reichen.

2.8 – Normandie-Linie

Nach den Angaben von Jens M. Möller ergeben sich folgende Orte auf der Normandie-Linie:
Le Havre, Rouen, Compiègne, Reims, Verdun, Metz, Karlsruhe, Landshut, Linz, Budapest.

Für alle angegebenen Orte lauten die geographischen Koordinaten:

	geographische Breite			geographische Länge		
	Grad	**Minuten**		**Grad**	**Minuten**	
Le Havre	49	30	N	00	07	E
Rouen	49	27	N	01	06	E
Compiegne	49	25	N	02	49	E
Reims	49	16	N	04	02	E
Verdun	49	10	N	05	23	E
Metz	49	07	N	06	11	E
Karlsruhe	49	01	N	08	24	E
Landshut	48	32	N	12	09	E
Linz	48	18	N	14	17	E
Budapest	47	30	N	19	03	E

Das Einzeichnen in eine Deutschland-Karte führt zu dem Bild auf der nächsten Seite.

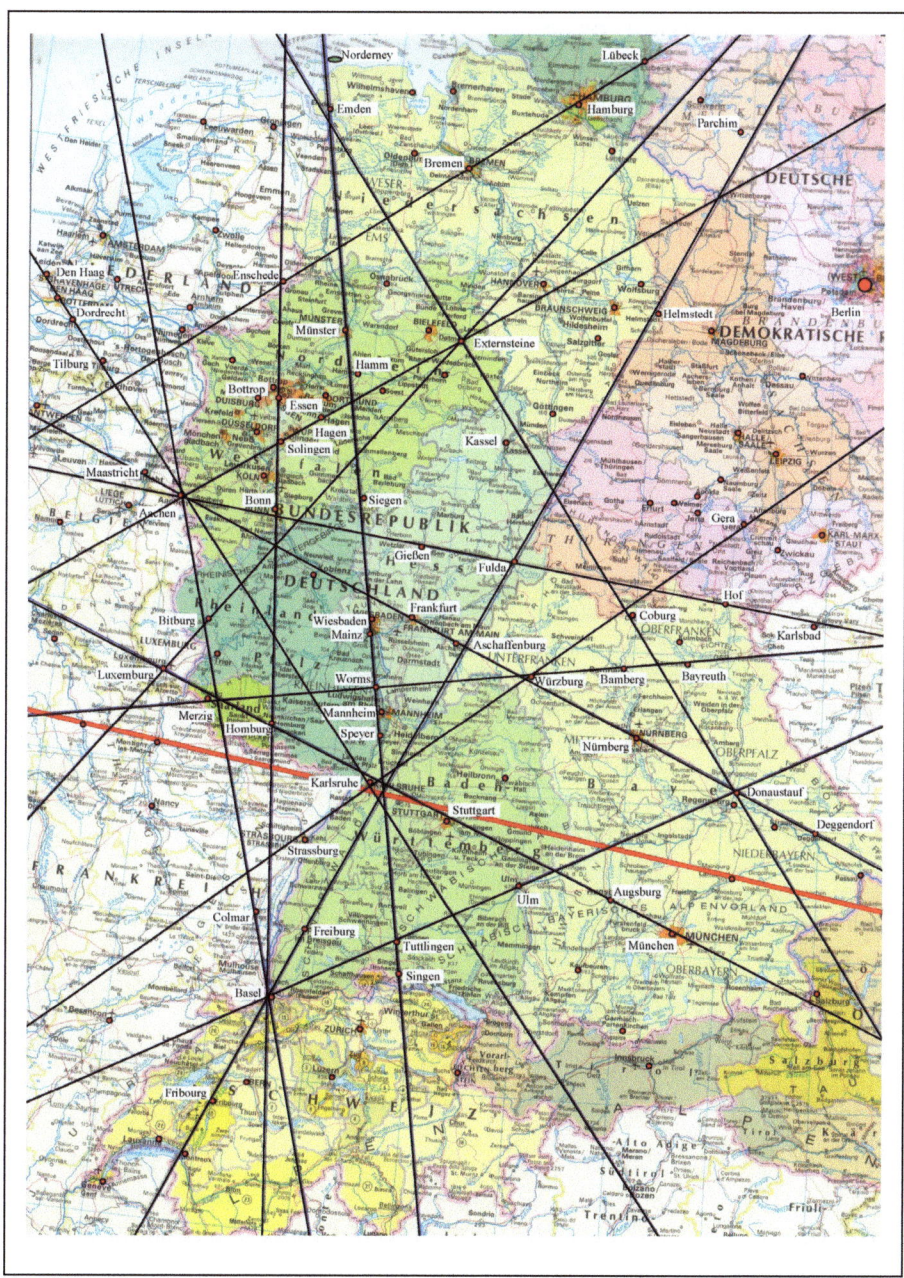

Normandie-Linie

2.8.1 - Berechnung der mittleren Richtung

Sind die geographischen Koordinaten (Breite, Länge) von zwei Orten bekannt, so kann man mit der sogenannten zweiten geodätischen Hauptaufgabe den Abstand als auch die Richtungen berechnen. Ausgehend von einem Ursprungsort lassen sich jetzt die Winkel zu den einzelnen Orten auf der Linie berechnen. Als Bezugspunkt wird hier Karlsruhe genommen.

von Karlsruhe nach	Richtung
Le Havre	81,7596 NW
Rouen	82,0466 NW
Compiegne	81,6313 NW
Reims	83,3492 NW
Verdun	84,5187 NW
Metz	85,2242 NW
Karlsruhe	0
Landshut	80,3483 NW
Linz	81,7698 NW
Budapest	81,9391 NW

Bildet man aus allen Werten den Mittelwert, so erhält man die mittlere Ausrichtung der Linie. Die mittlere Ausrichtung der Normandie-Linie beträgt dann **82,5097 Grad NW** bzw. **97,4903 NO**.

2.8.2 - Berechnung der Abstände zur Linie

Mit der gefundenen mittleren Richtung lässt sich jetzt die Entfernung bestimmen, die ein Ort von der mittleren Linie besitzt.

Ort	Abstand [km] zur Linie	Beziehung zur Linie
Le Havre	7,884	in der Nähe
Rouen	4,294	an
Compiègne	6,247	in der Nähe
Reims	4,669	an
Verdun	7,720	in der Nähe
Metz	7,664	in der Nähe
Karlsruhe	0	genau auf
Landshut	10,554	in der Nähe
Linz	5,667	an
Budapest	7,999	in der Nähe

Entlang der Linie zwischen Le Havre und Budapest, also einer Strecke von **1408 km,** befinden sich alle Orte (außer Landshut) in einem Streifen von maximal **±8 km** links und rechts neben der Linie.

2.9 – Deutschland-Linie

Nach Angabe von Jens M. Möller ergeben sich folgende Orte auf der Deutschland-Linie:
Aix-en-Provence, Fribourg (Belchen-Schweiz), Basel, Belchen (Freiburg), Herrenalb, Karlsruhe, Neckargemümd, Schloss Mespelbrunn, Fulda, Brocken, (Eisenach?), Helmstedt.

Für alle angegebenen Orte lauten die geographischen Koordinaten:

	geographische Breite			geographische Länge		
	Grad	Minuten		Grad	Minuten	
Montreux	46	26	N	06	55	E
Aix-en-Provence	43	32	N	05	27	E
Fribourg Schweiz)	46	50	N	07	10	E
Basel	47	33	N	07	35	E
Belchen (Freiburg)	48	00	N	08	15	E
Herrenalb	48	48	N	08	26	E
Karlsruhe	49	01	N	08	24	E
Neckargemünd	49	24	N	08	48	E
Schloss Mespelbrunn	49	54	N	09	18	E
Fulda	50	33	N	09	41	E
Eisenach	50	58	N	10	19	E
Brocken	51	48	N	10	37	E
Helmstedt	52	14	N	11	01	E
Wittenberge	53	00	N	11	45	E

Das Einzeichnen in eine Deutschland-Karte führt zu dem Bild auf der nächsten Seite

Aus der Karte ergeben sich noch die folgenden zusätzlichen Orte: Montreux, Wittenberge.

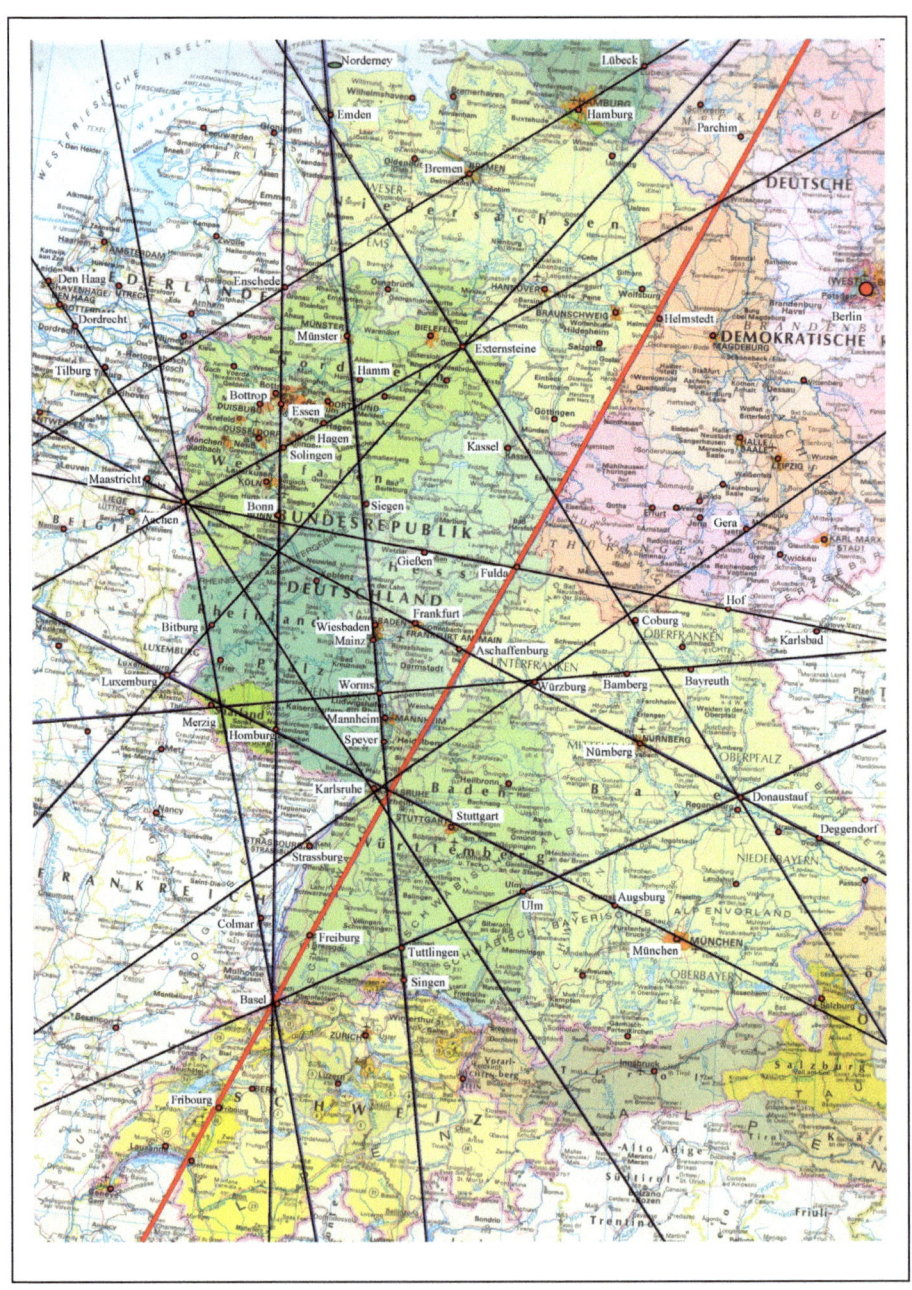

Deutschland-Linie

2.9.1 - Berechnung der mittleren Richtung

Sind die geographischen Koordinaten (Breite, Länge) von zwei Orten bekannt, so kann man mit der sogenannten zweiten geodätischen Hauptaufgabe den Abstand als auch die Richtungen berechnen.
Ausgehend von einem Ursprungsort lassen sich jetzt die Winkel zu den einzelnen Orten auf der Linie berechnen. Als Bezugspunkt wird hier Fulda genommen.

von Fulda nach	Richtung
Montreux	25,0534 NO
Aix-en-Provence	23,9239 NO
Fribourg	25,0367 NO
Basel	25,4430 NO
Belchen	20,6850 NO
Herrenalb	25,2861 NO
Karlsruhe	28,8788 NO
Neckargemünd	26,6281 NO
Schloss Mespelbrunn	20,8191 NO
Fulda	0
Eisenach	43,6319 NO
Brocken	24,7225 NO
Helmstedt	25,7818 NO
Wittenberge	26,7542 NO

Lediglich die Richtungen für Eisenach weicht von den anderen Richtungen wesentlich ab. Ebenfalls abweichend sind die Richtungen für Aix-en-Provence, Belchen, Karlsruhe, Neckargemünd, Schloss Mespelbrunn und Wittenberge. Sie werden daher zur mittleren Richtungsfindung zunächst nicht weiter berücksichtigt.

Bildet man aus den restlichen Werten den Mittelwert, so erhält man auch hier die mittlere Ausrichtung der Linie. Die mittlere Ausrichtung der Deutschland-Linie beträgt **25,22 Grad NO** bzw. **154,78 Grad NW**.

2.9.2 - Berechnung der Abstände zur Linie

Mit der gefundenen mittleren Richtung lässt sich jetzt die Entfernungsbestimmen, die ein Ort von der mittleren Linie besitzt.

Ort	Abstand [km] zur Linie	Beziehung zur Linie
Montreux	1,460	an
Aix-en-Provence	19,023	in der Nähe
Fribourg	1,451	an
Basel	1,423	an
Belchen	23,869	in der Nähe
Herrenalb	0,245	genau auf
Karlsruhe	12,361	in der Nähe
Neckargemünd	3,502	an
Schloss Mespelbrunn	5,927	in der Nähe
Fulda	0	genau auf
Eisenach	20,297	in der Nähe
Brocken	1,334	an
Helmstedt	2,044	an
Wittenberge	8,219	in der Nähe

Montreux, Fribourg, Basel, Herrenalb, Neckargemünd, Fulda, Brocken, Helmstedt liegen auf bzw. an der Deutschland-Linie.

Entlang der Linie zwischen Montreux und Helmstedt also einer Strecke von **710 km** befinden sich alle Orte in einem Streifen von maximal **±3,5 km** links und rechts neben der Linie.

Berücksichtigt man noch die Orte, die in der Nähe der Linie liegen, dann erweitert sich der Streifen auf jeweils **±24 km**.

2.10 – Logen-Linie

Nach Angabe von Jens M. Möller ergeben sich folgende Orte auf der Logen-Linie:
Perth, Den Haag, Aachen, Kirn, Kalmit, Eggenstein, Karlsruhe, Bebenhausen, Lichtenstein, Zwiefalten, Bussen, Stein (Allgäu), Nebelhorn, Leuca.

Für alle angegebenen Orte lauten die geographischen Koordinaten:

	geographische Breite			geographische Länge		
	Grad	Minuten		Grad	Minuten	
Perth	56	24	N	-03	28	W
Den Haag	52	06	N	04	18	E
Rotterdam	51	56	N	04	29	E
Dordrecht	51	49	N	04	39	E
Tilburg	51	34	N	05	04	E
Aachen	50	47	N	06	05	E
Kirn	49	47	N	07	27	E
Kalmit	49	19	N	08	05	E
Eggenstein	49	05	N	08	23	E
Karlsruhe	49	01	N	08	24	E
Pforzheim	48	53	N	08	42	E
Lichtenstein	48	26	N	09	15	E
Bebenhausen	48	34	N	09	31	E
Zwiefalten	48	14	N	09	20	E
Bussen	48	10	N	09	33	E
Stein im Allgäu	47	35	N	10	14	E
Nebelhorn	47	25	N	10	21	E

Das Einzeichnen in eine Deutschland-Karte führt zu dem Bild auf der
nächsten Seite.

Aus der Karte ergeben sich die folgenden zusätzlichen Orte:
Rotterdam, Dordrecht, Tilburg.

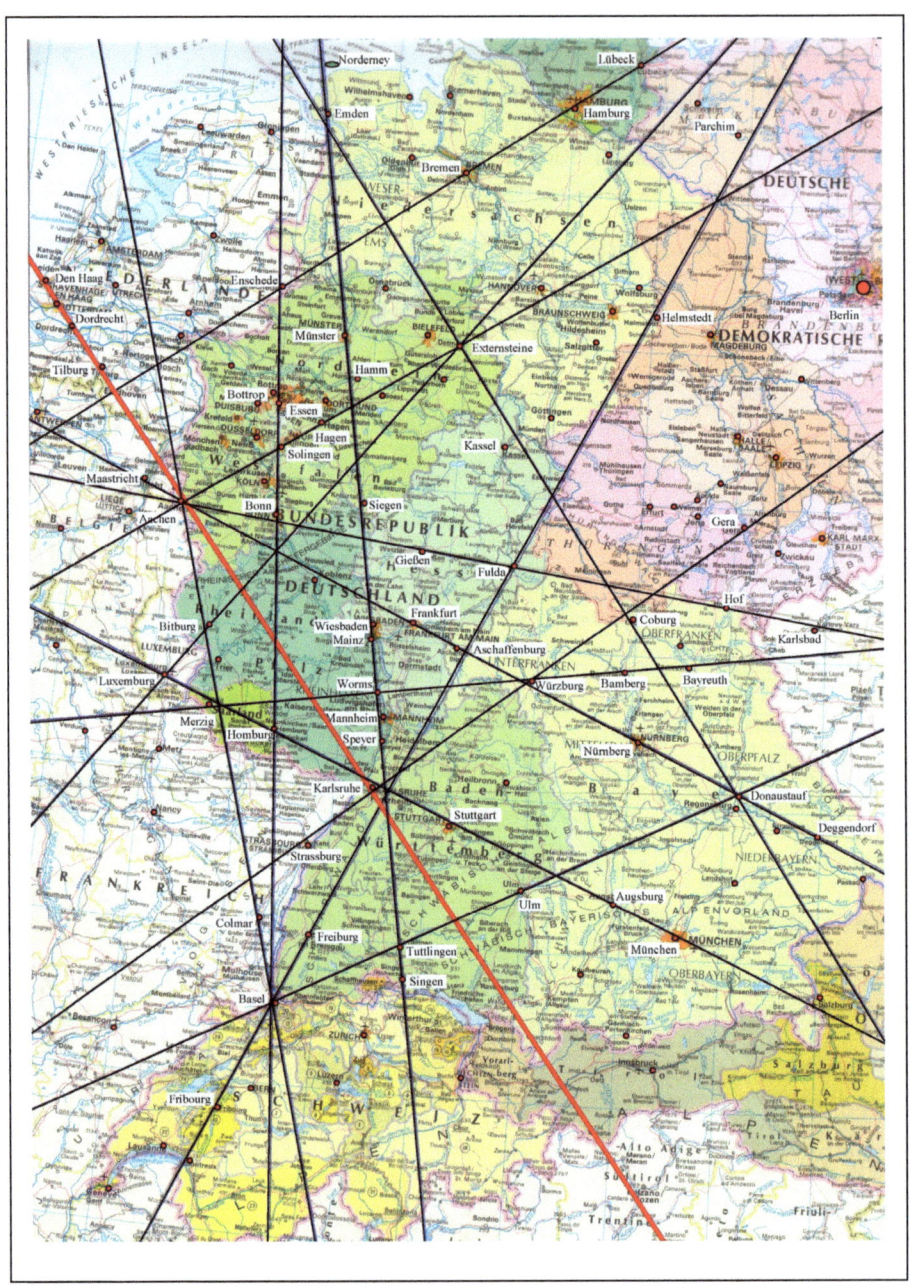

Logen-Linie

2.10.1 - Berechnung der mittleren Richtung

Sind die geographischen Koordinaten (Breite, Länge) von zwei Orten bekannt, so kann man mit der sogenannten zweiten geodätischen Hauptaufgabe sowohl Abstand als auch die Richtungen berechnen.
Ausgehend von einem Ursprungsort lassen sich jetzt die Winkel zu den einzelnen Orten auf der Linie berechnen. Als Bezugspunkt wird hier Karlsruhe genommen.

von Karlsruhe nach	Richtung
Perth	39,5910 NW
Den Haag	38,6215 NW
Rotterdam	39,0205 NW
Dodrecht	39,0444 NW
Tilburg	38,5941 NW
Aachen	39,3050 NW
Kirn	38,5227 NW
Kalmit	34,4932 NW
Eggenstein	9,29890 NW
Karlsruhe	0
Pforzheim	56,0244 NW
Lichtenstein	44,1878 NW
Bebenhausen	44,5553 NW
Zwiefalten	38,5734 NW
Bussen	42,2567 NW
Stein im Allgäu	41.0813 NW
Nebelhorn	39,8098 NW

Die Richtungen für Kalmit, Eggenstein, Pforzheim, Lichtenstein, Bebenhausen, Bussen und Stein weichen von den anderen Richtungen stark ab. Sie werden daher zur mittleren Richtungsfindung zunächst nicht weiter berücksichtigt.

Bildet man aus den restlichen Werten den Mittelwert, so erhält man auch hier die mittlere Ausrichtung der Linie. Die mittlere Ausrichtung der Logen-Linie beträgt **39,061 Grad NW** bzw. **140,939 Grad NO**.

2.10.2 - Berechnung der Abstände zur Linie

Mit der gefundenen mittleren Richtung lässt sich jetzt noch die Entfernung **s** bestimmen, die ein Ort von der mittleren Linie besitzt.

Ort	Abstand [km] zur Linie	Beziehung zur Linie
Perth	10,506	in der Nähe
Den Haag	3,439	an
Rotterdam	0,302	genau auf
Dordrecht	0,119	genau auf
Tilburg	3,008	an
Aachen	1,094	auf
Kirn	1,029	auf
Kalmit	3,227	an
Eggenstein	3,728	an
Karlsruhe	0	genau auf
Pforzheim	7,717	in der Nähe
Lichtenstein	8,038	in der Nähe
Bebenhausen	6,693	in der Nähe
Zwiefalten	0,943	auf
Bussen	7,069	in der Nähe
Stein im Allgäu	7,374	in der Nähe
Nebelhorn	2,994	an

Den Haag, Rotterdam, Dordrecht, Tilburg, Aachen, Kirn, Kalmit, Eggenstein, Karlsruhe, Zwiefalten und Nebelhorn liegen **auf** bzw. **an** der Logen-Linie.

Entlang der Linie zwischen Perth und Nebelhorn also einer Strecke von **1371 km** befinden sich alle Orte in einem Streifen von maximal **±10,5 km** links und rechts neben der Linie.

Entlang der Linie zwischen Deen Haag und Nebelhorn, also einer Strecke von **678 km,** befinden sich alle Orte, die auf oder an der Linie liegen, in einem Streifen von maximal **±3,7 km** links und rechts neben der Linie.

2.10.3 - Verhältnis Logenlinie zur Atlantis-Linie

Die mittlere Ausrichtung der Logen-Linie beträgt **39,061 Grad NW** bzw. **140,939 Grad NO**.

Die mittlere Ausrichtung der Atlantislinie beträgt dann **58,7992 Grad NO** bzw. **121,2008 NW**.

Bildet man die Differenz zwischen Atlantis-Linie und der Logenlinie in der Ausrichtung dann beträgt diese **82,14 Grad**. Die Differenz zur Senkrechten ist zu groß.

Also lässt sich sagen das die Atlantis-Linie und die Logenlinie nur annähernd rechtwinklig zueinander stehen.

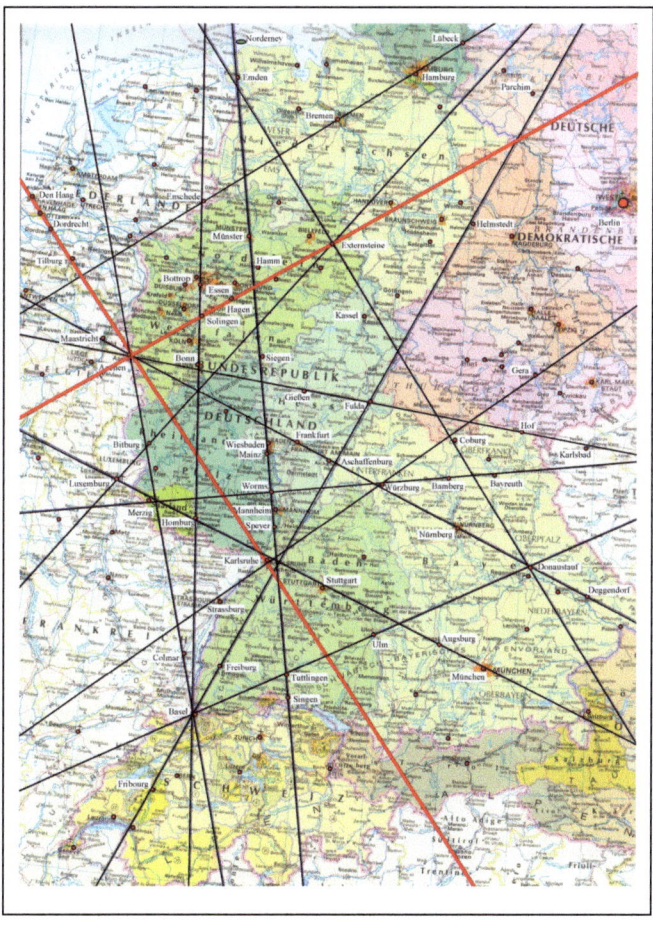

Atlantis-Linie und Logenlinie

2.11 – Bonifacius-Linie

Nach Angabe von Jens M. Möller ergeben sich folgende Orte auf der Nornen-Linie:
Southampton, Brüssel, Aachen, Fulda, Prag, Sternberk.

Für alle angegebenen Orte lauten die geographischen Koordinaten:

	geographische Breite			geographische Länge		
	Grad	Minuten		Grad	Minuten	
Southampton	50	54	N	01	24	W
Brüssel	50	51	N	04	21	E
Aachen	50	47	N	06	05	E
Fulda	50	33	N	09	41	E
Hof	50	19	N	11	55	E
Karlsbad	50	14	N	12	52	E
Prag	50	05	N	14	26	E
Sternberk	49	43	N	17	18	E

Einzeichnen in eine Deutschland-Karte führt zu dem Bild auf der nächsten Seite.

Aus der Karte ergeben sich die folgenden zusätzlichen Orte:
Hof, Karlsbad.

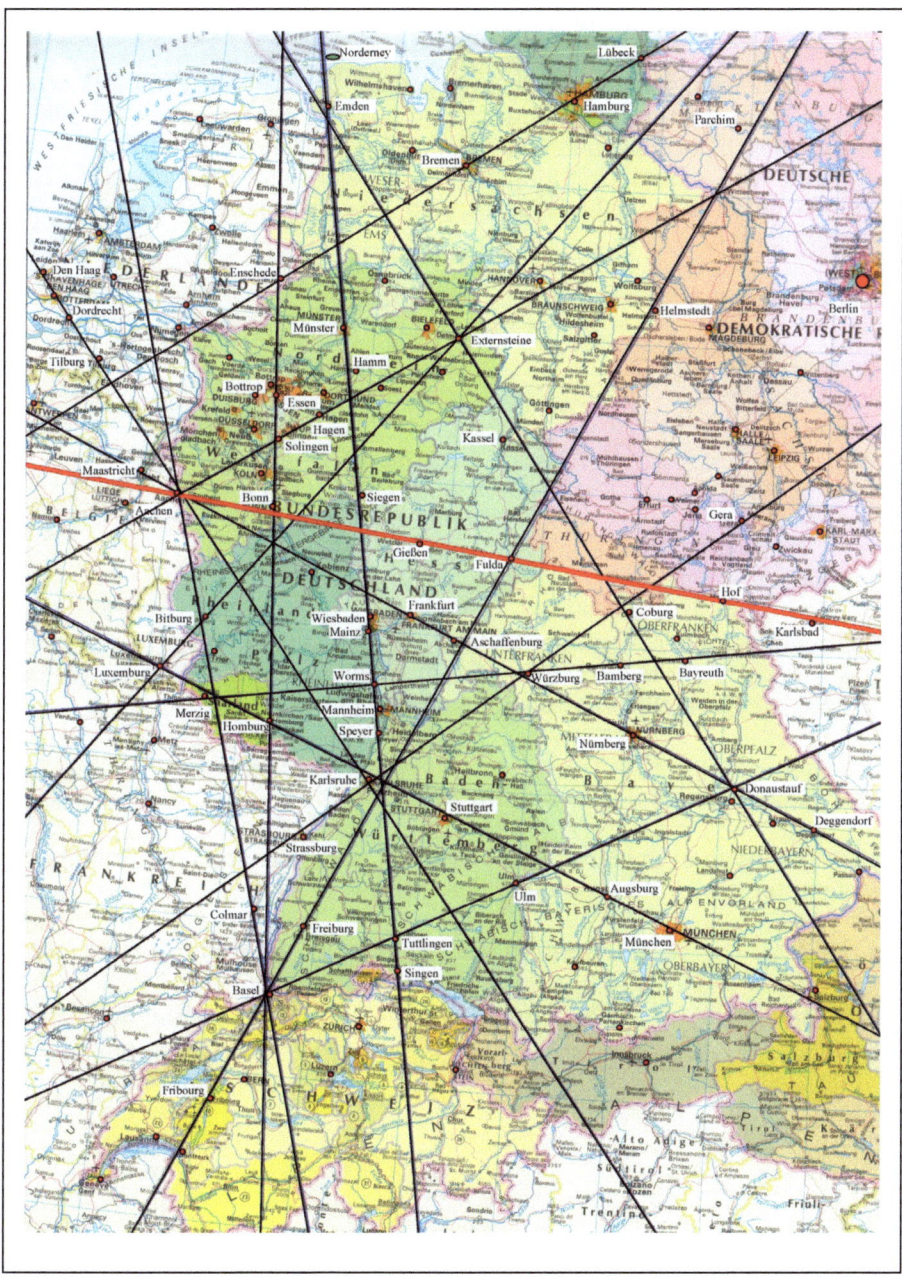

Bonifacius-Linie

87

2.11.1 - Berechnung der mittleren Richtung

Sind die geographischen Koordinaten (Breite, Länge) von zwei Orten bekannt, so kann man mit der sogenannten zweiten geodätischen Hauptaufgabe sowohl Abstand als auch die Richtungen berechnen.
Ausgehend von einem Ursprungsort lassen sich jetzt die Winkel zu den einzelnen Orten auf der Linie berechnen. Als Bezugspunkt wird hier Aachen genommen.

von Aachen nach	Richtung
Southamptom	85,6848 NW
Brüssel	85,8448 NW
Aachen	0
Fulda	85,5556 NW
Hof	85,0831 NW
Karlsbad	85,3615 NW
Prag	85,7364 NW
Sternberg	85,0332 NW

Bildet man aus den Werten den Mittelwert, so erhält man auch hier die mittlere Ausrichtung der Linie. Die mittlere Ausrichtung der Bonifacius-Linie beträgt **85,6142 Grad NW** bzw. **94,3858 Grad NO**.

2.11.2 - Berechnung der Abstände zur Linie

Mit der gefundenen mittleren Richtung lässt sich jetzt noch die Entfernung **s** bestimmen, die ein Ort von der mittleren Linie besitzt.

Ort	Abstand [km] zur Linie	Beziehung zur Linie
Southampton	0,646	genau auf
Brüssel	0,491	genau auf
Aachen	0	genau auf
Fulda	0,261	genau auf
Hof	3,846	an
Karlsbad	2,130	an
Prag	1,269	an
Sternberg	5,879	an

Alle Orte liegen genau auf bzw. an der Bonifacius-Linie.

Entlang der Linie zwischen Southampton und Sternberg, also einer Strecke von **1331 km,** befinden sich alle Orte in einem Schlauch von maximal **±5,8 km** links und rechts neben der Linie.

2.12 – Artus-Linie

Nach Angabe von Jens M. Möller ergeben sich folgende Orte auf der Artus-Linie:
Belfast, Winchester, Le Havre, Chartes, Orleans, Toulon, Cagliari

Für alle angegebenen Orte lauten die geographischen Koordinaten:

	geographische Breite			**geographische Länge**		
	Grad	**Minuten**		**Grad**	**Minuten**	
Belfast	54	35	N	-05	55	W
Winchester	51	04	N	-01	19	W
Le Havre	49	30	N	00	08	E
Chartes	48	27	N	01	30	E
Orleans	47	55	N	01	54	E
Toulon	43	07	N	05	56	E
Cagliari	39	13	N	09	07	E

Die Artus-Linie passt in keine Deutschland-Karte und wird daher hier nicht dargestellt.

2.13 – Grals-Linie

Nach Angabe von Jens M. Möller ergeben sich folgende Orte auf der Artus-Linie:
Nantes, Orleans, Troyes, Nancy, Eschbach, Eschbourg, Fleville, Pfaffenhofen, Durmersheim, Karlsruhe, Kloster Maulbronn, Schwäbisch Hall, Wolframseschenbach, Sternberg (CSSR), L'Vov (Lemberg/Ukraine).

Für alle angegebenen Orte lauten die geographischen Koordinaten:

	geographische Breite			geographische Länge		
	Grad	Minuten		Grad	Minuten	
Nantes	47	13	N	-01	33	W
Orleans	47	55	N	01	54	E
Troyes	48	18	N	04	05	E
Nancy	48	41	N	06	12	E
Eschbach	48	20	N	07	09	E
Eschbourg	48	49	N	07	18	E
Fleville	48	38	N	06	12	E
Pfaffenhofen	48	51	N	07	37	E
Ettlingen	48	57	N	08	24	E
Durmersheim	48	56	N	08	17	E
Karlsruhe	49	00	N	08	30	E
Kloster Maulbronn	49	00	N	08	48	E
Schwäbisch Hall	49	06	N	09	44	E
Wolframseschenbach	49	14	N	10	44	E
Sternberg (CSSR)	49	44	N	17	19	E
L'Vov (Lemberg/Ukraine)	49	50	N	24	00	E

Das Einzeichnen in eine Deutschland-Karte führt zu dem Bild auf der nächsten Seite.

Jens M. Möller gibt für die Grals-Linie an (Seite 198):
Königsbach/Stein, Kloster Maulbrunn, Kirche Bönnigheim, St. Michaels-Kirche Schwäbisch Hall (Drachentöter), Wolframs-Eschenbach bei Ansbach

Weiterhin:
Karlsruhe-Ettlingen, Wallfahrtskirche Maria Bickesheim in Durmersheim, Eschenburg, Eschbach, Nancy, Troyes, Orleans, Nantes

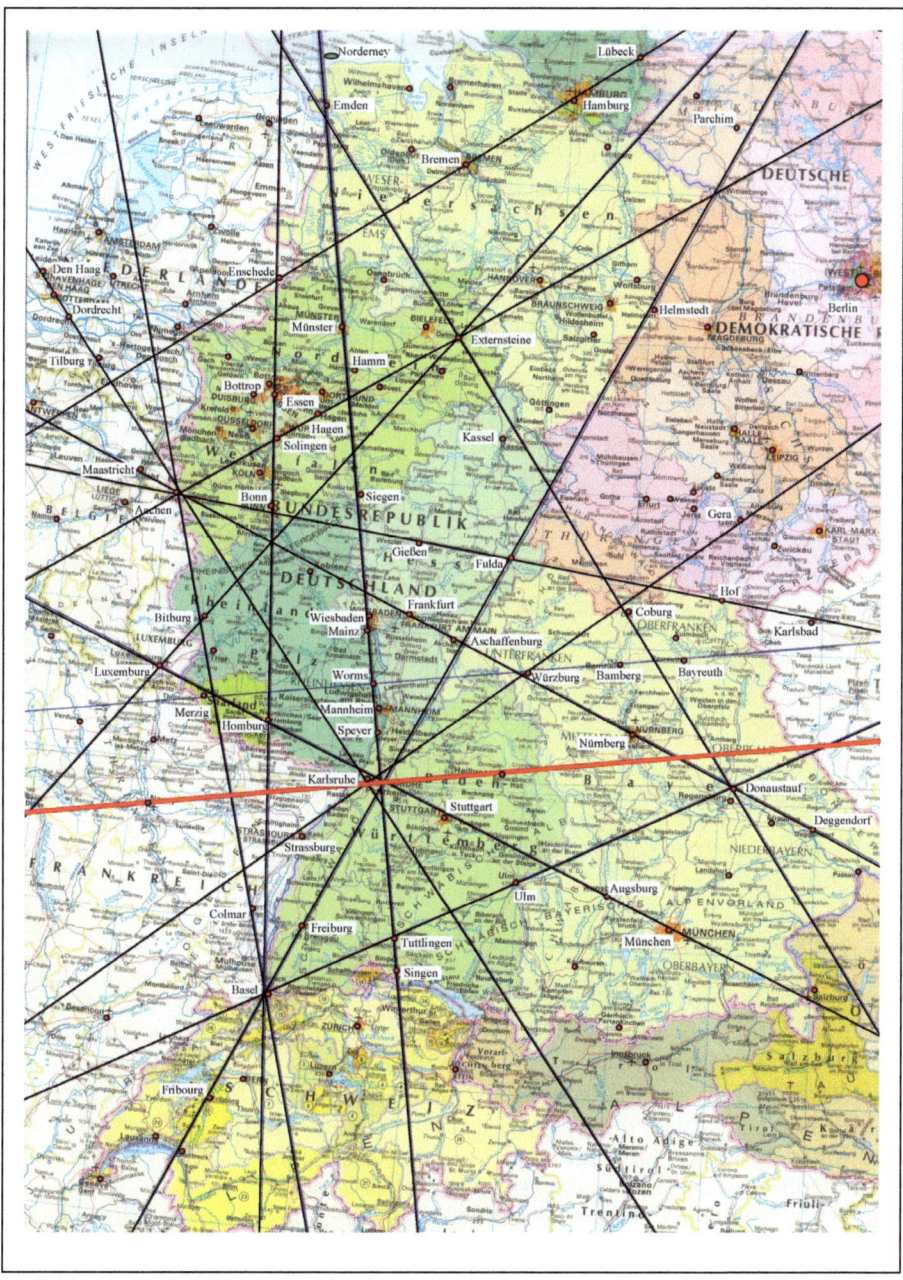

Grals-Linie

2.14 – Königs-Linie

Nach Angabe von Jens M. Möller ergeben sich folgende Orte auf der Königs-Linie (Königsberglinie):
Hochkönigsbourg (Elsaß), Königsbach/Stein, Baden-Baden, Karlsruhe,
Bretten, Königsberg (Bayern), Haßfurt (Bayern), Veste Coburg, Gera, Königsberg (Preußen-Kaliningrad).

Für alle angegebenen Orte lauten die geographischen Koordinaten:

	geographische Breite			geographische Länge		
	Grad	Minuten		Grad	Minuten	
Hochkönigsbourg (Elsaß)	48	15	N	07	21	E
Straßburg	48	35	N	07	45	E
Königsbach/Stein	48	58	N	08	37	E
Baden-Baden	48	46	N	08	14	E
Karlsruhe	49	01	N	08	24	E
Bretten	49	02	N	08	42	E
Würzburg	49	48	N	09	56	E
Königsberg (Bayern)	50	50	N	10	34	E
Haßfurt (Bayern)	50	02	N	10	30	E
Veste Coburg	50	16	N	10	59	E
Gera	50	53	N	12	05	E
Königsberg (Kaliningrad)	54	44	N	20	29	E

Das Einzeichnen in eine Deutschland-Karte führt zu dem Bild auf der
nächsten Seite.

Aus der Karte ergeben sich noch die folgenden zusätzlichen Orte:
Straßburg, Würzburg.

Nach Jens M. Möller tangiert diese Linie auffällig viel Orte mit Adels- und
Fürstennamen (Seite 166):
Hochkönigsbourg im Elsaß, Königsbach/Stein, Adelshofen bei Eppingen,
Adelsheim bei Osterburken (germanisch: Ostara-Burg), Königshofen bei
Bad Mergentheim, Königsgerg in Bayern (bei Haßfurt), dem Lichtenstein,
Veste Coburg, Königsberg in Ostpreußen (Kaliningrad)
Nach Machalett existieren Zusammenhänge zum Sonnenaufgang zur
Sommersonnenwende im Nordosten und dem Monduntergang zur Winter-
sonnenwende im Südwesten.

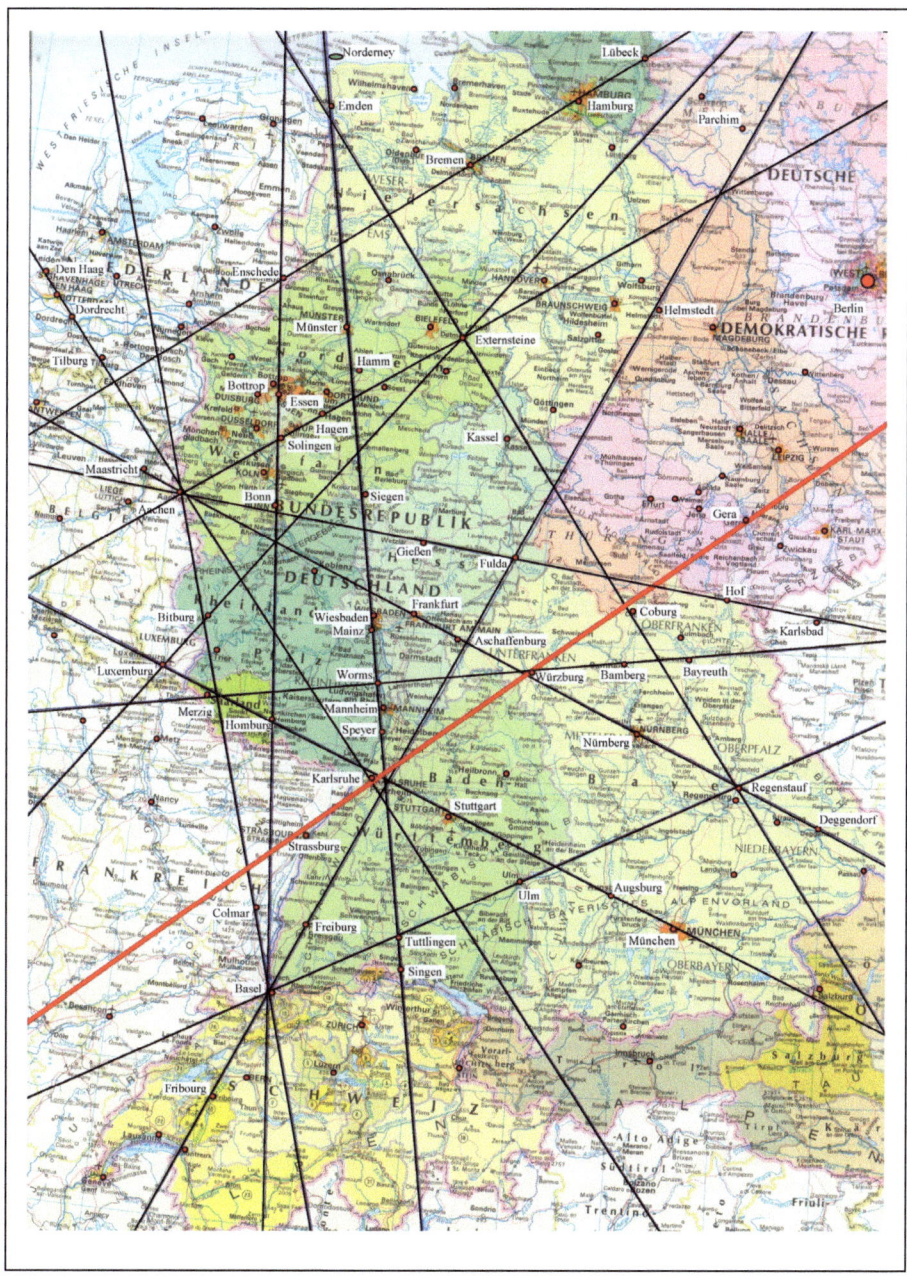

Königs-Linie

93

2.14.1 - Berechnung der mittleren Richtung

Sind die geographischen Koordinaten (Breite, Länge) von zwei Orten bekannt, so kann man mit der sogenannten zweiten geodätischen Hauptaufgabe sowohl Abstand als auch die Richtungen berechnen.
Ausgehend von einem Ursprungsort lassen sich jetzt die Winkel zu den einzelnen Orten auf der Linie berechnen. Als Bezugspunkt wird hier Karlsruhe genommen.

von Karlsruhe nach	Richtung
Hochkönigsbourg	47,4563 NO
Sraßburg	45,0999 NO
Königsbach/Stein	70,7054 NO
Baden-Baden	66,2682 NO
Karlsruhe	0
Bretten	85,0440 NO
Würzburg	51,2824 NO
Königsberg (Bayern)	51,9874 NO
Haßfurt (Bayern)	52,4882 NO
Veste Coburg	52,2532 NO
Gera	50,3766 NO
Könisberg (Kaliningrad)	47,8855 NO

Die Richtungen für Königsbach/Stein, Baden-Baden, Bretten, Königsberg (Bayern) und Straßburg weichen von den anderen Richtungen stark ab. Sie werden daher zur mittleren Richtungsfindung zunächst nicht weiter berücksichtigt.

Bildet man aus den restlichen Werten den Mittelwert, so erhält man auch hier die mittlere Ausrichtung der Linie. Die mittlere Ausrichtung der Königs-Linie beträgt **50,2904 Grad NO** bzw. **129,7096 Grad NW**.

2.14.2 - Berechnung der Abstände zur Linie

Mit der gefundenen mittleren Richtung lässt sich jetzt noch die Entfernung **s** bestimmen, die ein Ort von der mittleren Linie besitzt.

Ort	Abstand [km] zur Linie	Beziehung zur Linie
Hochkönigsbourg	5,684	in der Nähe
Straßburg	6,172	in der Nähe
Königsbach/Stein	5,844	in der Nähe
Baden-Baden	8,354	in der Nähe
Karlsruhe	0	an
Bretten	12,512	in der Nähe
Würzburg	2,441	an
Königsberg (Bayern)	5,809	in der Nähe
Haßfurt (Bayern)	7,249	in der Nähe
Veste Coburg	7,950	in der Nähe
Gera	0,505	genau auf
Königsberg (Kaliningrad)	43,550	in der Nähe

Entlang der Linie zwischen Hochkönigsbourg und Kalinigrad, also einer Strecke von **11571 km,** befinden sich alle Orte (außer Kaliningrad) in einem Schlauch von maximal **±12,5 km** links und rechts neben der Linie.

2.15 – Keltenfürsten-Linie

Nach Angabe von Jens M. Möller ergeben sich folgende Orte auf der Keltenfürsten-Linie:
Saarluis, Blieskastel, Burg Esch, Karlsruhe, Hochdorf, Hohenstaufen, Dillingen, Scherneck, St.Wolfgang.

Für alle angegebenen Orte lauten die geographischen Koordinaten:

	geographische Breite			geographische Länge		
	Grad	Minuten		Grad	Minuten	
Saarluis	49	19	N	06	45	E
Blieskastel	49	14	N	07	15	E
Burg Esch	49	24	N	06	34	E
Karlsruhe	49	00	N	08	30	E
Hochdorf	47	10	N	08	17	E
Hohenstaufen	48	44	N	09	43	E
Dillingen	48	35	N	10	30	E
Scherneck	48	28	N	10	56	E
St.Wolfgang	47	44	N	13	27	E

Jens M. Möller gibt für die Keltenfürsten-Linie an (Seite 171/172):
Burg Trifels (Dahn in der Pfalz), Schloßturm Karlsruhe, Keltenfürstengrab bei Hochdorf, Burgruine Hohenstaufen, Hohenstauffen, Stammschloß der Hohenzollern bei Hechingen

Das Einzeichnen in eine Deutschland-Karte führt zu dem Bild auf der nächsten Seite.

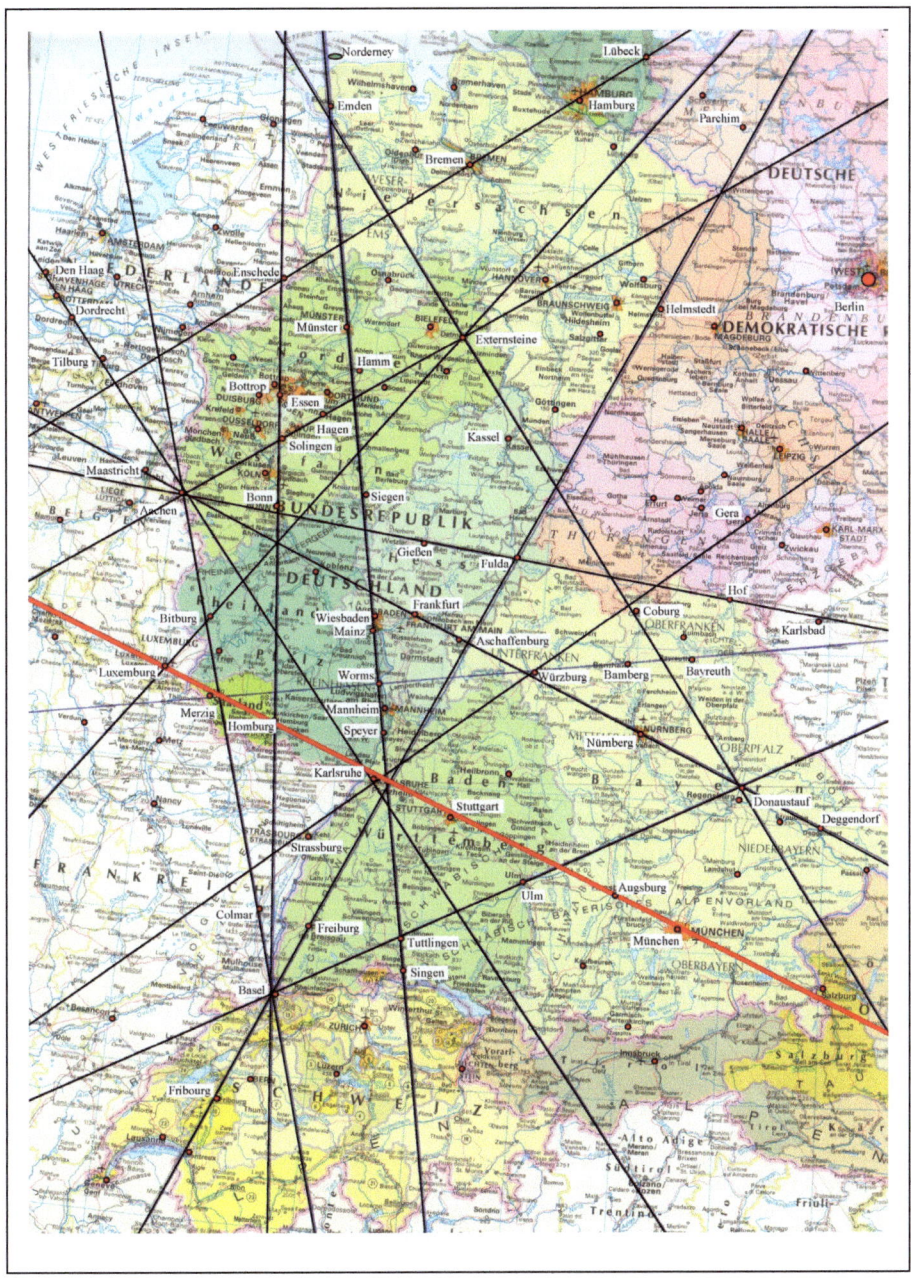

Keltenfürsten-Linie:

2.16 – Hohenzollern-Linie

Nach Angabe von Jens M. Möller ergeben sich folgende Orte auf der Hohenzollern-Linie:
Burg Riehen (Basel), Burg Hohenzollern, Hoheneuffen, Burg Teck, Hohenstaufen, Ellwangen, Dinkelsbühl, Nürnberg.

Für alle angegebenen Orte lauten die geographischen Koordinaten:

	geographische Breite			geographische Länge		
	Grad	Minuten		Grad	Minuten	
Burg Riehen (Basel)	47	37	N	07	38	E
Burg Hohenzollern	48	19	N	08	59	E
Hoheneuffen	48	33	N	09	24	E
Burg Teck	48	35	N	09	30	E
Hohenstaufen	48	44	N	09	43	E
Ellwangen	48	58	N	10	08	E
Dinkelsbühl	49	40	N	10	19	E
Nürnberg	49	27	N	11	05	E

Das Einzeichnen in eine Deutschland-Karte führt zu dem Bild auf der nächsten Seite.

Jens M. Möller gibt für die Hohenzollern-Linie an (Seite 172):
Schloß Ehnerfahrnau, Hohenstaufen, Nürnberg

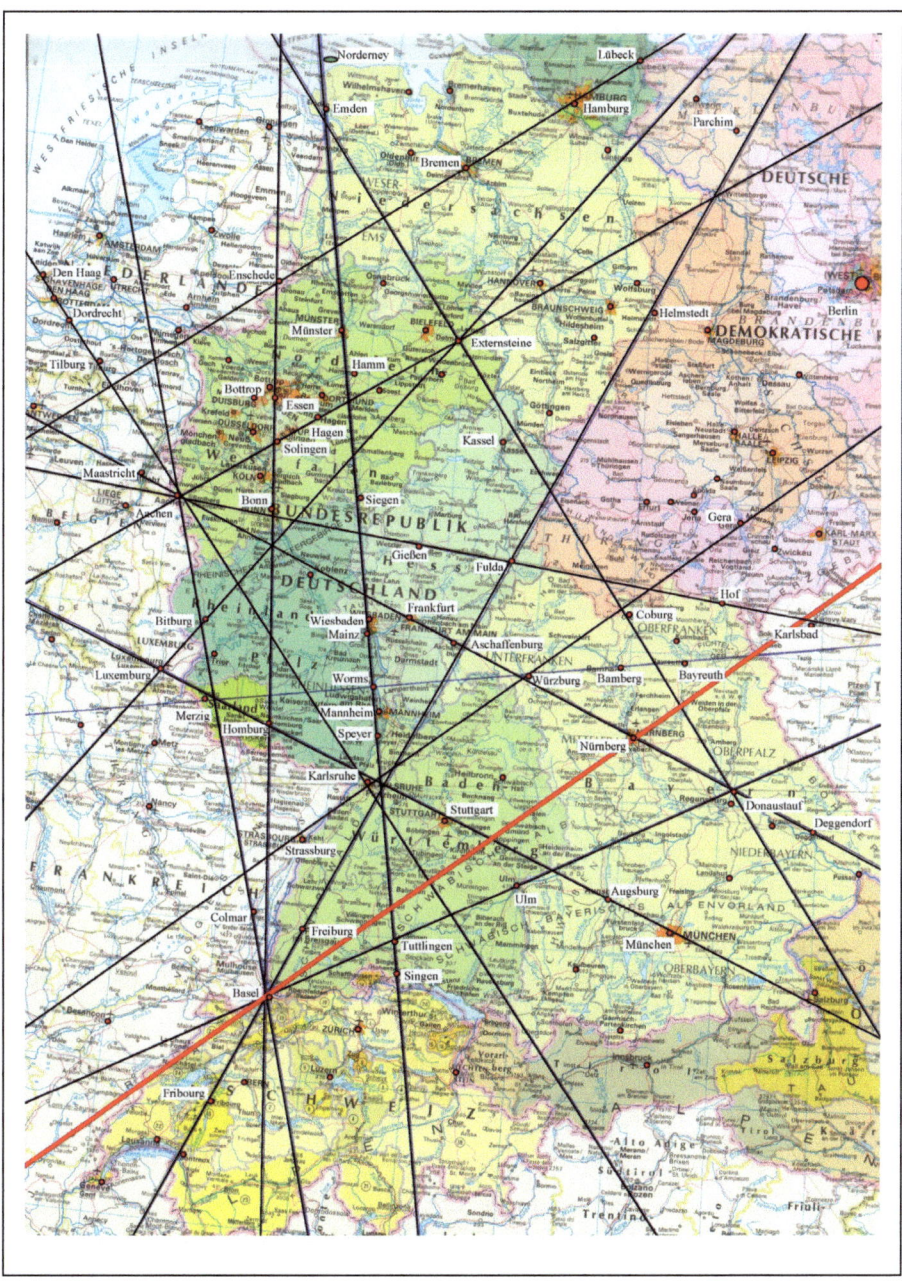

Hohenzollern-Linie

2.17 – Nornen-Linie

Nach Angabe von Jens M. Möller ergeben sich folgende Orte auf der Nornen-Linie:
Donaustauf (Walhalla), Nürnberg, Würzburg, Frankfurt (Main), Königstein (Taunus), Aachen.

Für alle angegebenen Orte lauten die geographischen Koordinaten:

	geographische Breite			geographische Länge		
	Grad	Minuten		Grad	Minuten	
Deggendorf	48	50	N	12	58	E
Donaustauf (Walhalla)	49	11	N	12	14	E
Nürnberg	49	27	N	11	05	E
Würzburg	49	48	N	09	56	E
Aschaffenburg	49	59	N	09	09	E
Frankfurt (Main)	50	07	N	08	41	E
Königstein (Taunus)	50	11	N	08	28	E
Aachen	50	47	N	06	05	E
Maastricht	50	51	N	5	41	E
Antwerpen	51	13	N	4	24	E

Das Einzeichnen in eine Deutschland-Karte führt zu dem Bild auf der nächsten Seite.

Aus der Karte ergeben sich noch die folgenden zusätzlichen Orte:
Deggendorf, Aschaffenburg, Maastricht, Antwerpen.

Jens M. Möller gibt für die Nornen-Linie an:
Nürnberg (Burg der Nornen), Würzburg (Residenz), Frankfurt (Kaiserkrönungsdom), Aachen (Dom)

Diese Linie wird von Jens M. Möller auch als Schicksalslinie von Deutschland bezeichnet.

100

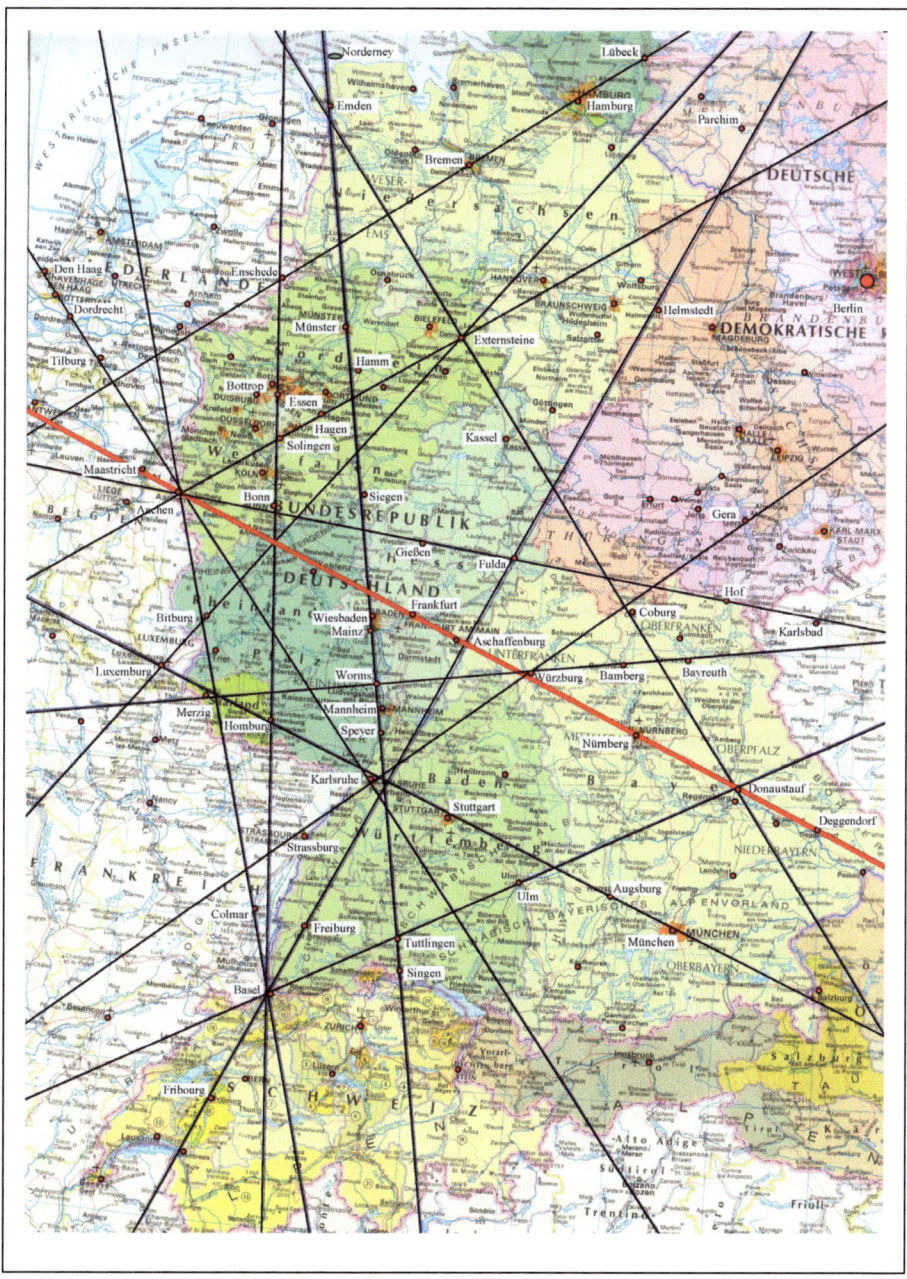

Nornen-Linie

2.17.1 - Berechnung der mittleren Richtung

Sind die geographischen Koordinaten (Breite, Länge) von zwei Orten bekannt, so kann man mit der sogenannten zweiten geodätischen Hauptaufgabe sowohl Abstand als auch die Richtungen berechnen.
Ausgehend von einem Ursprungsort lassen sich jetzt die Winkel zu den einzelnen Orten auf der Linie berechnen. Als Bezugspunkt wird hier Aschaffenburg genommen.

von Aschaffenburg nach	Richtung
Deggendorf	66,6099 NW
Donaustauf (Walhalla)	67,0191 NW
Nürnberg	67,6337 NW
Würzburg	70,3344 NW
Aschaffenburg	0
Frankfurt (Main)	65,8343 NW
Königstein (Taunus)	65,2193 NW
Aachen	66,5736 NW
Maastricht	67,2479 NW
Antwerpen	65,9281 NW

Lediglich die Richtung für Würzburg weicht von den anderen Richtungen stark ab. Ebenfalls abweichend sind die Richtungen für Deggendorf, Regenstauf, Nürnberg, Aachen und Maastricht. Sie werden daher zur mittleren Richtungsfindung zunächst nicht weiter berücksichtigt.

Bildet man aus den restlichen Werten (Antwerpen, Frankfurt, Königstein) den Mittelwert, so erhält man auch hier die mittlere Ausrichtung der Linie. Die mittlere Ausrichtung der Nornen-Linie beträgt **65,661 Grad NW** bzw. **114,339 Grad NO**.

2.17.2 - Berechnung der Abstände zur Linie

Mit der gefundenen mittleren Richtung lässt sich jetzt noch die Entfernung **s** bestimmen, die ein Ort von der mittleren Linie besitzt.

Ort	Abstand [km] zur Linie	Beziehung zur Linie
Deggendorf	5,038	an
Donaustauf	5,588	an
Nürnberg	5,202	an
Würzburg	4,864	an
Aschaffenburg	0	genau auf
Frankfurt	0,111	genau auf
Königstein	0,413	genau auf
Aachen	3,742	an
Maastricht	7,305	in der Nähe
Antwerpen	1,690	an

Deggendorf, Donaustauf, Nürnberg, Würzburg, Aschaffenburg, Frankfurt, Königstein, Aachen und Antwerpen liegen auf bzw. an der Nornen-Linie.

Entlang der Linie zwischen Deggendorf und Antwerpen also einer Strecke von **666 km** befinden sich alle Orte in einem Streifen von maximal **±5,5 km** links und rechts neben der Linie.

2.17.3 - Verhältnis Nornen-Linie zur Deutschland-Linie

Die mittlere Ausrichtung der Deutschland-Linie beträgt **25,22 Grad NO** bzw. **154,78 Grad NW**.
Die mittlere Ausrichtung der Nornen-Linie beträgt **65,661 Grad NW** bzw. **114,339 Grad NO**.

Bildet man die Differenz zwischen Deutschland-Linie und Nornen-Linie in der Ausrichtung dann beträgt diese **90,881 Grad**, weicht also etwa 53 Bogenminuten von der Senkrechten ab!
Dies kann man als hinreichend senkrecht ansehen. Also lässt sich sagen, dass die Deutschland-Linie und die Nornen-Linie etwa rechtwinklig aufeinander stehen.

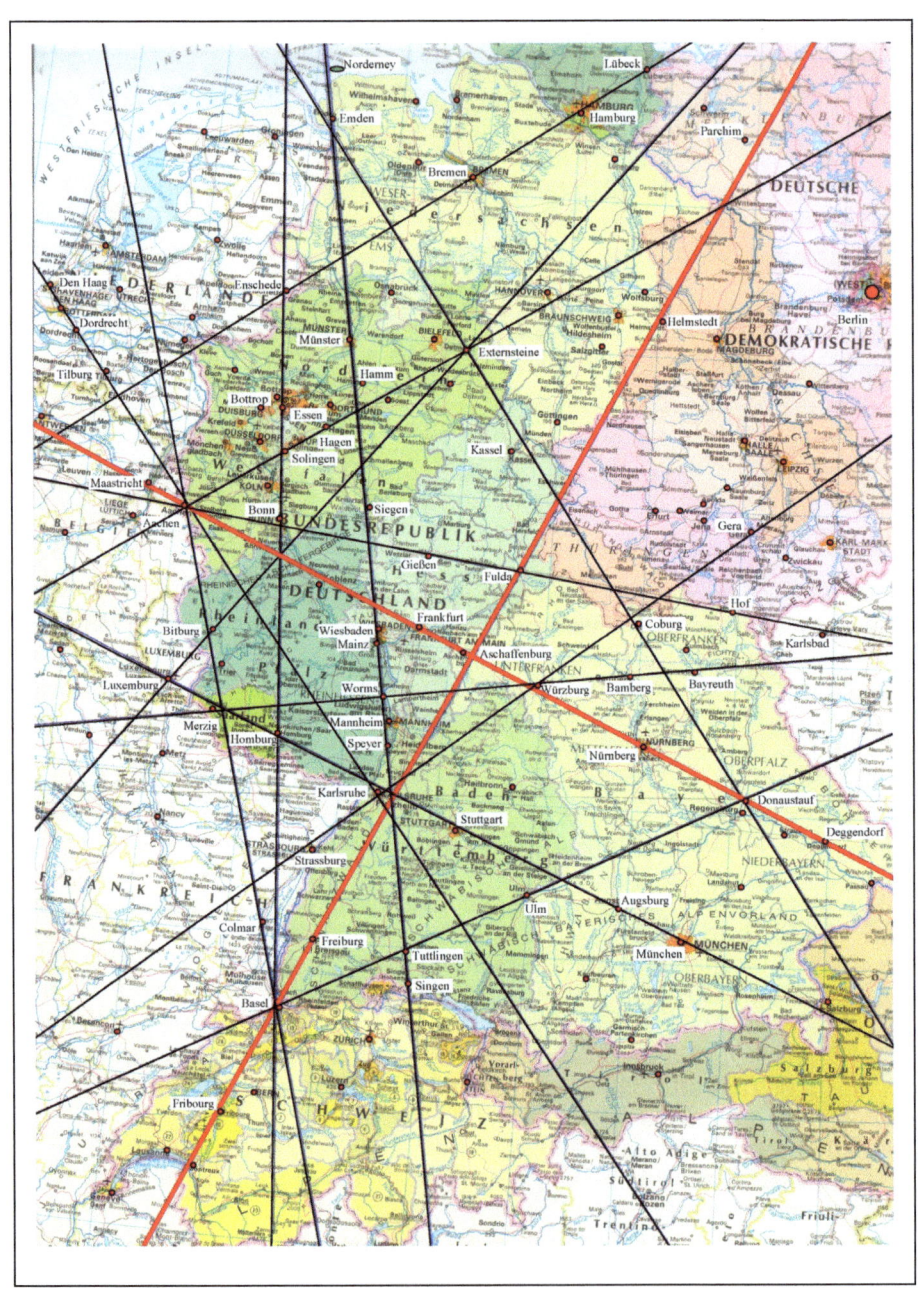

Deutschland-Linie und Nornen-Linie

2.18 – Weitere Linien

Nach Angabe von Jens M. Möller ergeben sich folgende Orte auf der Linie:
Basel, Hochkönigsburg, Trier, Aachen.

	geographische Breite			geographische Länge		
	Grad	Minuten		Grad	Minuten	
Basel	47	30	N	07	30	E
Hochkönigsburg	48	15	N	07	21	E
Trier	48	45	N	06	38	E
Aachen	50	46	N	06	06	E

Nach Angabe von Jens M. Möller ergeben sich folgende Orte auf der Linie:
Basel, Beuron, Zwiefalten, Ulm, Dillingen, Donau (Walhalla).

	geographische Breite			geographische Länge		
	Grad	Minuten		Grad	Minuten	
Basel	47	30	N	07	30	E
Beuron	48	03	N	08	58	E
Zwiefalten	48	14	N	09	28	E
Ulm	48	25	N	10	00	E
Dillingen	48	35	N	10	30	E
Regenstauf (Walhalla)	49	02	N	12	14	E

Nach Angabe von Jens M. Möller ergeben sich folgende Orte auf der Linie:
Basel, Homburg (Saar), Idar-Oberstein, Bonn, Essen, Enschede.

	geographische Breite		geographische Länge	
	Grad	Minuten	Grad	Minuten
Basel	47	30	07	30
Homburg (Saar)	49	19	07	20
Idar-Oberstein	49	42	07	18
Bonn	50	44	07	06
Essen	51	27	07	01
Enschede	52	12	06	53

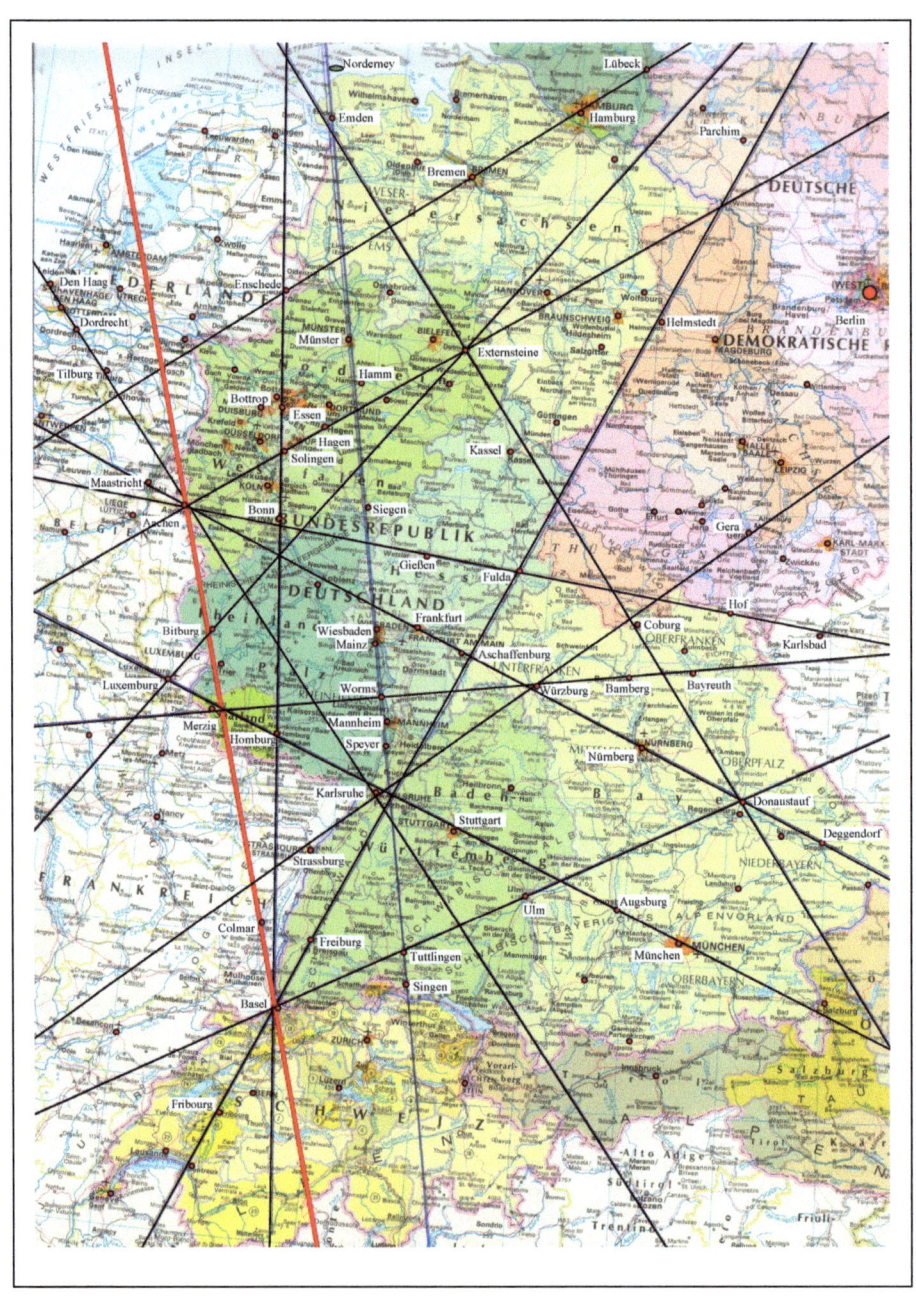

Linie Basel, Hochkönigsburg, Trier, Aachen

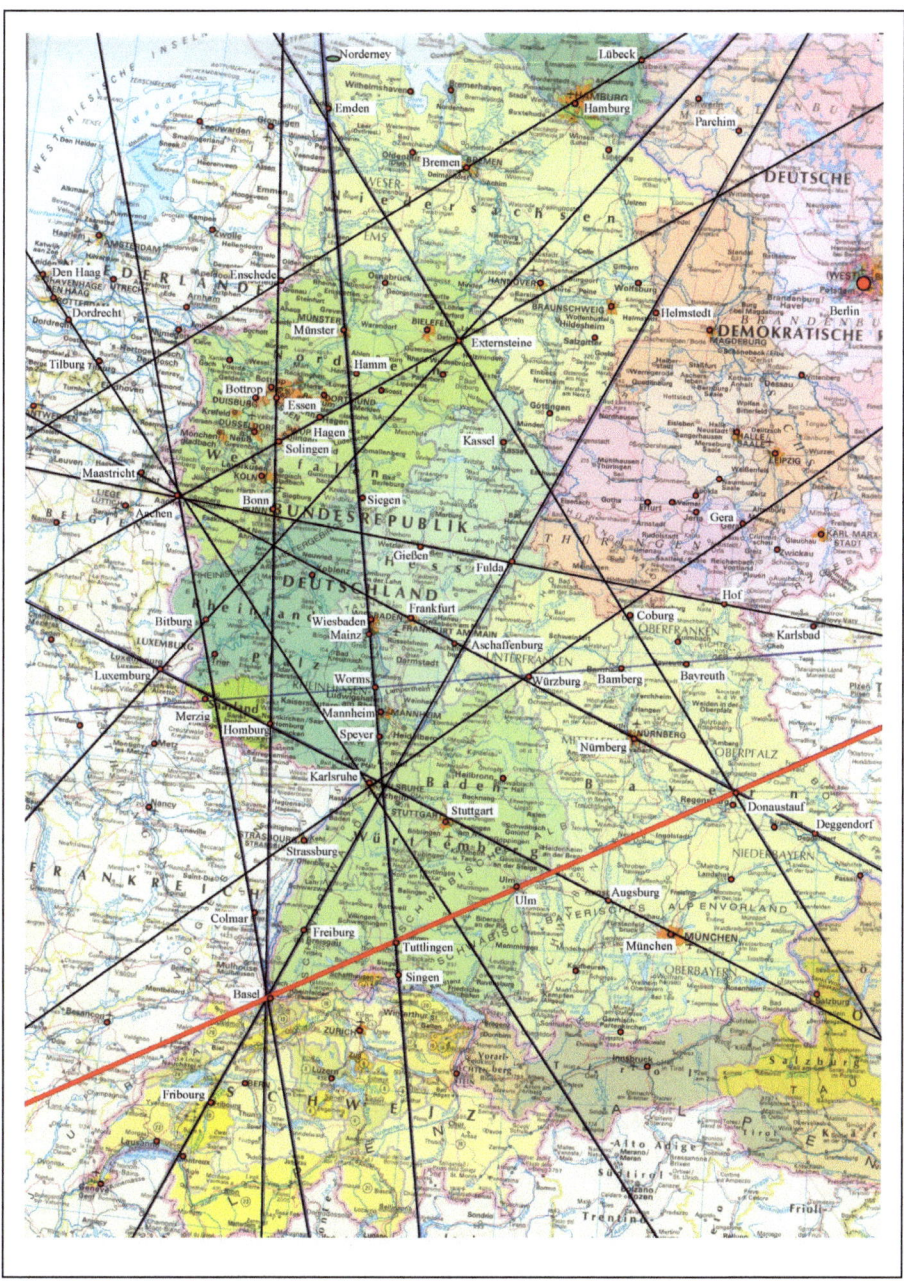

Linie Basel, Beuron, Zwiefalten, Ulm, Dillingen, Donau (Walhalla)

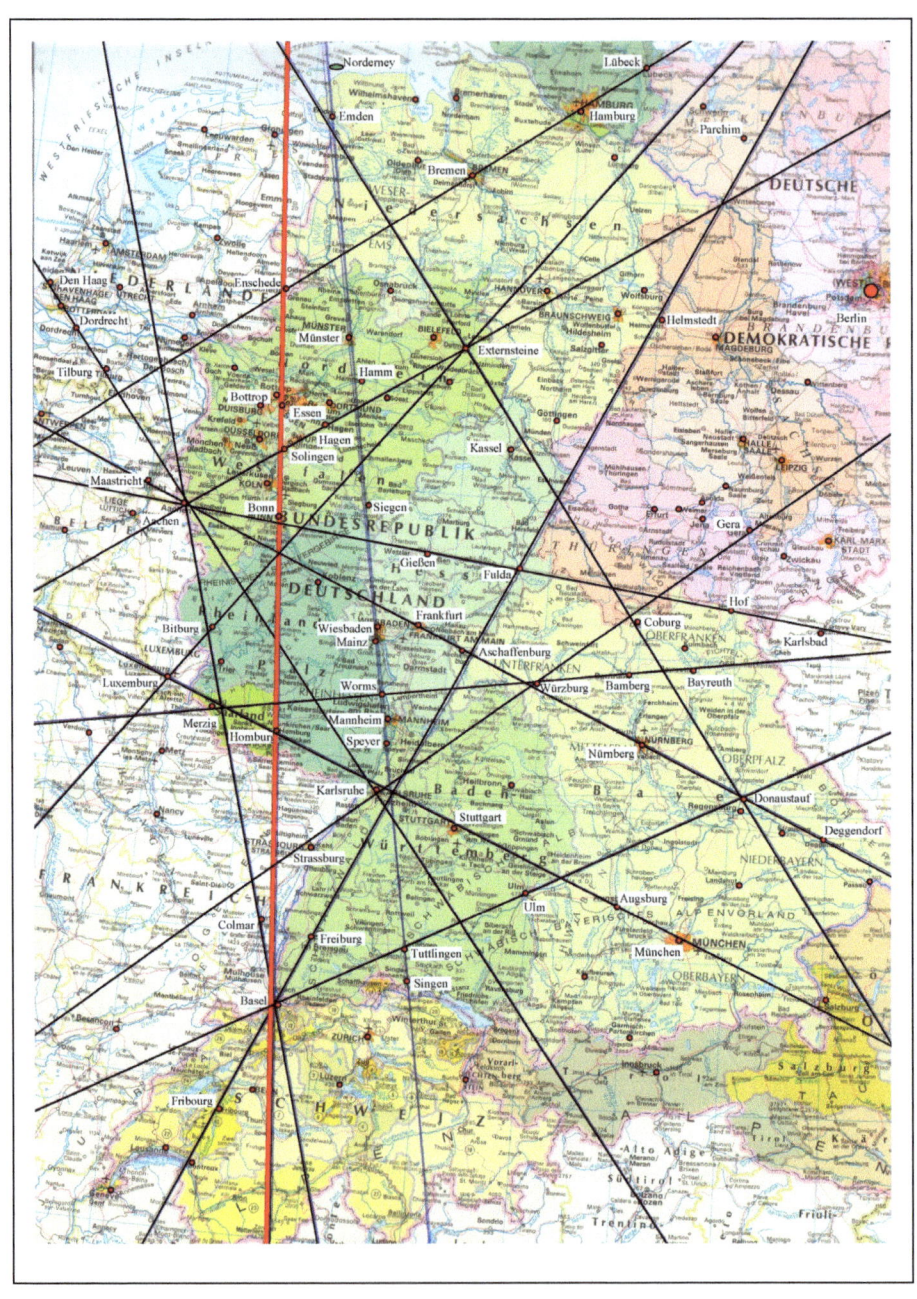

Linie Basel, Homburg (Saar), Idar-Oberstein, Bonn, Essen, Enschede

Nach Angabe von Jens M. Möller ergeben sich folgende Orte auf der Linie: Luxemburg, Dahn, Bergzabern, Karlsruhe, Stuttgart, Esslingen, Augsburg, Königsbrunn, Marquartstein.

	geographische Breite			geographische Länge		
	Grad	Minuten		Grad	Minuten	
Luxemburg	49	45	N	06	05	E
Dahn	49	09	N	07	47	E
Bergzabern	49	06	N	08	00	E
Karlsruhe	49	00	N	08	30	E
Stuttgart	48	46	N	09	11	E
Esslingen	48	44	N	09	19	E
Augsburg	48	22	N	10	53	E
Königsbrunn	48	16	N	10	53	E
Marquartstein	47	46	N	12	28	E

Nach Angabe von Jens M. Möller ergeben sich folgende Orte auf der Linie: Stuttgart, Frankfurt, Wetzlar, Soest, Beckum, Norderney.

	geographische Breite			geographische Länge		
	Grad	Minuten		Grad	Minuten	
Stuttgart	48	46	N	09	11	E
Frankfurt	50	07	N	08	41	E
Wetzlar	50	33	N	08	30	E
Soest	51	35	N	08	07	E
Beckum	51	45	N	08	02	E
Norderney	53	42	N	07	10	E

Nach Angabe von Jens M. Möller ergeben sich folgende Orte auf der Linie: Enschede, Bremen, Hamburg, Lübeck.

	geographische Breite			geographische Länge		
	Grad	Minuten		Grad	Minuten	
Enschede	52	12	N	06	53	E
Bremen	53	05	N	08	48	E
Hamburg	53	33	N	10	00	E
Lübeck	53	52	N	10	42	E

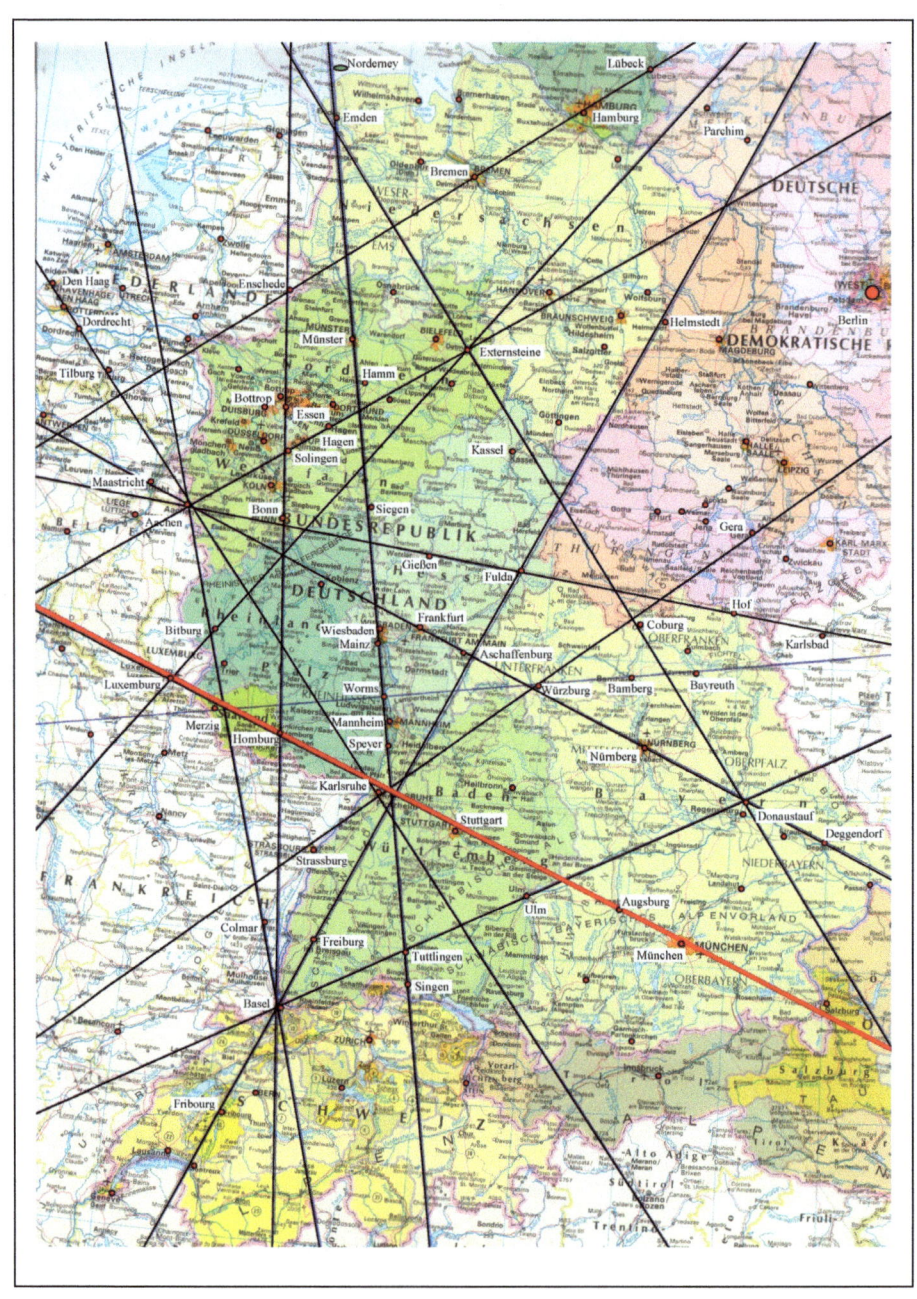

Linie Luxemburg - Marquartstein

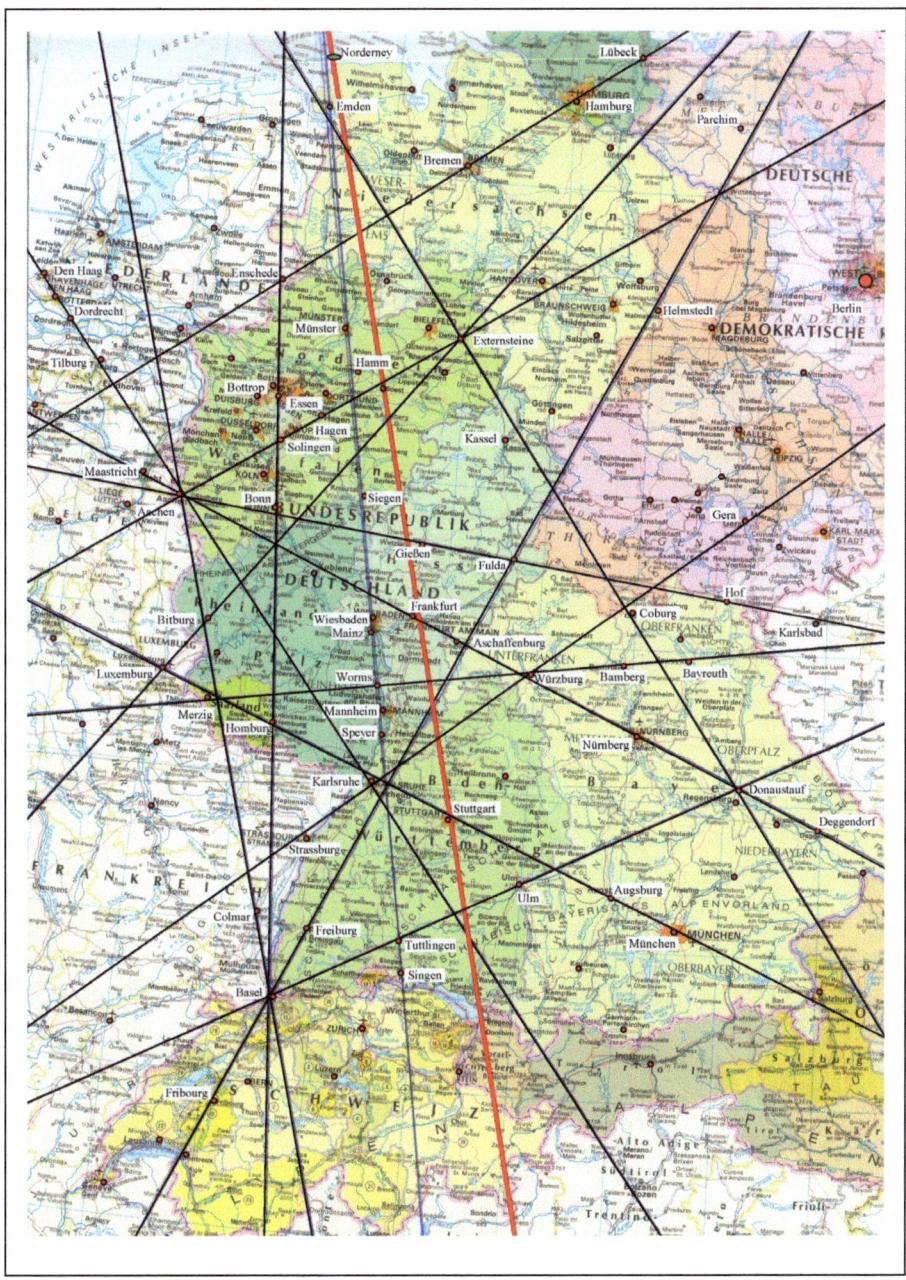

Linie Stuttgart - Norderney

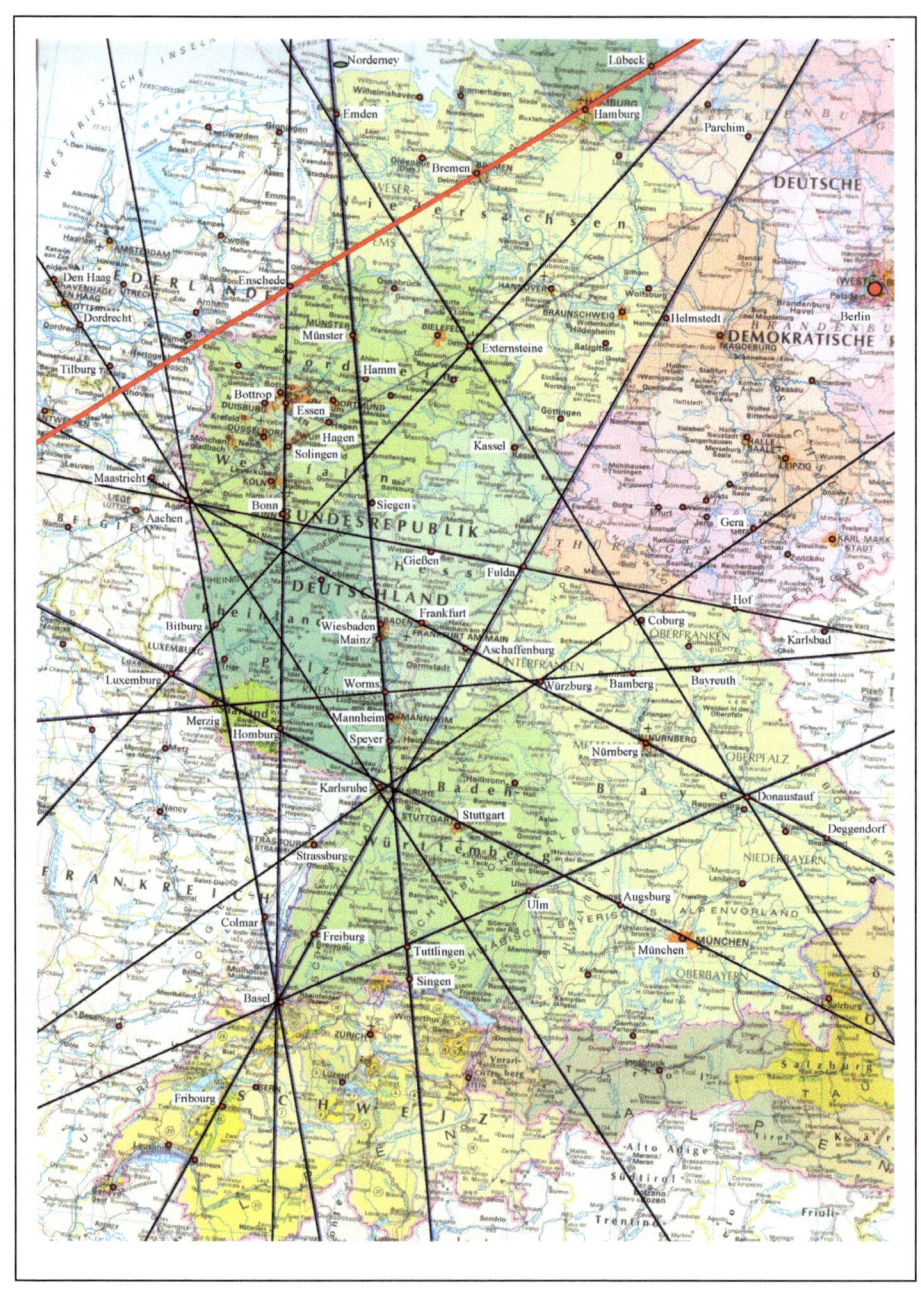

Linie Enschede - Lübeck

Nach Angabe von Jens M. Möller ergeben sich folgende Orte auf der Linie:
Gera, Weissenfels, Berleburg, Magdeburg, Oldenburg (Holstein).

	geographische Breite			geographische Länge		
	Grad	Minuten		Grad	Minuten	
Gera	50	52	N	12	05	E
Weissenfels	51	12	N	11	58	E
Berleburg	51	30	N	08	24	E
Magdeburg	52	10	N	11	40	E
Oldenburg (Holstein)	54	18	N	10	53	E

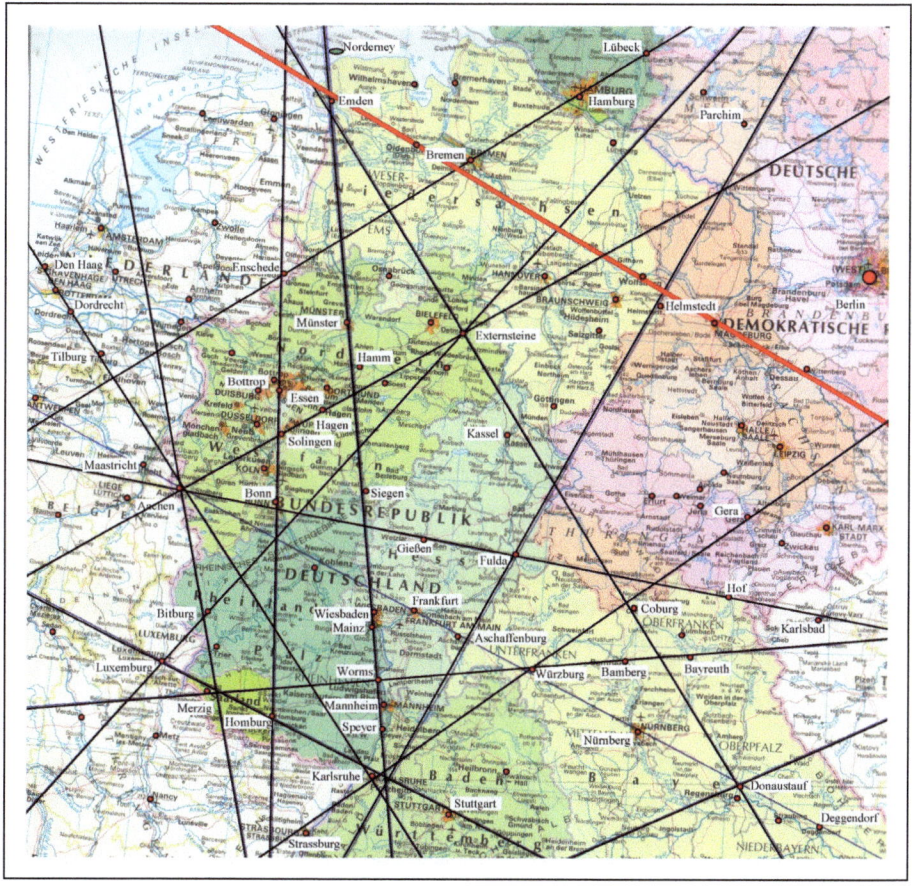

Linie Gera – Oldenburg

2.19 – Auswertung

Für alle berechneten Linien sind minimale Distanzen angefallen, innerhalb derer die mittlere Richtung einer Linie verläuft.

Linie	Korridor
Atlantis-Linie	±20 km
Bonifacius-Linie	±5,8 km
Drei-Kaiser-Dom-Linie	±1 km
Deutschland-Linie	±24 km
Königs-Linie	±12,5 km
Logen-Linie	±3,7 km
Michaels-Linie	±9 km
Normandie-Linie	±8 km
Nornen-Linie	±5,5 km
Siegfried-Linie	±5,6 km
Mittelwert	**±9,51 km**

Definition 18   **Eine geomantische Linie wird durch eine Liste von Orten definiert.**

Bei **Wahl eines Referenzpunktes** kann eine mittlere Richtung der Linie definiert werden.

Durch die Abstände der einzelnen Orte von der Mittellinie bedingt bildet sich ein Kanal um die Linie herum mit ±1-10 km Breite.

Definition 19   **Geomantische Linien in Landschaften können als Korridore von 2- 20 km Breite definiert werden, in denen sich die meisten der zugehörigen Orte befinden.**

Definition 20   Der Bereich von ±1 km um eine Mittewertlinie heißt **Kernbereich** einer Linie.

Definition 21   Der Bereich von ±1-10 km um eine Mittewertlinie heißt **Linienbereich**.

Die Linien von Jens M. Möller

TEIL 2 – Anwendungen

3 – Die Externsteine

3.1 – Die Quadratur des Kreises

Durchschneidet man die Cheopspyramide in nord-südlicher oder ost-westlicher Richtung, so bildet der Querschnitt ein spezielles Dreieck.
In diesem Dreieck treten ganz bestimmte Winkel- und Streckenverhältnisse auf (14:11 = 4/π), die darauf hinweisen, dass hier die Quadratur des Kreises bzw. eine Näherung benutzt worden ist, also die Zahl PI (bzw. eine Näherung) in die Konstruktion eingeht.

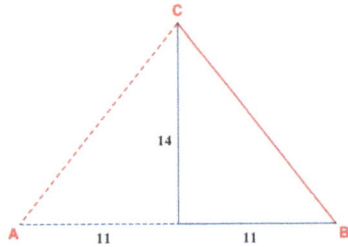

Der deutsche Mathematiker Ferdinand von Lindemann (1852-1939) bewies im Jahre 1882, das π eine transzendente Zahl ist, d.h. unter anderem: π ist unendlich und unperiodisch.
Die Konsequenz ist, dass eine Konstruktion der Zahl Pi durch Lineal und Zirkel, also die geometrische Quadratur des Kreises nicht exakt möglich ist.
Das bedeutet, dass die vorhandene geometrische Konstruktion, die Quadratur des Kreises betreffend, als Näherungslösung zu betrachten ist.
Die Quadratur, basierend auf dem 14:11 Dreieck, wird in der Regel wie im folgenden Bild dargestellt.

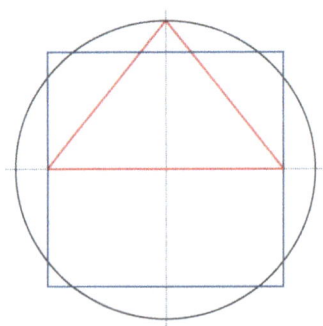

116

Die Grundseite des Dreiecks entspricht einer Quadratseite und die Höhe des Dreiecks ist gleich dem Radius des Kreises. Kreis und Quadrat besitzen dann den gleichen Umfang.
So erklärt sich auch, dass das **Quadraturdreieck** als **Cheops-Pyramide** bezeichnet wird.

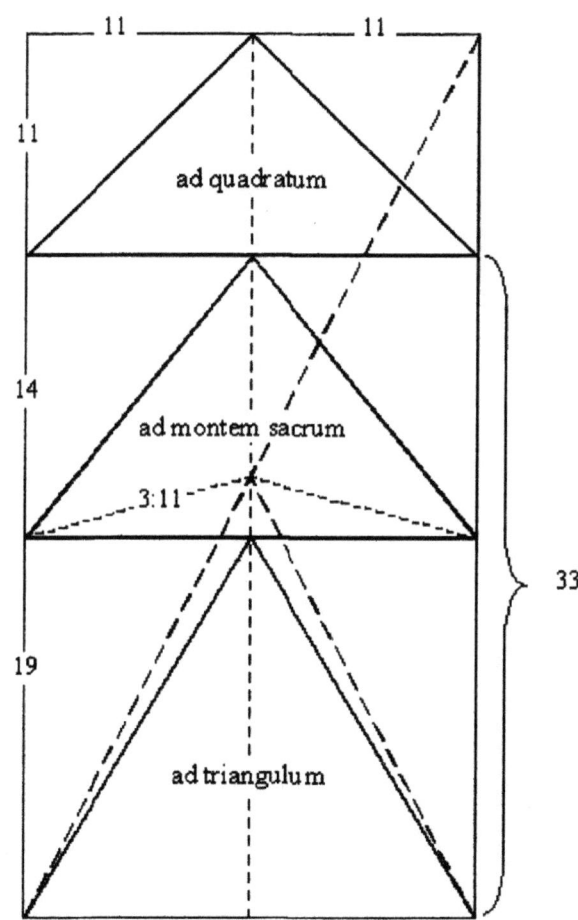

Die Abbildung zeigt Niedersachsens kosmischen Maß-Schlüssel, und ist Teil einer Studie von Dr. Joseph Heinsch, entnommen aus "Vorzeitliche Raumordnung als Ausdruck magischer Weltschau". Das Buch wurde 1959 veröffentlicht.
Die Quadratur des Kreises bzw. die zugehörigen Zahlenverhältnisse (14:11) spielen darin eine bedeutende Rolle.

3.2 – Die Externstein-Pyramide

Erwähnenswert im Zusammenhang mit der Quadratur ist hier die sogenannte **Externstein-Pyramide** nach W. Machalett. Die Spitze dieses
Quadraturdreiecks wird durch die Externsteine gebildet.
Die Externsteine sind eine markante Sandstein-Felsformation im Teutobur-
ger Wald. Die Externsteine liegen im Gebiet der Stadt Horn-Bad Meinberg
im Kreis Lippe in Nordrhein-Westfalen.

Die beiden anderen Ecken des Quadraturdreiecks ergeben sich durch die
Orte Salvage (Atlantis – heute etwa Lanzarote, Teneriffa) und Gizeh (Cheopspyramide).
Die Externstein-Pyramide umfasst dabei einen Raum, in welchem die wichtigsten Mysterienorte und Kultplätze für die Entwicklung Mitteleuropas un-
tergebracht sind.

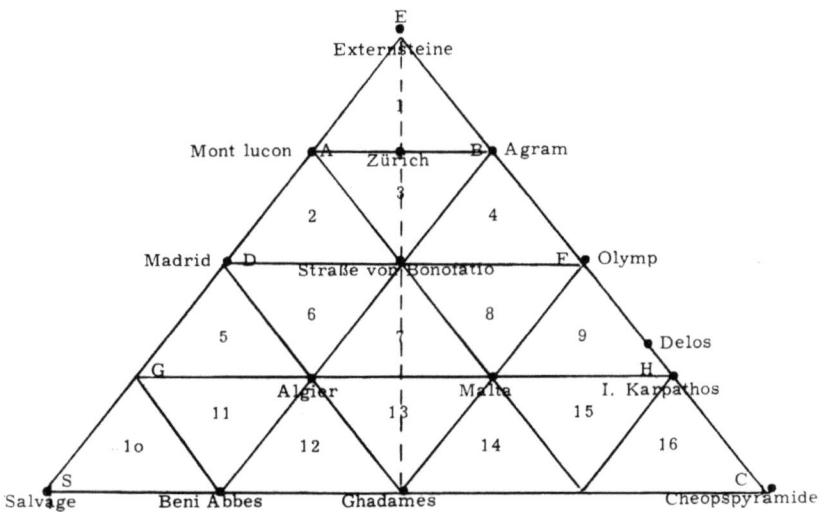

Jens Möller gibt für die Westlinie der Externsteinpyramide (linke Seite des Dreiecks) folgende Orte an:
Externsteine – Bitburg – Luxemburg – Lourdes – Gibraltar - Kanarische Inseln.

Die Ostlinie (rechte Seite des Dreiecks) bilden folgende Orte:
Externsteine – Kassel – Donaustauf – Zagreb – Delphi - Gizeh.

Die Meridianlinie bilden folgende Orte:
Externsteine, Marsberg, Marburg, Neckargmünd, Kloster Maulbronn, Haigerloch, Hohentwiel (Singen), Genua, Cagliari, Ghadames.

Schaut man sich die Karte von Machalett genauer an, so erkennt man, dass Gizeh nicht direkt auf der Ecke des Dreiecks liegt, sondern knapp daneben. Dies ist korrekt dargestellt, denn Gizeh liegt etwa 200 km neben der eigentlichen Linie.
Rechnet man die Orte (von Möller) und die zugehörige Ostlinie bzw. Westlinie durch, so zeigt sich, dass fast alle anderen Orte in etwa auf der jeweiligen Linie liegen, d.h. der Abstand zur Linie beträgt weniger als 20 km.
Auffallend an der Externsteinpyramide von Machalett ist die systematische Ausfüllung des Dreiecks mit Ost bzw. Westlinien. Demzufolge ging Machalett von einem **Europa umspannenden Netz** aus.
Wenn eine größere Geometrie existiert, ist zu erwarten, dass es sie auch in einem kleineren, sprich regionalen, Rahmen gibt. Oder umgekehrt: **die alten regionalen Strukturen sind dann einfach als Spiegelungen übergeordneter geomantischer Netzwerke oder Gitter zu verstehen.**

119

3.3 – Meridian-Externstein-Pyramide

Um die Externstein-Pyramide mit ihrer Ost- und West-Linie zu analysieren, bedarf es erst der Bestimmung der Meridian-Linie.
Der "Meridian" der Externstein-Pyramide verläuft nämlich nicht parallel zu einem geographischen Meridian, sondern ist etwas gekippt dazu. Dadurch liegt auch die gesamte Quadraturpyramide der Externsteine etwas schräg in der Landschaft. Dies muss in der Richtungsbestimmung der Linien berücksichtigt werden.

Aus den Angaben von Möller und Machalett ergeben sich folgende Orte auf der Meridian-Linie der Externstein-Pyramide:
Externsteine, Marsberg, Marburg, Neckargmünd, Kloster Maulbronn, Haigerloch, Hohentwiel (Singen), Genua, Cagliari, Ghadames

Für alle angegebenen Orte lauten die geographischen Koordinaten:

	geographische Breite			geographische Länge		
	Grad	Minuten		Grad	Minuten	
Externsteine	51	52	N	08	55	E
Marsberg	51	27	N	08	51	E
Marburg	50	49	N	08	46	E
Neckargemünd	49	24	N	08	48	E
Kloster Maulbronn	49	00	N	08	49	E
Haigerloch	48	22	N	08	48	E
Singen	47	46	N	08	50	E
Genua	44	25	N	08	57	E
Cagliari	39	13	N	09	07	E
Ghadames	30	08	N	09	30	E

Das Einzeichnen in eine Deutschland-Karte führt zu dem Bild auf der nächsten Seite.

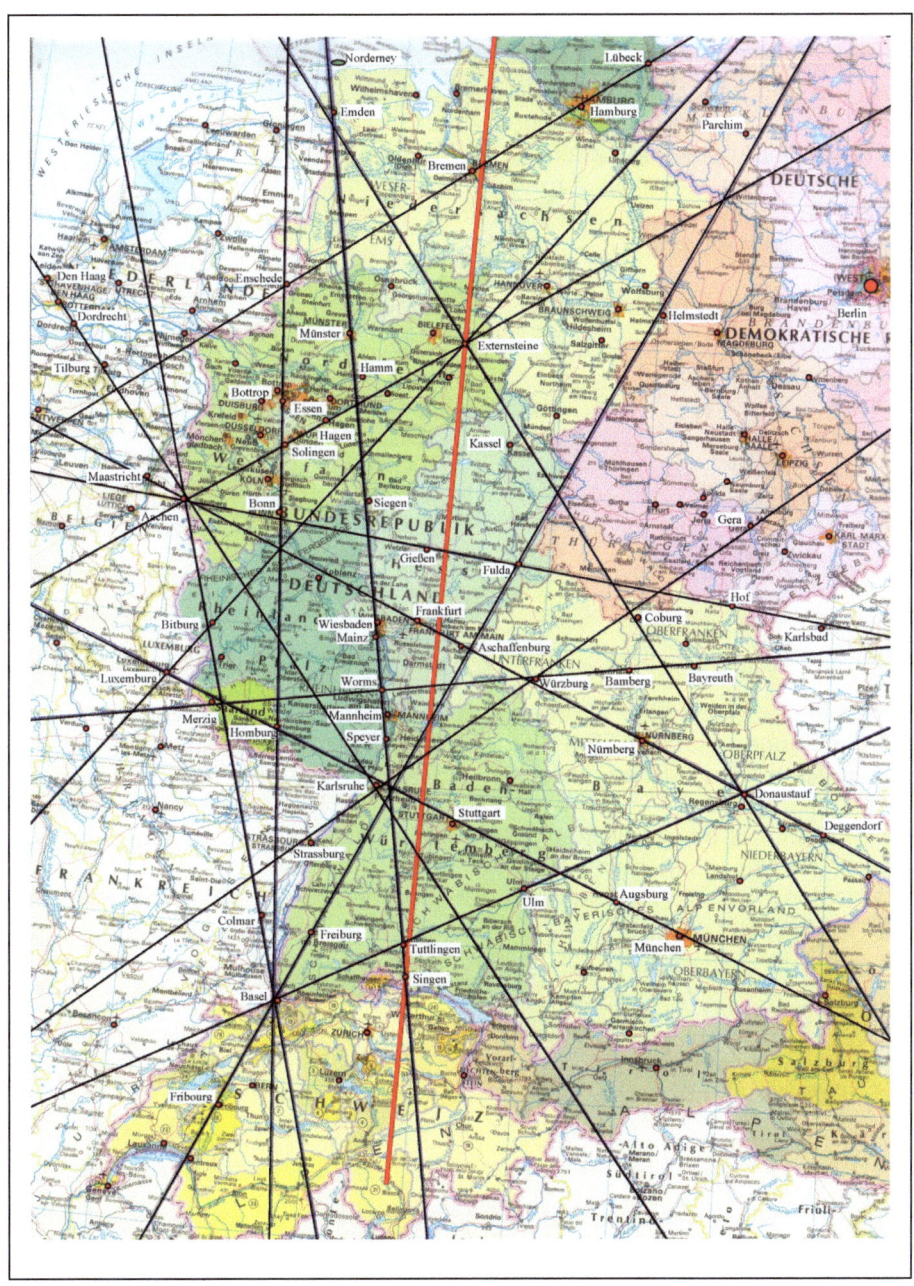

Externstein-Pyramide Meridian-Linie

3.3.1 - Berechnung der mittleren Richtung

Sind die geographischen Koordinaten (Breite, Länge) von zwei Orten bekannt, so kann man mit der sogenannten zweiten geodätischen Hauptaufgabe sowohl Abstand als auch die Richtungen berechnen.
Ausgehend von einem Ursprungsort lassen sich jetzt die Winkel zu den einzelnen Orten auf der Linie berechnen. Als Bezugspunkt werden hier die Externsteine genommen.

von Externsteine nach	Richtung
Externsteine	0
Marsberg	5,6845 NO
Marburg	5,1582 NO
Neckargemünd	1,7636 NO
Kloster Maulbrunn	1,3116 NO
Haigerloch	1,2694 NO
Singen	0,7834 NO
Genua	0,1836 NO
Cagliari	0,7075 NO
Ghadames	1,3623 NO

Lediglich die Richtungen für Marsberg und Marburg weichen von den anderen Richtungen stark ab. Sie werden daher zur mittleren Richtungsfindung zunächst nicht weiter berücksichtigt.

Bildet man aus den restlichen Werten den Mittelwert, so erhält man auch hier die mittlere Ausrichtung der Linie.
Die mittlere Ausrichtung der Meridian-Linie beträgt **1,0545 Grad NO** bzw. **178,9455 Grad NW**.

3.3.2 - Berechnung der Abstände zur Linie

Mit der gefundenen mittleren Richtung lässt sich jetzt auch die Entfernung **s** bestimmen, die ein Ort von der mittleren Linie besitzt.

Ort	Abstand [km] zur Linie	Beziehung zur Linie
Externsteine	0	genau auf
Marsberg	3,766	an
Marburg	8,387	in der Nähe
Neckargemünd	3,394	an
Kloster Maulbronn	1,430	an
Haigerloch	1,459	an
Singen	2,155	an
Genua	12,554	in der Nähe
Cagliari	8,448	in der Nähe
Ghadames	12,674	in der Nähe

Externsteine, Marsberg, Neckargemünd, Kloster Maulbronn, Haigerloch, Singen liegen auf bzw. an der Meridian-Linie.

Entlang der Linie zwischen Externsteine und Ghadames, also einer Strecke von **2417 km,** befinden sich alle Orte in einem Streifen von maximal **±12,6 km** links und rechts neben der Linie.

3.4 – West-Linie-Externstein-Pyramide

Aus den Angaben von Jens M. Möller und Walther Machalett ergeben sich folgende Orte auf der West-Linie:
Externsteine, Bitburg, Luxemburg, Lourdes, Madrid, Gibraltar, Lanzarote (Richtung Atlantis)

Für die angegebenen Orte lauten die geographischen Koordinaten:

	geographische Breite			geographische Länge		
	Grad	Minuten		Grad	Minuten	
Externsteine	51	52	N	08	55	E
Bitburg	49	58	N	06	32	E
Luxemburg	50	00	N	06	00	E
Lourdes	43	06	N	-00	03	W
Madrid	40	25	N	-03	42	W
Gibraltar	36	08	N	-05	21	W
Lanzarote	29	03	N	-13	37	W

Das Einzeichnen in eine Deutschland-Karte führt zu dem Bild auf der nächsten Seite.

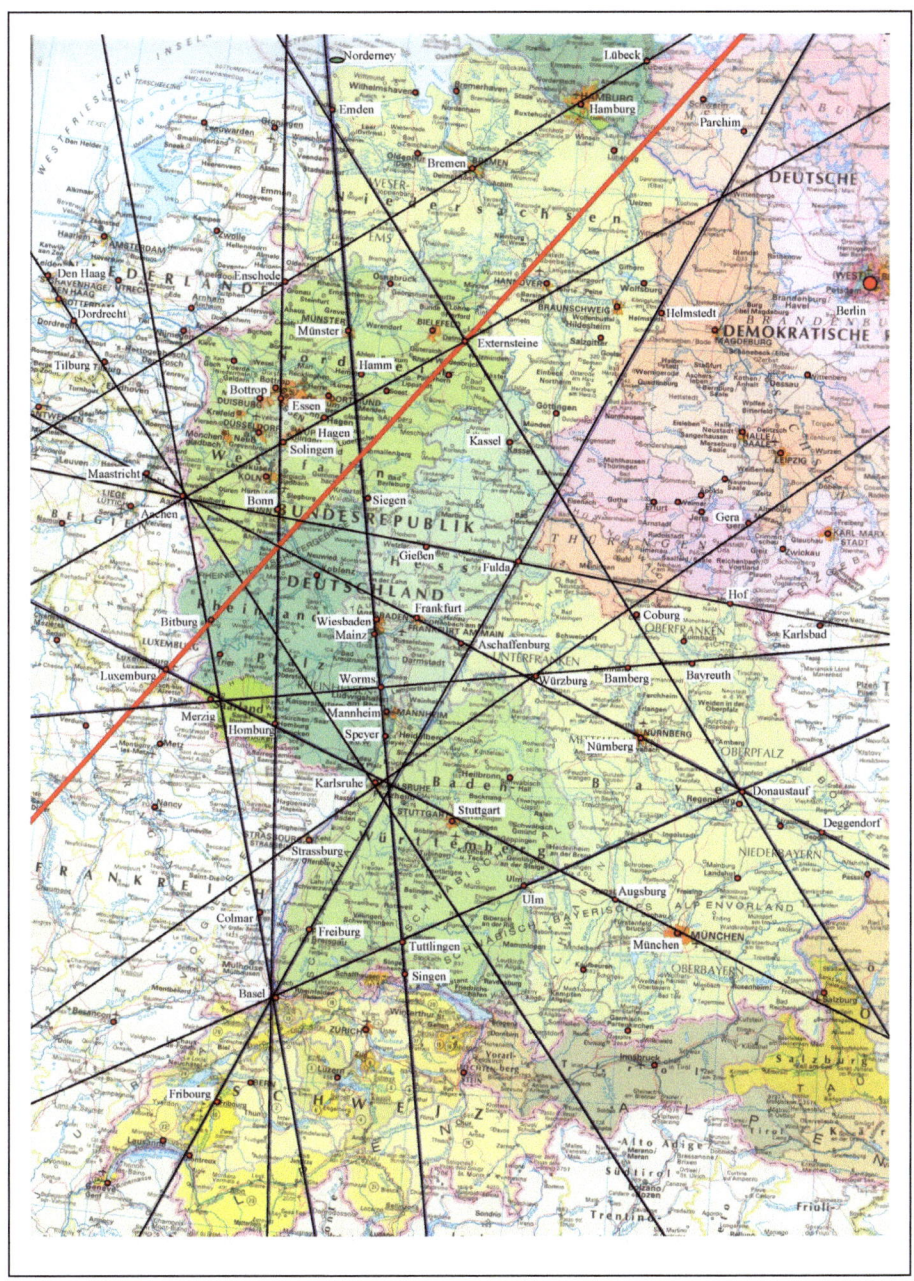

West-Linie-Externstein-Pyramide

3.4.1 - Berechnung der mittleren Richtung

Sind die geographischen Koordinaten (Breite, Länge) von zwei Orten bekannt, so kann man mit der sogenannten zweiten geodätischen Hauptaufgabe sowohl den Abstand als auch die Richtungen berechnen.
Ausgehend von einem Ursprungsort lassen sich jetzt die Winkel zu den einzelnen Orten auf der Linie berechnen. Als Bezugspunkt dienen die Externsteine.

von Externsteine nach	Richtung
Bitburg	39,2684 NO
Luxemburg	45,6990 NO
Lourdes	38,0514 NO
Madrid	42,0992 NO
Gibraltar	38,3499 NO
Lanzarote	44,9762 NO

Wie zu sehen streuen die Richtungswerte sehr stark und es ist keine eindeutige Richtung auszumachen. Daher werden alle Punkte genommen um eine mittlere Richtung zu bestimmen.
Die mittlere Ausrichtung der West-Linie beträgt dann **41,4074 Grad NO** bzw. **138,5926 NW**.

3.4.2 - Bestimmung der idealen Richtung 1

In diesem Fall braucht eigentlich keine mittlere Richtung ermittelt zu werden, da durch die Randbedingungen die Richtung schon vordefiniert ist.
Da es sich bei der Externsteinpyramide um ein Quadraturdreieck handelt, beträgt der Winkel in der Spitze der Pyramide **38,146 Grad**. Hinzu kommt die Neigung der Meridian-Linie mit **1,0545 Grad**. Die Ausrichtung der West-Linie beträgt **39,2 Grad NO** bzw. **170,8 Grad NW**.

3.4.3 - Bestimmung der idealen Richtung 2

Da es sich bei der Externsteinpyramide um ein Quadraturdreieck handelt, beträgt der Winkel in der Spitze der Pyramide **38,146 Grad**. Dieser wird jetzt als Bezugswinkel genommen, d.h. man geht vom geographischen Meridian der Externsteine aus.
Die Ausrichtung der West-Linie beträgt **38,146 Grad NO** bzw. **141,854 Grad NW**.

3.4.4 - Berechnung der Abstände zur idealen Linie 1

Mit der gefundenen Richtung **39,2 NO** lässt sich jetzt auch die Entfernung **s** bestimmen, die ein Ort von der Linie besitzt.

Ort	Abstand [km] zur Linie	Beziehung zur Linie
Externsteine	0	genau auf
Bitburg	0,321	genau auf
Luxemburg	32,950	in der Nähe
Lourdes	23,576	in der Nähe
Madrid	79,932	-
Gibraltar	30,316	in der Nähe
Lanzarote	303,979	-

Externstein, Bitburg, Luxemburg, Lourdes und Gibraltar liegen auf bzw. an oder in der Nähe der West-Linie.
Entlang der Linie zwischen Externsteine und Gibraltar, also einer Strecke von **2080 km,** befinden sich die genannten Orte in einem Streifen von maximal **±33 km** links und rechts neben der Linie.

3.4.5 - Berechnung der Abstände zur idealen Linie 2

Mit der gefundenen idealen Richtung 2 also **38,146 NO** und dem geographischen Meridian der Externsteine als Bezugslinie lässt sich jetzt die Entfernung **s** wie gehabt bestimmen. Es ergeben sich folgende Abstände:

Ort	Abstand [km] zur Linie	Beziehung zur Linie
Externsteine	0	genau auf
Bitburg	5,273	an
Luxemburg	38,265	in der Nähe
Lourdes	1,942	an
Madrid	108,941	-
Gibraltar	7,273	in der Nähe
Lanzarote	359,258	-

Externstein, Bitburg, Luxemburg, Lourdes und Gibraltar liegen auf bzw. an oder in der Nähe der West-Linie.
Entlang der Linie zwischen Externsteine und Gibraltar, also einer Strecke von **2080 km,** befinden sich die genannten Orte in einem Streifen von maximal **±38 km** links und rechts neben der Linie.

3.4.6 - Berechnung der Abstände zur mittleren Linie

Mit der gefundenen mittleren Richtung von **41,4074 NO** lässt sich jetzt die Entfernung **s** wie gehabt bestimmen. Es ergeben sich folgende Abstände:

Ort	Abstand [km] zur Linie
Externsteine	0
Bitburg	10,047
Luxemburg	21,785
Lourdes	68,851
Madrid	19,080
Gibraltar	108,993
Lanzarote	187,967

3.5 – Ost-Linie-Externstein-Pyramide

Aus den Angaben von Jens M. Möller und Walther Machalett ergeben sich folgende Orte auf der Ost-Linie:
Externsteine, Kassel, Donaustauf (Walhalla), Zagreb (Agram), Olymp, Delphi, Delos, Kappathos, Gizeh

Das Einzeichnen in eine Deutschland-Karte führt zu dem Bild auf der nächsten Seite. Aus der Karte ergeben sich noch folgenden zusätzlichen Orte: Emden, Coburg.

Für alle angegebenen Orte lauten die geographischen Koordinaten:

	geographische Breite			geographische Länge		
	Grad	Minuten		Grad	Minuten	
Emden	53	22	N	07	12	E
Externsteine	51	52	N	08	55	E
Kassel	51	19	N	09	30	E
Coburg	50	16	N	10	58	E
Donaustauf (Walhalla)	49	02	N	12	14	E
Zagreb (Agram)	45	48	N	15	59	E
Olymp	40	05	N	22	21	E
Delphi	38	29	N	22	30	E
Delos	37	24	N	25	16	E
Kappathos	35	35	N	27	08	E
Gizeh (große Pyramide)	29	59	N	31	08	E

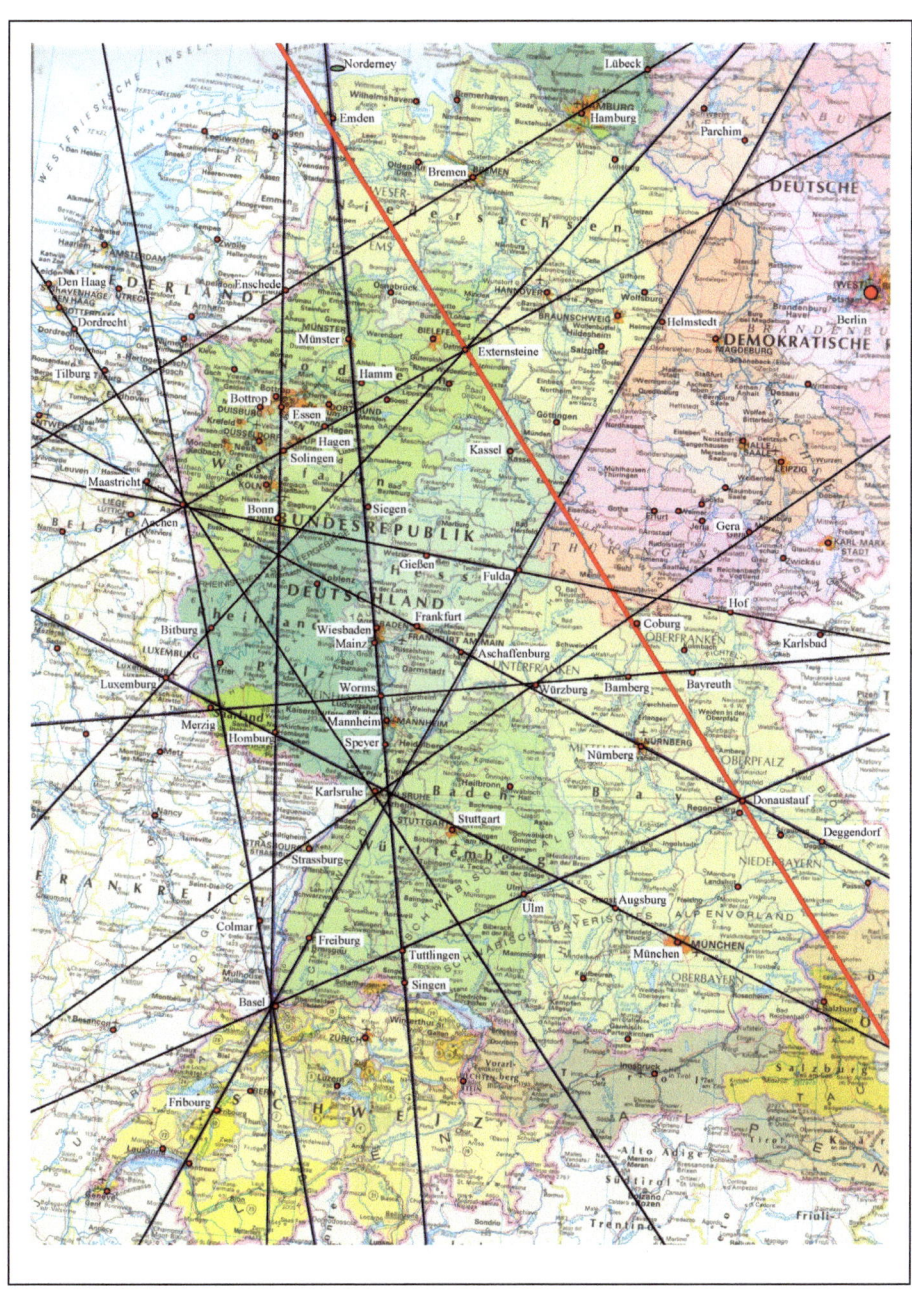

Ost-Linie-Externstein-Pyramide

3.5.1 - Berechnung der mittleren Richtung

Sind die geographischen Koordinaten (Breite, Länge) von zwei Orten bekannt, so kann man mit der sogenannten zweiten geodätischen Hauptaufgabe sowohl Abstand als auch die Richtungen berechnen.
Ausgehend von einem Ursprungsort lassen sich jetzt die Winkel zu den einzelnen Orten auf der Linie berechnen.

von Externsteine nach	Richtung
Emden	25,9434 NW
Externsteine	0
Kassel	33,4658 NW
Coburg	39,5897 NW
Donaustauf	37,8627 NW
Zagreb	40,1782 NW
Olymp	43,4249 NW
Delphi	40,6266 NW
Delos	44,8765 NW
Kappathos	45,6681 NW
Gizeh	45,4655 NW

Lediglich die Richtungen für Emden, Kassel und Donaustauf weichen von den anderen Richtungen ab. Sie werden daher zur mittleren Richtungsfindung zunächst nicht weiter berücksichtigt.
Bildet man aus den restlichen Werten den Mittelwert, so erhält man hier die mittlere Ausrichtung der Linie. Die mittlere Ausrichtung der Ost-Linie beträgt **137,1672 Grad NO** bzw. **42,8328 Grad NW**.

3.5.2 - Bestimmung der idealen Richtung 1

In diesem Fall braucht eigentlich keine mittlere Richtung ermittelt zu werden, da durch die Randbedingungen die Richtung schon vordefiniert ist.
Da es sich bei der Externsteinpyramide um ein Quadraturdreieck handelt, beträgt der Winkel in der Spitze der Pyramide **38,146 Grad**. Hiervon muss die Neigung der Meridian-Linie mit **1,0545 Grad** abgezogen werden.

Die Ausrichtung der Ost-Linie beträgt **37,0915 Grad NW** bzw. **142,9085 Grad NO**.

3.5.3 - Bestimmung der idealen Richtung 2

Da es sich bei der Externsteinpyramide um ein Quadraturdreieck handelt, beträgt der Winkel in der Spitze der Pyramide **38,146 Grad**. Dieser wird jetzt als Bezugswinkel genommen, d.h. man geht vom geographischen Meridian der Externsteine aus.

Die Ausrichtung der West-Linie beträgt **38,146 Grad NW** bzw. **141,854 Grad NO**.

3.5.4 - Berechnung der Abstände zur idealen Linie 1

Mit der gefundenen Richtung **37,0915 NW** lässt sich jetzt noch die Entfernung **s** bestimmen, die ein Ort von der Linie besitzt.

Ort	Abstand [km] zur Linie	Verhältnis zur Linie
Emden	25,065	in der Nähe
Externsteine	0	genau auf
Kassel	4,642	an
Coburg	9,958	in der Nähe
Donaustauf	5,283	an
Zagreb	45,594	in der Nähe
Olymp	181,713	
Delphi	110,897	
Delos	273,548	
Kappathos	337,785	
Gizeh	426,556	

Emden, Externsteine, Kassel, Coburg, Donaustauf und Zagreb liegen auf bzw. an oder in der Nähe der Ost-Linie.

Entlang der Linie zwischen Externsteine und Zagreb, also einer Strecke von **980 km,** befinden sich die genannten Orte in einem Streifen von maximal **±46 km** links und rechts neben der Linie.

3.5.5 - Berechnung der Abstände zur idealen Linie 2

Mit der gefundenen idealen Richtung 2, also **38,146 NW** und dem geographischen Meridian der Externsteine als Bezugslinie, lässt sich jetzt die Entfernung **s** wie gehabt bestimmen.

Ort	Abstand [km] zur Linie	Verhältnis zur Linie
Emden	27,402	in der Nähe
Externsteine	0	genau auf
Kassel	5,989	an
Coburg	5,756	an
Donaustauf	1,940	an
Zagreb	30,026	in der Nähe
Olymp	151,546	
Delphi	77,840	
Delos	236,661	
Kappathos	296,478	
Gizeh	373,090	

Emden, Externsteine, Kassel, Coburg, Donaustauf und Zagreb liegen **auf** bzw. **an** oder **in der Nähe** der Ost-Linie.

Entlang der Linie zwischen Externsteine und Zagreb, also einer Strecke von **980 km,** befinden sich die genannten Orte in einem Streifen von maximal **±30 km** links und rechts neben der Linie.

3.5.6 - Berechnung der Abstände zur mittleren Linie

Mit der gefundenen mittleren Richtung von **42,8328 NW** lässt sich jetzt die Entfernung **s** wie gehabt bestimmen. Es ergeben sich folgende Abstände:

Ort	Abstand [km] zur Linie
Emden	37,664
Externsteine	0
Kassel	11,946
Coburg	12,925
Donaustauf	34,002
Zagreb	39,216
Olymp	17,020
Delphi	69,235
Delos	71,997
Kappathos	111,993
Gizeh	134,447

Entlang der Linie zwischen Externsteine und Delos, also einer Strecke von **2000 km,** befinden sich die alle genannten Orte in einem Streifen von maximal **±70 km** links und rechts neben der Linie.

Entlang der gesamten Linie zwischen Externsteine und Gizeh, also einer Strecke von **3000 km,** befinden sich die alle Orte in einem Streifen von maximal **±130 km** links und rechts neben der Linie.

3.5.7 - Verhältnis Atlantis-Linie zur Ost-Linie der Externstein-Pyramide

Die Ausrichtung der Ostlinie der Externsteinpyramide beträgt **38,146 Grad NW** bzw. **141,854 Grad NO**.
Die mittlere Ausrichtung der Atlantislinie beträgt dann **58,7992 Grad NO** bzw. **121,2008 NW**.
Bildet man die Differenz zwischen Atlantis-Linie und der Ostlinie in der Ausrichtung dann beträgt diese **83,05 Grad**. Die Differenz zur Senkrechten ist beträchtlich.
Also lässt sich sagen, dass die Atlantis-Linie und die Ostlinie der Externstein-Pyramide nur **annähernd rechtwinklig** zueinanderstehen.

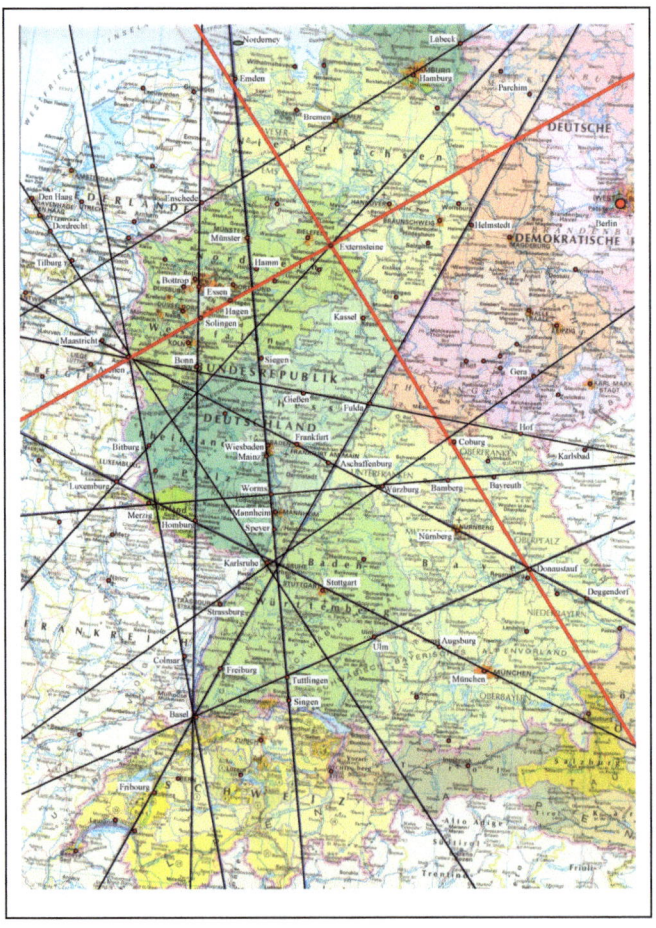

Atlantis-Linie und Ostlinie der Externsteinpyramide

3.5.8 - Verhältnis Logen-Linie zur Ost-Linie der Externstein-Pyramide

Die mittlere Ausrichtung der Logen-Linie beträgt **39,061 Grad NW** bzw. **140,939 Grad NO**.
Die ideale Ausrichtung der Ostlinie der Externstein-Pyramide beträgt **38,146 Grad NW** bzw. **141,854 Grad NO**.
Bildet man die Differenz zwischen Logen-Linie und Ostlinie in der Ausrichtung dann beträgt diese etwa **55 Bogenminuten**.
Dies kann man als hinreichend waagerecht ansehen. Also lässt sich sagen, dass die Logen-Linie und die Ostlinie der Externstein-Pyramide **annähernd parallel zueinander verlaufen**.
Man kann nun, von Karlsruhe aus, die Logenlinie mit dem Quadraturwinkel versehen und dann die Abstände zur korrigierten Linie berechnen, was folgendes Resultat liefert:

Ort	Abstand [km] zur Linie mittlere Richtung	Abstand [km] zur Linie Quadraturwinkel
Perth	10,506	28,643
Den Haag	3,439	3,72
Rotterdam	0,302	6,503
Dordrecht	0,119	6,411
Tilburg	3,008	2,887
Aachen	1,094	5,198
Kirn	1,029	0,720
Kalmit	3,227	2,582
Eggenstein	3,728	3,624
Karlsruhe	0	0
Pforzheim	7,717	8,120
Lichtenstein	8,038	9,468
Bebenhausen	6,693	7,804
Zwiefalten	0,943	0,827
Bussen	7,069	9,090
Stein im Allgäu	7,374	10,712
Nebelhorn	2,994	6,652

Entlang der idealen Quadratur-Linie zwischen Deen Haag und Nebelhorn, also einer Strecke von **678 km,** befinden sich alle Orte in einem Streifen von maximal **±10,7 km** links und rechts neben der Linie.

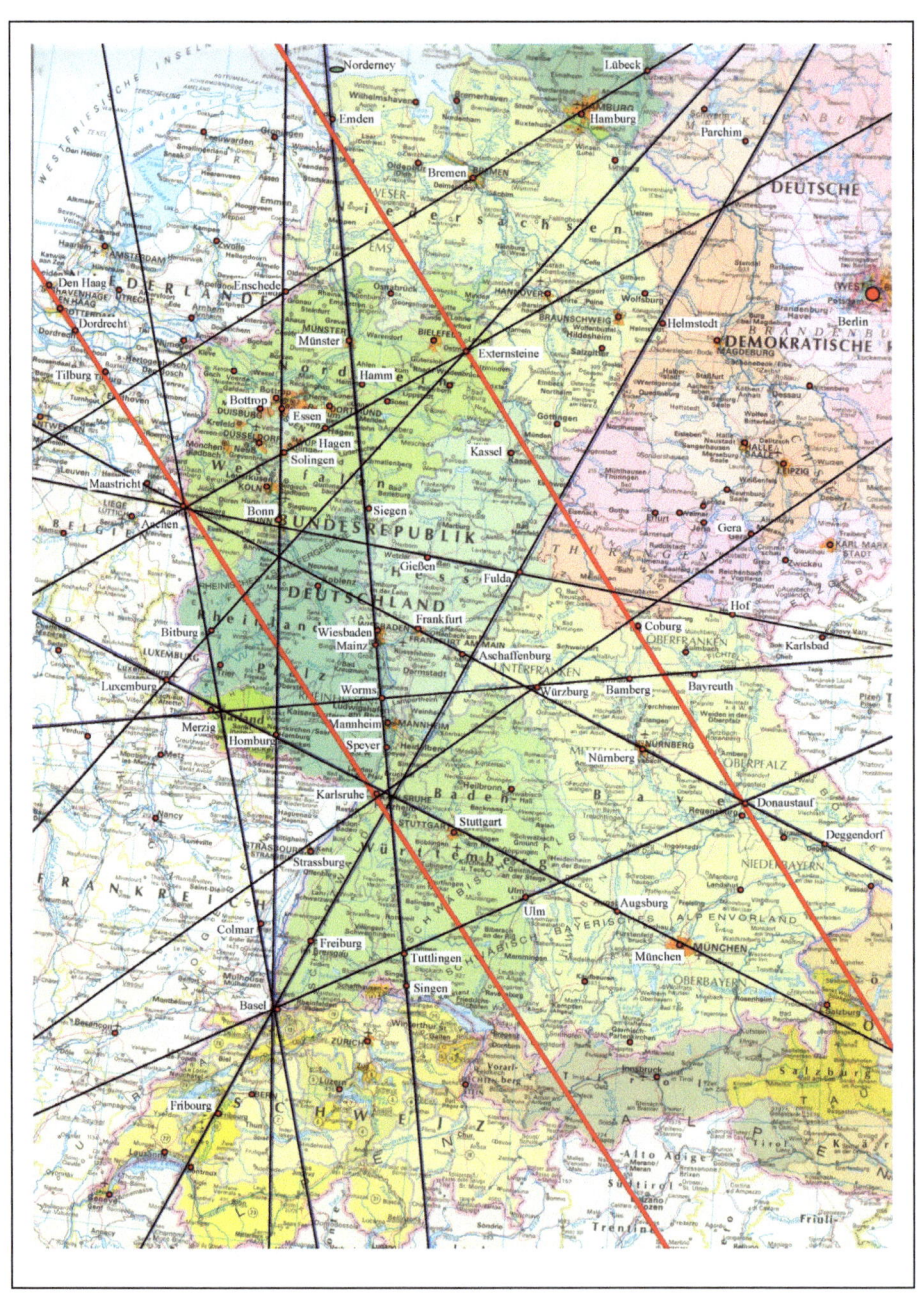

Logen-Linie zur Ost-Linie der Externstein-Pyramide

3.6 – Linien-Bilanz

3.6.1 - Meridian-Externstein-Pyramide

Externsteine, Marsberg, Marburg, Neckargmünd, Kloster Maulbronn, Haigerloch, Hohentwiel (Singen), Genua, Cagliari und Ghadames werden als Orte genannt, die mit der Externstein-Meridianlinie in Verbindung stehen.
Entlang der Linie zwischen Externsteine und Ghadames also einer Strecke von 2417 km befinden sich alle Orte in einem Streifen von maximal ±12,6 km links und rechts neben der Linie.
Die mittlere Ausrichtung der Meridian-Linie beträgt 1,0545 Grad NO bzw. 178,9455 Grad NW.
Nimmt man den geographischen Meridian der Externsteine als Bezugslinie dann liegen, außer Ghadames, alle Orte in einem Korridor von maximal ±17 km links und rechts neben der Linie.
Der Winkelunterschied von 1 Grad zwischen Externstein-Meridian-Linie und dem geographischen Meridian der Externsteine ist so gering, dass beide Linien als Bezugslinien benutzt werden können, ohne die Gesamtgeometrie wesentlich zu beeinflussen.

3.6.2 - West-Linie-Externstein-Pyramide

Externsteine, Bitburg, Luxemburg, Lourdes, Madrid, Gibraltar und Lanzarote werden als Orte genannt, die mit der Externstein-Westlinie in Verbindung stehen.
Nimmt man die Externstein-Meridianlinie als Bezugslinie und den Quadraturwinkel als Richtungsvorgabe dann befinden sich, außer Madrid und Lanzarote, alle Orte entlang der Linie zwischen Externsteine und Gibraltar also einer Strecke von 2080 km, in einem Streifen von maximal ±33 km links und rechts neben der Linie.
Nimmt man den geographischen Meridian der Externsteine als Bezugslinie und den Quadraturwinkel als Richtungsvorgabe dann befinden sich, außer Madrid und Lanzarote, alle Orte entlang der Linie zwischen Externsteine und Gibraltar, in einem Streifen von maximal ±38 km links und rechts neben der Linie.
Zu berücksichtigen ist noch, dass die Angabe von Lanzarote von Seiten Möllers aus, nur eine Richtungsangabe darstellt (Richtung Atlantis) und der Abstand von 300 km daher hinreichend ist.
Insgesamt kann man bei der Westlinie sowohl den geographischen Meridian der Externsteine als auch die Externstein-Meridianlinie als Bezugslinie verwenden. Der Quadraturwinkel wird von allen Orten, außer Madrid, mit hinreichender Genauigkeit erfüllt.

3.6.3 - Ost-Linie-Externstein-Pyramide

Externsteine, Kassel, Coburg, Walhalla (Donaustauf), Zagreb (Agram), O-lymp, Delphi, Delos, Kappathos und Gizeh werden als Orte genannt, die mit der Externstein-Ostlinie in Verbindung stehen.
Nimmt man die Externstein-Meridianlinie als Bezugslinie und den Quadraturwinkel als Richtungsvorgabe dann liegen lediglich die Orte in Deutschland mit hinreichender Genauigkeit längs der Linie. Von Zagreb aus werden die Distanzen zur Linie immer größer, je weiter südlich man kommt. Bis hin zu 427 km, wenn man den Breitengrad von Gizeh erreicht.
Nimmt man den geographischen Meridian der Externsteine als Bezugslinie und den Quadraturwinkel als Richtungsvorgabe, dann liegen lediglich die Orte in Deutschland mit hinreichender Genauigkeit an der Linie. Von Zagreb aus werden die Distanzen zur Linie immer größer, je weiter südlich man kommt. Bis hin zu 373 km, wenn man den Breitengrad von Gizeh erreicht.
Insgesamt passt bei der Ostlinie der geographische Meridian der Externsteine als Bezugslinie etwas besser als die Externstein-Meridianlinie. Für den deutschen Raum bzw. etwa bis Zagreb stimmen die Orte mit hinreichender Genauigkeit gut mit dem Quadraturwinkel überein.
Südlich von Zagreb werden die Distanzen zur Linie immer größer, was auf einen systematischen Fehler bei der Linienbestimmung hinweist. Die Abweichungen lassen sich nämlich erklären, wenn man sich dazu folgende Karte anschaut:

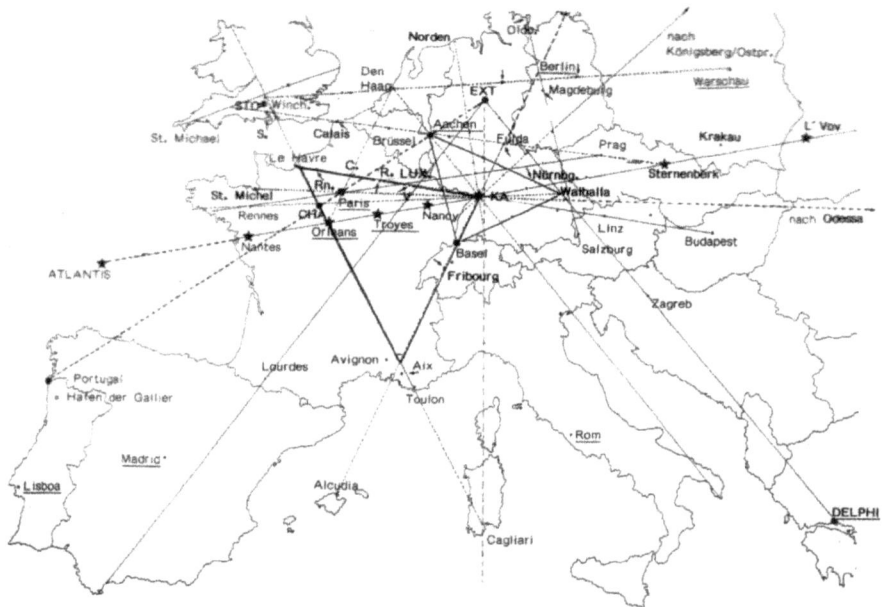

In der Karte von Möller ist zu sehen, dass Externsteine, Zagreb und Delphi auf einer Linie liegen. Das kommt daher, dass hier die Erdkrümmung **nicht** berücksichtigt worden ist.
Auf Karten mit europaweitem oder größerem Umfang spielt die Erdkrümmung schon eine Rolle. Daher kann man keine Studien mehr mit dem Lineal betreiben, sondern muss die Linien berechnen.

Auch die Linien von Möller sind letztlich nichts anderes als Ausschnitte von Großkreisen und sind damit gekrümmt. Gerade Linien wie auf der hier gezeigten Karte sind lediglich idealer Natur und allenfalls als Hinweis zu gebrauchen. Annähernd genau kann man nur auf Karten arbeiten, die nicht größer als Deutschland sind

Wird das nicht beachtet führt es zu Fehlern bzw. Differenzen, die bei größerer Entfernung auch immer größer werden, wie am Beispiel der Ostlinie zu sehen ist.

3.6.4 - Bilanz

Die größte Passgenauigkeit für die Externstein-Pyramide wird erreicht, wenn der geographische Meridian der Externsteine als Bezugslinie genommen wird.
Die Westlinie wird mit hinreichender Genauigkeit durch die genannten Orte besetzt. Die Orte auf der Ostlinie erfüllen bis Zagreb den Quadraturwinkel, weiter südlich werden die Abweichungen der Orte zur Linie aber immer größer (bis auf 370 km).

Im mitteleuropäischen Raum ist die Externstein-Pyramide als Quadratur-Dreieck hinreichend genau gegeben.

3.7 – Das Externstein-System 1

Man nimmt die Externsteine als Nullpunkt eines Koordinatensystems und die Ostlinie der Externstein-Pyramide als eine Koordinate.

Betrachtet man die Situation in Deutschland, dann ist auffallend, dass die Externsteine, Aachen, Karlsruhe und Coburg etwa ein Quadrat bilden.

Der Abstand Externsteine - Aachen und Externsteine - Coburg sind dann gleich lang. Daher wird die zugrunde liegende Strecke nun dazu benutzt, um daraus ein ganzes Gittersystem zu generieren.

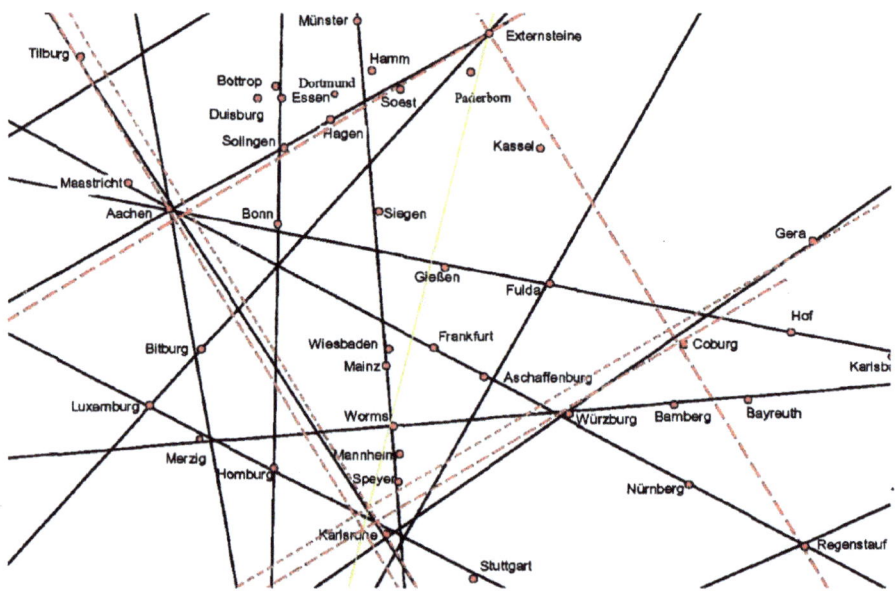

Eine Verfeinerung des Gitters lässt sich erreichen indem die erzeugten Quadrate halbiert werden. Dies führt zu dem folgenden Bild. Das rote Gitter ist das Externsteinsystem mit einer 4tel-Teilung. Das grüne Gitter ist das Diagonalsystem zum Externstein-System.

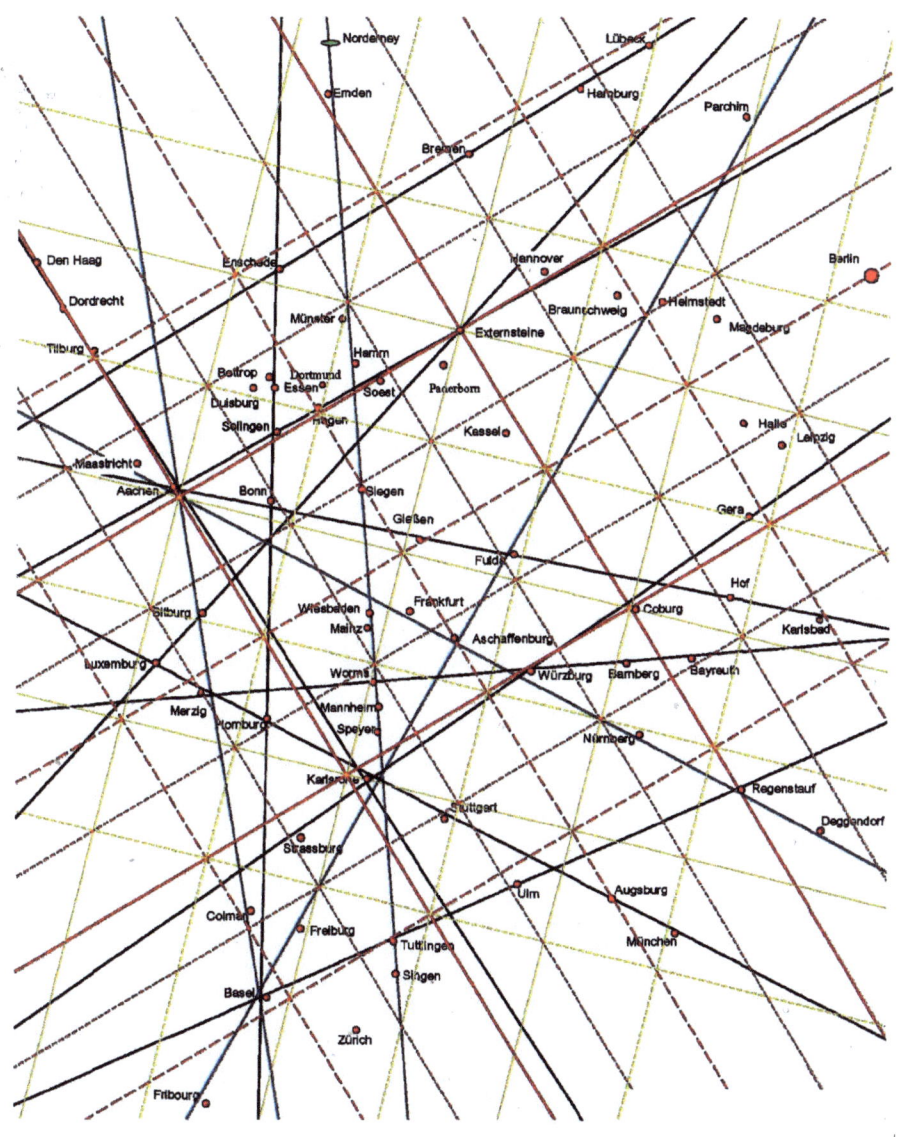

ES fällt auf, dass einige Linien von Möller direkt (blau) in das Gitter hinein-
passen und durch entsprechende Verhältnisse der Gitterabstände erzeugt
werden können:
die Drei Kaiser Dom Linie (1:2), die Deutschland-Linie (5:7), die Nornen-
Linie (3:5), die Linie Basel - Aachen (2:5)

141

Verfeinert man das gefundene Gitter noch zwei Mal also bis zur 8tel Teilung, dann lassen sich alle im folgenden Bild angegebenen Linien von Möller (blau) in das Gittersystem (rot) einfügen.
Das grüne Gitter ist das Diagonalsystem zum Externsteinsystem.

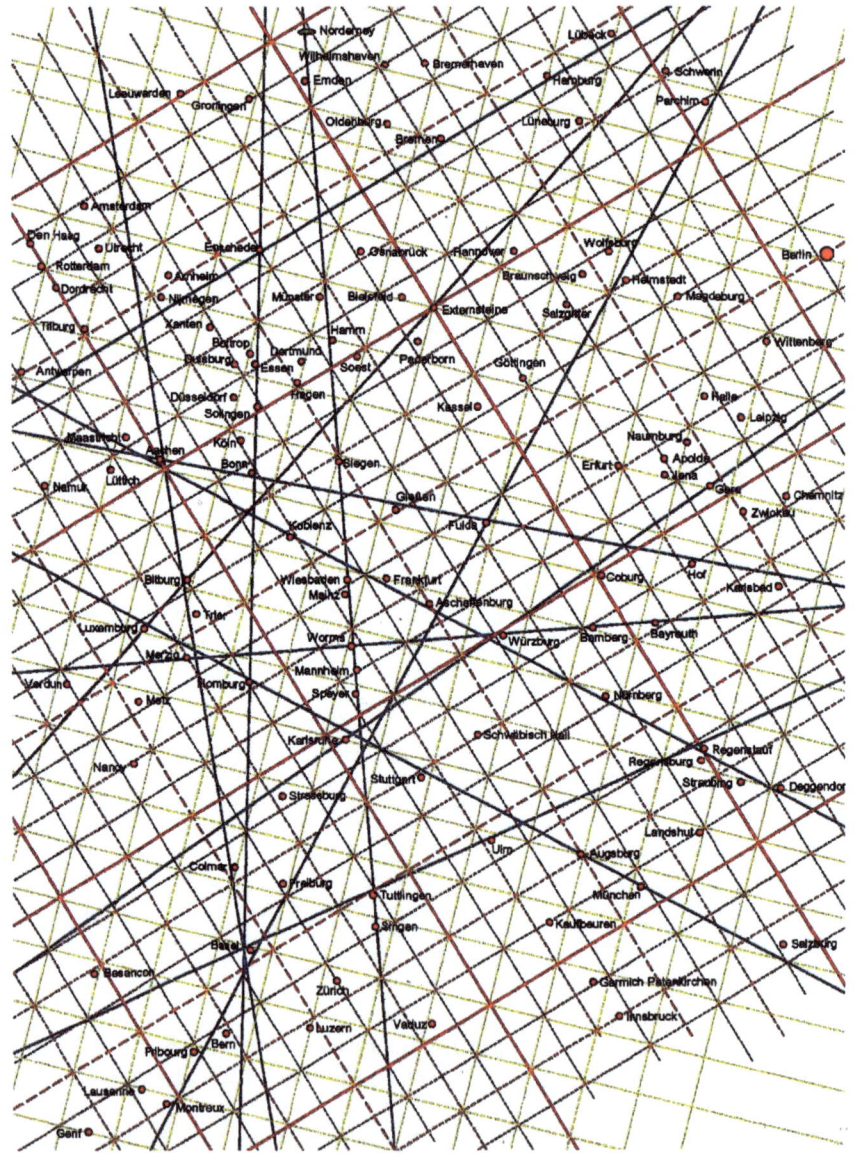

Das Externstein-System (Bezugspunkt Aachen, 8tel Teilung)

Alle Linien von Möller (blau) passen direkt in das Externstein-Gitter hinein und können durch entsprechende Verhältnisse der Gitterabstände erzeugt werden:
Die Externsteinpyramide Ostlinie, die Logenlinie, die Atlantislinie und die Linie Enschede - Lübeck lassen sich direkt durch Linien des Gittersystems ersetzen.

Die Drei Kaiser Dom Linie besitzt ein 1:2 Verhältnis und die Siegfried-Linie, senkrecht dazu, ein 2:1 Verhältnis.

Die Nornen-Linie verfügt über ein 3:5 Verhältnis.

Die Deutschland-Linie lässt sich mit einem 5:7 Verhältnis darstellen. Aber auch durch ein 5:3 Verhältnis – dann steht sie senkrecht auf der Nornen-Linie.

Die Bonifacius-Linie verfügt über ein 10:9 Verhältnis.

Die Linie Basel - Aachen besitzt ein 2:5 Verhältnis.
Die Linie Basel - Enschede besitzt ein 7:11 Verhältnis.
Die Linie Basel - Regenstauf besitzt ein 8:1 Verhältnis.

Die Linie Luxemburg - Augsburg verfügt über ein 3:5 Verhältnis. (Parallele zur Nornen-Linie)

Wie am Externstein-System zu sehen ist fügen sich die Linien von Möller harmonisch in das Gitter ein. Das Externstein-System liefert somit die geometrisch geodätische Bestätigung für die Linien von Jens Möller.

Die Linien von Möller und ihre Einbettung in das Externstein-System legen die Schlussfolgerung nahe, dass die Externsteine das geomantische Zentrum eines (Quadrierungs-) Gitters bilden, das sich über ganz Deutschland erstreckt und das dieses Gitter in der Vergangenheit als Basisgitter verwendet wurde.
In einer Untersuchung zum Ruhrgebiet konnte nachgewiesen werden, dass die Ausrichtung der Ostlinie der Externstein-Pyramide und das damit verbundene Gitter eine nicht unerhebliche Rolle bei der landschaftlichen Strukturierung des Reviers spielen (siehe pimath.de – Geomantie im Ruhrgebiet). Ferner konnte, durch die Lage des Bottroper Rathauses und des Kaiser-Wilhelm-Denkmals in Bottrop und in Essen, gezeigt werden das die Externsteinorientierung im Kaiserreich und im dritten Reich noch bekannt waren und benutzt worden sind.

Da eine größere Geometrie existiert, ist zu erwarten, dass es sie auch in einem kleineren, sprich regionalem, Rahmen gibt. Oder umgekehrt: **die alten regionalen Strukturen sind dann einfach als Spiegelungen übergeordneter geomantischer Netzwerke oder Gitter zu verstehen**.

3.8 – Das Externstein-System 2

Wenn über der Ostlinie der Externsteinpyramide ein rechtwinkliges System errichtet werden kann, dann auch über der Westlinie.
Die Westlinie ist ja schon gegeben und bei den Externsteinen lässt sich auch einfach die Senkrechte dazu einzeichnen.
Da es sich um ein symmetrisches System handelt ist die Gittergröße gleich dem im System 1 (rot). So ergibt sich in dem folgenden Bild das Grundquadrat für das Externstein-System 2. (blau)

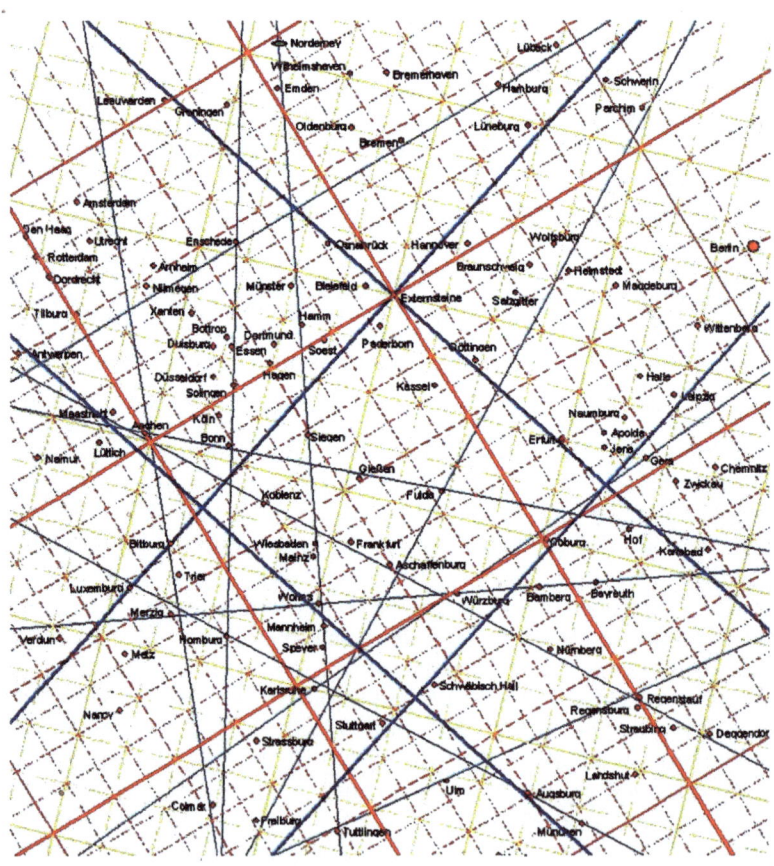

Durch Halbierung der Quadratseiten erhält man die nächst feinere Teilung. Im nächsten Bild sind die beiden Externsteinsysteme 1 (rot) und 2 (blau) zu sehen. Die Linien von Möller sind in grün eingezeichnet.

Die Parallelen zur Ost- und zur Westlinie werden im nächsten Bild schwarz eingezeichnet. So ist schon das Machalettsche Gitter zu erkennen.

146

3.9 – Das Machalett-Gitter

Lässt man jetzt alle Senkrechten zur Westlinie und zur Ostlinie wegfallen, so erhält man das Machalettsche Gitter für Deutschland.
Durch weitere Halbierung ließe sich die Auflösung noch erhöhen. Die Linien von Möller sind im Bild rot eingezeichnet.

148

4 – Eine Parallele zur Externstein-Ost-Linie

4.1 – Der Ausgangspunkt im Bottroper Stadtpark

1092 wird Borgthorpe erstmalig in den Besitzregistern des Klosters Werden erwähnt. 1150 erfolgte die erste urkundliche Erwähnung von Borthorpe im Heberegister des Klosters Werden. Die Namensbezeichnung weist auf ein besonderes Gehöft hin (Bor = hochliegend, -thorpe = Gehöft, Dorf). 1155 besitzt das Kloster Deutz in Borthorpe eine abgabenpflichtige Kirche. Damit wird aus der Streusiedlung ein Kirchspiel ("Kerspel Borthorpe"), dass fünf Bauernschaften umfasst und dadurch einen gemeinsamen Übernamen erhält.

Bottrop entwickelte sich erst seit 1863 durch den Kohlebergbau zu einer Stadt. Die Stadtrechte erhielt Bottrop 1919.

Bottrop liegt mitten im Herzen des Ruhrgebiets. Und wie fast jede andere Stadt besitzt Bottrop auch einen Stadtpark, der allerdings eine im Ruhrgebiet einmalige Eigenschaft besitzt.

Im Bottroper Stadtpark existiert ein bemerkenswerter geographischer Punkt. Die geographische Besonderheit dieses Punktes besteht darin, dass seine Koordinaten, also Länge und Breite, keine Sekundenanteile enthalten.

Bis zur kommunalen Neuordnung 1976 wurde dieser Punkt als geographische Position von Bottrop angegeben. In Atlanten, wie z.B. Knaurs Weltatlas/1988, findet man daher immer noch diese Koordinaten:

| Phi | 51° 32´ N | geographische Breite |
| Lambda | 06° 55´ E | geographische Länge |

Das Bild zeigt die Festwiese im Stadtpark zwischen Overbeckshof und dem Marien-Hospital im Hintergrund. Landschaftsgestalterisch ist der ausgezeichnete geographische Punkt allerdings gar nicht weiter auffällig, da lediglich durch eine Buschgruppe, am linken Rande der Festwiese, markiert.

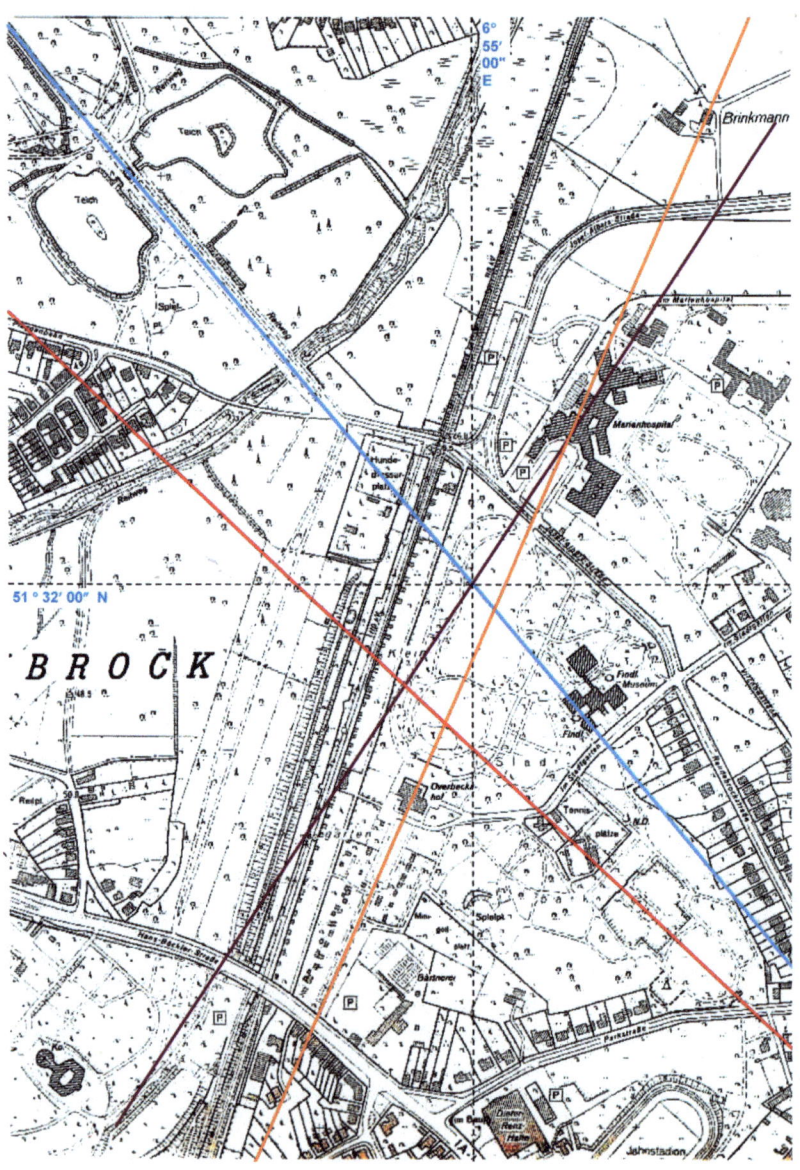

Zeichnet man die Koordinaten des ausgezeichneten Punktes in eine Karte des Stadtparks von Bottrop ein, so ergibt sich die vorhergehende Abbildung.

Die waagerechte und die senkrechte (gestrichelte) Linie stellen das geographische System dar und sind auch mit den jeweiligen Längen- und Breitenangaben versehen.

Wie zu sehen ist existieren mehrere Achsen im Stadtpark Bottrop. Die Allee, die zwischen den Stadt-Teichen (Schlageter-Teiche) verläuft, ist auf den geographischen Punkt ausgerichtet.

Der Anfang der Allee ist im Bild oben links, auf der blauen Linie, erkennbar. Wie zu sehen ist, liegt auf dieser Linie noch das alte Heimatmuseum das heute ins Quadrat eingegliedert ist, und dieselbe Ausrichtung aufweist.

4.2 – Der Gauß-Krüger-Punkt

Zeichnet man in die topographische Karte (4407-Bottrop) die geographischen Koordinaten für den ausgezeichneten Punkt und die Hauptlinien im Stadtpark ein, so ist auffallend, dass die Allee zwischen den Schlageter-Teichen bzw. deren Verlängerung als Weg zur Lindhorst-Strasse hin, einen weiteren besonderen Punkt enthält.

Neben dem geographischen System existiert noch ein zweites Koordinatensystem, das Gauß-Krüger-System.

Und wie bei dem ersten Punkt existiert hier auch ein Punkt, dessen Positionsangaben nur aus ganzen Zahlen besteht.

Rechtswert $^{25}63$

Hochwert $^{57}12$

Auf topographischen Karten (1:25000) sind immer zwei Systeme (am Kartenrand) vorhanden:

1) das geographische System
2) das Gauß-Krüger-System

Das Gauss-Krüger-System ist ein Koordinatensystem das von C.F.Gauss (1777-1855) gefunden und von Krüger (1857-1923) weiterentwickelt wurde

Ergänzung:
Für die Abbildung eines Ellipsoids in die Kartenebene wird die Ellipsoidoberfläche des Besselellipsoids in sogenannte Meridianstreifen zerlegt. Jeder Meridianstreifen ist ein ebenes rechtwinkliges Koordinatensystem mit

einem Hauptmeridian (Mittelmeridian) als x-Achse und dem Äquator als y-Achse.

Die Schreibweise ist etwas ungewöhnlich und sie hat folgende Bedeutung:

Rechtswert: $^{25}63$ bedeutet 2563000 Meter vom Nullmeridian (Greenwich) entfernt

Hochwert: $^{57}12$ bedeutet 5712000 Meter vom Äquator entfernt

Das Gauß-Krüger-System wird für Katasterkarten benutzt und ist daher in kommunalen Einrichtungen weit verbreitet. Es ist auch auf vielen Stadtplänen zu finden. Dort wird aber, in der Regel, eine andere Bezeichnungsweise verwendet.

Es ist auch nicht notwendig sich mit dem Gauß-Krüger-System weiter auseinander zu setzen, da eine Umrechnung der Gauß-Krüger-Koordinaten in geographische Koordinaten erfolgt.

Sind die geographischen Ortskoordinaten zweier Punkte bekannt, lassen sich alle gesuchten Teile wie Entfernung und Winkel mit Hilfe der geodätischen Rechnung bestimmen. Die Umrechnung der Gauß-Krüger-Koordinaten für den gegebenen Punkt in geographische Koordinaten ergibt folgendes Ergebnis:

Phi	51° 32´ 25,083" N	geographische Breite
Lambda	06° 54´ 29,419" E	geographische Länge

4.3 – Die Koordinatenstrecke

Die Alle zwischen den Teichen (und die Verlängerung als Weg bis zur Lindhorst-Strasse) liegt genau auf der Verbindung vom Gauß-Krüger-Punkt zum geographischen Punkt.
Diese Verbindung der beiden Punkte wird in allen folgenden Betrachtungen als **Koordinatenstrecke** bezeichnet. In der folgenden Abbildung ist die Koordinatenstrecke (Magenta) eingezeichnet.

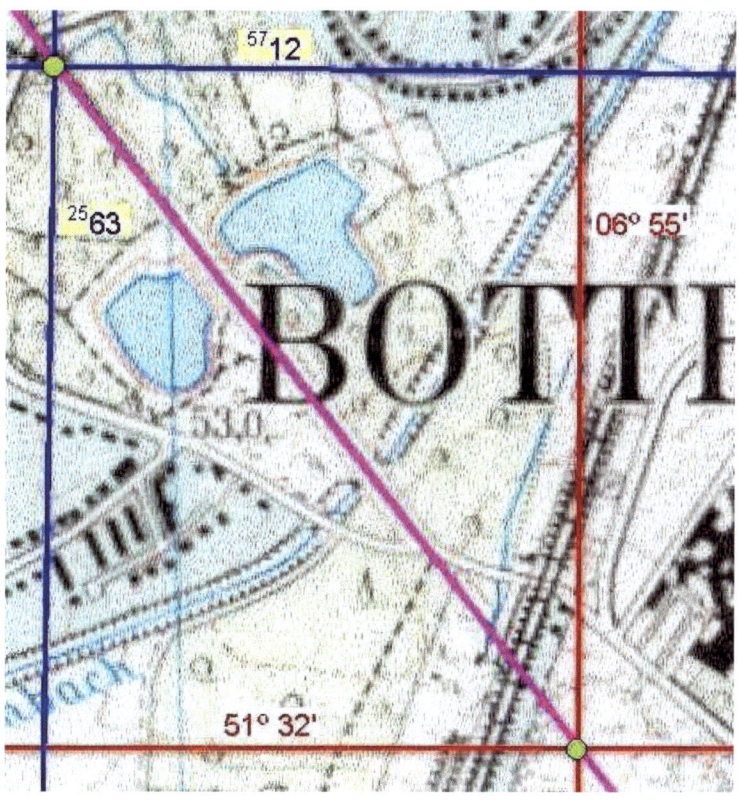

Die Koordinatenstrecke bzw. deren Verlängerung stellt für das Stadtzentrum von Bottrop eine Hauptachse dar.

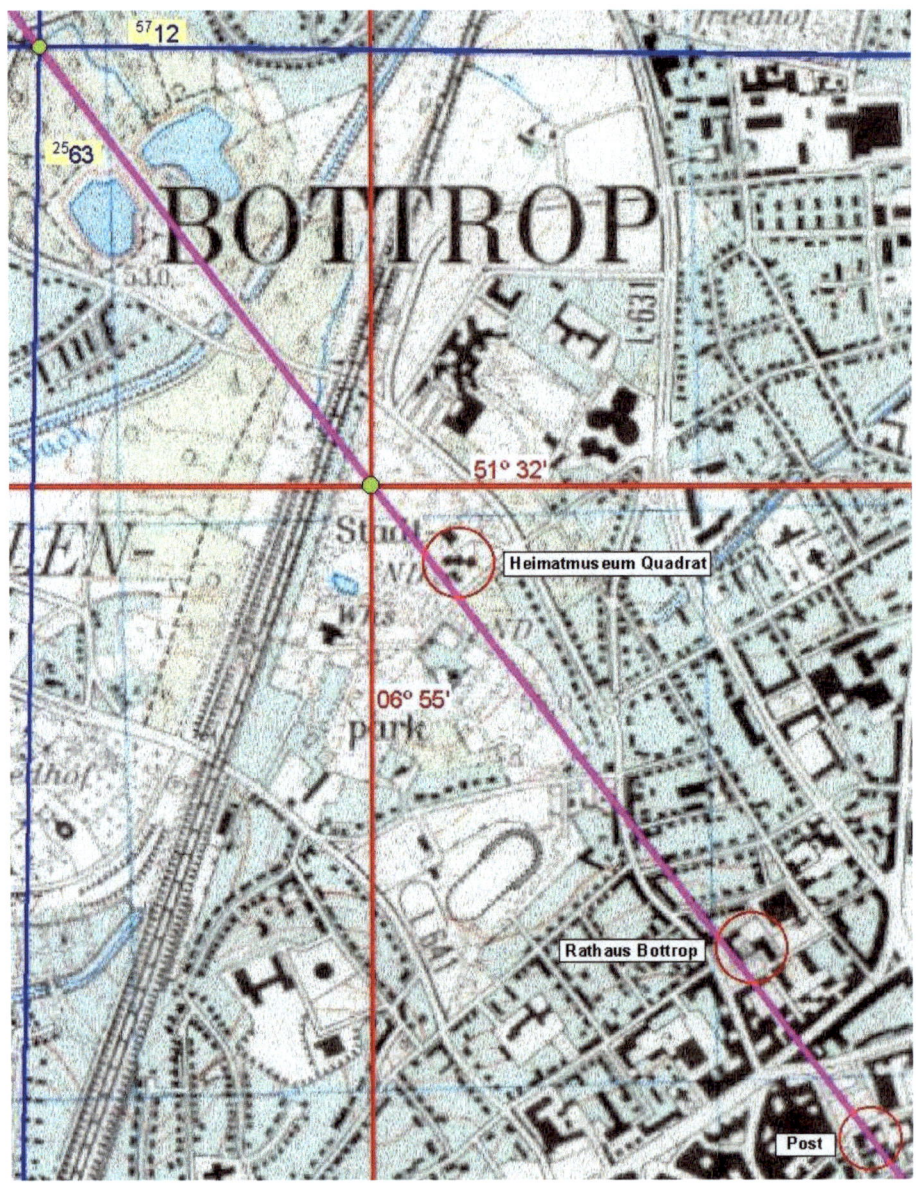

Die Verlängerung der Koordinatenstrecke in Bottrop wird von jetzt ab als **Trappe-Linie** bezeichnet.

4.4 – Der Geometer Trappe

Im Stadtarchiv von Bottrop existiert ein Zeitungsausschnitt aus dem Jahre 1940, der einen Hinweis darauf liefert, dass bis zum Dritten Reich die Existenz einer Geometrie durchaus bekannt war.

1891 hatte der Geometer T r a p p e diesen Platz (Trappenkamp) erworben, um ihn als den n e u e n S t a d t m i t t e l p u n k t großzügig auszubauen. In der früheren Zeit ist dieser Platz "Neumarkt" bekannt gewesen. Aus der ganzen Planung ist aber nichts geworden. Lediglich das neue Gebäude der Bottroper H a u p t p o s t wurde hier errichtet.

Wenn auch die Wochenmärkte seit ein paar Jahren auf dem Trappenkamp abgehalten werden, so kann das doch nichts daran ändern, dass dieser jüngste Bottroper Platz bis heute ein t o t e r P l a t z geblieben ist. Erst wenn das zu Ostern 1939 bekannt gegebene Projekt zur städtebaulichen Erschließung und Verschönerung später einmal Wirklichkeit geworden ist, und der Trappenkamp mit dem Platz der SV (Stadtverwaltung). verwachsen sein wird und eine Einheit bildet, dann wird man tatsächlich sagen können, dass hier d e r Mittelpunkt der Stadt sein wird.

Die Hauptpost von Bottrop 1940 und heute:

Die Hauptpost steht immer noch. Von einem toten Platz kann keine Rede mehr sein, da der Berliner Platz mit seinem Wochenmarkt heute eindeutig zur Stadtmitte gehört. So ist die Planung des Geometer Trappe bzw. der Bottroper Stadtväter doch noch aufgegangen, hier den Mittelpunkt der Stadt zu errichten.

Die Ausrichtung der Alle zwischen den Teichen, exakt nach der Koordinatenstrecke, ist **architektonischer und geodätischer Fakt**. Und auch die historischen Hinweise deuten darauf hin, dass diese Ausrichtung als Orientierungslinie nicht nur zur Planung der Allee, sondern auch zur Planung der Stadt Bottrop durchaus bewusst benutzt worden ist.

4.5 – Der Rathausturm in Bottrop

Das Amtshaus Bottrop wurde 1879 erstmals erbaut und 1902 musste es erweitert werden. 1909 beschließt die Gemeinde einen Neubau
Das Rathaus von Bottrop, im Stil der Neorenaissance vom Architekten Ludwig Becker erbaut, wird 1916 fertiggestellt.
1914-1918 findet eine Erweiterung des Bottroper Rathauses auf die zu sehende heute noch erhaltene Form statt.

Im Rathausturm von Bottrop existieren Hinweise, dass hier ein ganz bestimmter geomantischer Akt stattgefunden hat – nämlich eine **Pfählung**. Und Pfählungen stehen immer für zentrale geomantische Orte bzw. Orientierungspunkte.

Der erste Hinweis befindet sich im ersten Stock des Turmes. Es handelt sich um ein Denkmal zu Ehren der Toten des ersten Weltkrieges, dass durch eine Darstellung des Erzengels Michael gekrönt wird, der den Erddrachen pfählt.
Es ist ungewöhnlich, Michael hier anzutreffen, der ansonsten nur in Michaelskirchen bzw. -kapellen zu finden ist, also nur in sakralen Gebäuden.
St. Michael im Kampf mit dem Drachen nach einer Radierung von Martin Schongauer (1450-1491). Der in den Boden gerammte Stab bzw. Speer dient hierbei als Instrument, um die kosmischen und irdischen Kräfte zu vereinen. Gleichzeitig bedeutet es die Reinigung des Erdgeistes vom Gift des Drachen.

Zu beachten ist noch, dass in der Schongauer Darstellung der Drache mit dem Speer nur in Schach gehalten, aber nicht getötet wird. Es handelt sich also nicht um eine Tötung, sondern um eine **Transformation**.

Direkt **gegenüber** der Michaelsdarstellung befindet sich ein Fenster, in dem ein weiterer Hinweis zu finden ist. Die Erdkugel, die durch ein spatenförmiges Instrument gepfählt wird.

In den folgenden Ausschnittvergrößerungen sind das spatenähnliche Instrument und die Erdkugel deutlich zu erkennen.

4.6 – Die Quadrierungslinie

Das Bottroper Rathaus wird von der Trappe-Linie an der linken Seite des Gebäudes flankiert. Der Rathausturm liegt etwa 10-15 Meter neben der Trappe-Linie.
Die Linie wird, aus dem oben genannten Grund der Pfählung, daher vom geographischen Punkt im Bottroper Stadtpark direkt über den Rathausturm gezogen. Die Koordinaten des Rathausturmes:

| Phi | 51° 31′ 33,6″ N | geographische Breite |
| Lambda | 06° 55′ 33,3″ E | geographische Länge |

Die Richtung vom geographischen Punkt im Stadtpark zum Turm beträgt **141° 48′ 9,3″ NO** gemessen (von Norden aus mit dem Uhrzeigersinn). Das sind nur **2,5** Bogenminuten Unterschied zur Ausrichtung der **Quadrierungsrichtung**!!! Das kann man als hinreichend exakt ausgerichtet ansehen.
Die Linie vom ausgezeichneten geographischen Punkt zum Rathaus-Turm (blau) ist eine Quadrierungslinie und damit **Parallele zur Ostlinie der Externstein-Pyramide**.

158

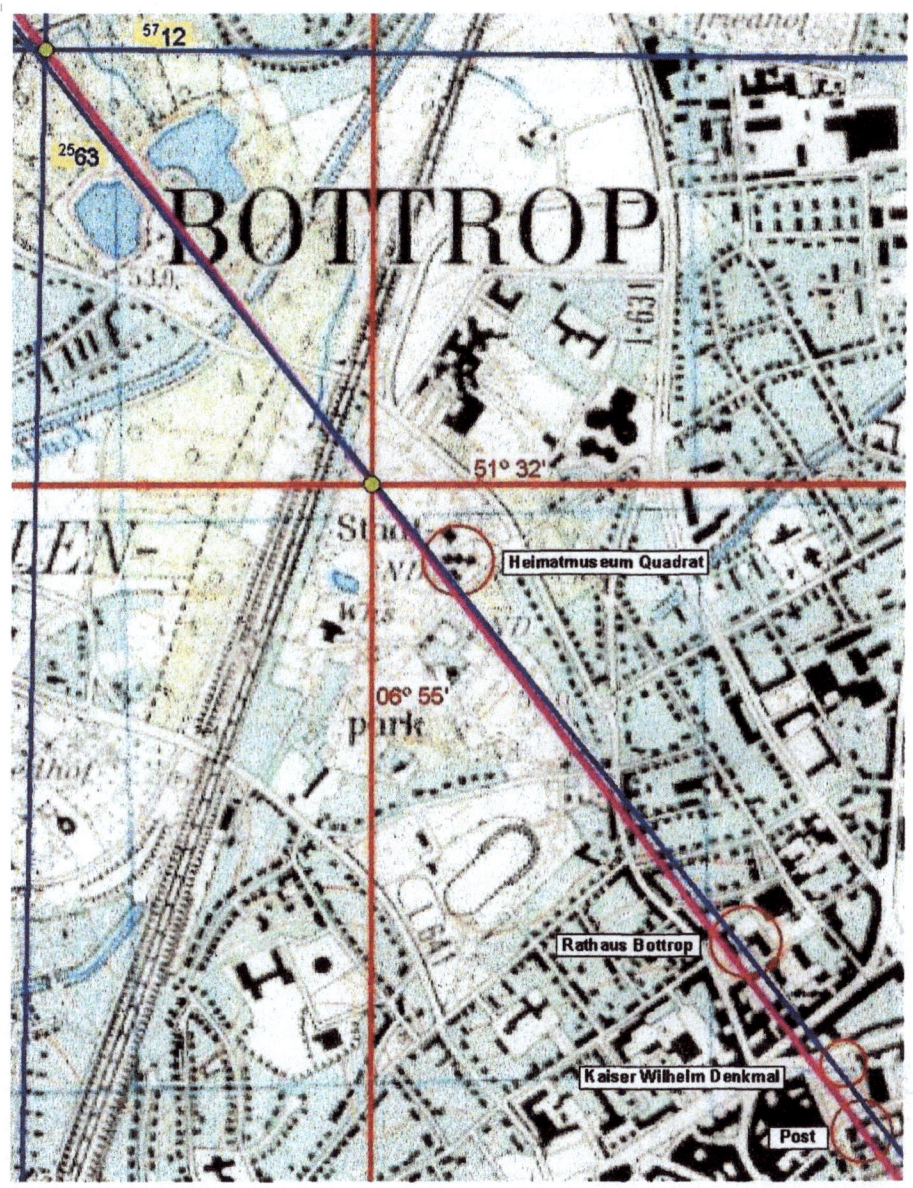

Trappe-Linie (rot) und Quadrierungslinie (blau)

4.7 – Das Essener Münster

Bei Weiterführung der Quadrierungslinie kommt man, nur ein paar hundert Meter von der Marktkirche entfernt, zum Essener Münster. Dort steht man dann an einem der ältesten Orte des Ruhrgebietes.

Das **Essener Münster** war ursprünglich ein Frauenstift auf dem Gut Astnidhi (Essen), gegründet 845 n. Chr. durch den sächsischen Adligen Altfrid. Der Name Essen (seit etwa 1500) leitet sich ab von Essende (1216) bzw. Esnide (1142), und dieses wiederum stammt von Astnithi (1074) bzw. Astnide (874) ab und bedeutet soviel wie „der Ort, wo Schmelzöfen stehen". So ist Metallverarbeitung in Essen seit alters her belegt.

Die Verbindungslinie vom Bottroper Stadtgarten aus über den Rathausturm führt zum Punkt direkt vor dem Domturm, auf dessen Mittelachse. In der Abbildung kann man den Turm in der linken Bildhälfte erkennen.

Durch die topographische Karte 4508 (Essen) lassen sich die geographischen Daten des Münsters ermitteln. Betrachtet man den **Turm von St. Johann Baptist** auf der topographischen Karte, so erhält man die folgenden Koordinaten:

| Phi | 51° 27′ 25" N | geographische Breite |
| Lambda | 07° 00′ 45,55" E | geographische Länge |

160

Dieser Punkt liegt auf der Mittelachse des Domes und direkt vor dem Dom. Heute ist dieser Platz ein Teil der Einkaufsstraße in Essen, aber zur Zeit der Germanen befand sich hier ein Thing-Platz und bis weit ins 20te Jahrhundert hinein stand hier noch der alte Gerichtsbaum.

Dieser Punkt bzw. Ort heißt von jetzt ab **Quadrierungspunkt Essen**. Führt man diese Linie, mit der genauen Ausrichtung weiter, so gelangt man zum Reiterdenkmal von Wilhelm I.

4.8 – Kaiser Wilhelm I Reiterdenkmal

Bei Weiterführung der Quadrierungslinie vom Turm des St. Johann Baptist-Teils aus, gelangt man zum Reiterdenkmal von Kaiser Wilhelm I am Burgplatz.

1898 entstand in Essen das Reiterdenkmal von Wilhelm I.

Ein weiterer Hinweis darauf, dass die **Achtel-Teilung** am Berliner Platz eine ausgezeichnete Stellung einnahm und bekannt war, liegt darin, das genau **auf dem Achtel-Teilungspunkt das Kaiser-Wilhelm I.-Denkmal stand** .

4.8.1 - Kaiser Wilhelm I Denkmal

Und zwar vom Jahre 1898 an. Zeitgleich entstand in Essen das Reiterdenkmal von Wilhelm I. Beide Denkmäler liegen genau auf der Quadrierungslinie.

Das Wilhelm Denkmal war Mittelpunkt sowohl von vaterländischen Kundgebungen als auch revolutionären Demonstrationen, vor allem als der erste Weltkrieg verloren war und Kommunisten und Spartakisten mit Regierungstruppen und Freikorpskämpfern um die Macht stritten.

Das Denkmal wurde 1919 von Kommunisten und Spartakisten verschleppt. Als es später nach Bottrop zurück gelangte, bekam es einen neuen Standort im Stadtgarten.

Die Nationalsozialisten holten das Denkmal wieder aus dem Stadtgarten heraus und stellten es auf dem zum Kaiserplatz umbenannten Kreuzkamp, mit Blick über die Gladbecker Strasse, auf.

Das Denkmal bestand zu 93 Prozent aus Kupfer und zu 7 Prozent aus Zinn. Es wurde daher im September 1942, nach zähem Ringen mit dem Oberbürgermeister, durch die Reichsstelle für Metalle konfisziert und eingeschmolzen.

1980 fand man auf einer stillgelegten Zechenhalde in Duisburg-Obermeiderich den Marmorsockel des Kaiser Wilhelm Denkmals wieder.

Beide Kaiser Wilhelm Denkmäler liegen genau auf der Quadrierungslinie d.h. der Parallelen zur Externstein-Ost-Linie.

Das Denkmal in Bottrop existiert vom Jahre 1898 an. Zeitgleich entstand in Essen das Reiterdenkmal von Wilhelm I.

Dadurch wird ersichtlich, dass **das Wissen um die Externstein-Pyramide bzw. deren Ostlinie schon zur Kaiserzeit gegeben war und auch 1914-16 beim Bau des Bottroper Rathauses eine Rolle gespielt hat.**

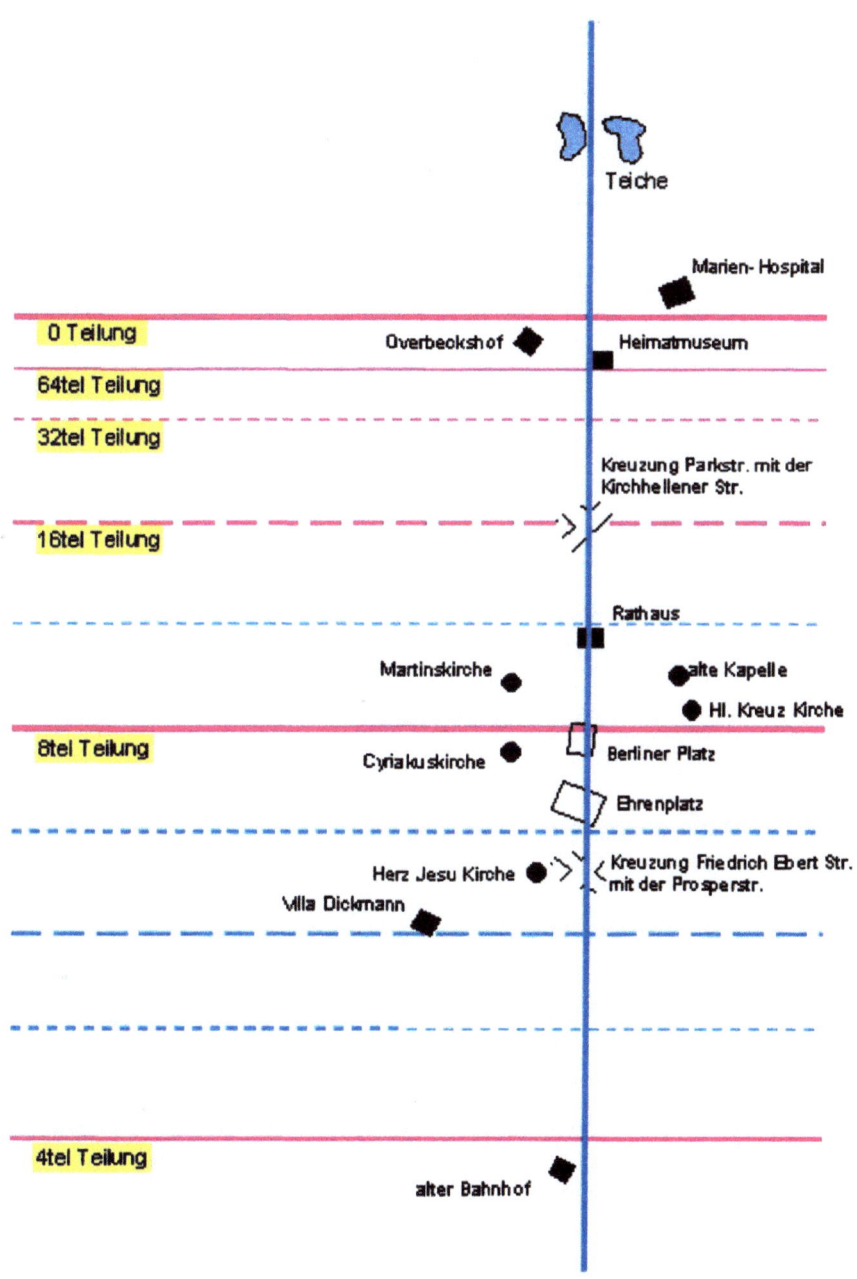

Teiche

Marien- Hospital

0 Teilung

Overbeckshof

Heimatmuseum

64tel Teilung

32tel Teilung

Kreuzung Parkstr. mit der
Kirchhellener Str.

16tel Teilung

Rathaus

Martinskirche

alte Kapelle

Hl. Kreuz Kirche

8tel Teilung

Cyriakuskirche

Berliner Platz

Ehrenplatz

Herz Jesu Kirche

Kreuzung Friedrich Ebert Str.
mit der Prosperstr.

Villa Dickmann

4tel Teilung

alter Bahnhof

Teilungen auf der Quadrierungslinie

163

4.9 – Quadraturdreieck

Die Parallele zur Externstein-Ost-Linie wird exakt durch **drei** Punkte gebildet. Und zwar durch einen ausgezeichneten **Punkt im Bottroper Stadtgarten**, dem **Bottroper Rathaus** und dem **Dom in Essen**.
Damit ist die Linie auch eine sogenannte **Quadraturlinie** d.h. sie ist Seite eines **Quadraturdreiecks.**

An und **auf** der Linie liegen noch Gut Fernewald, das Heimatmuseum, die Herz-Jesu-Kirche, die Knippenburg und die alte Marktkirche in Essen.

4.10 – Die Quadratur im Ruhrgebiet

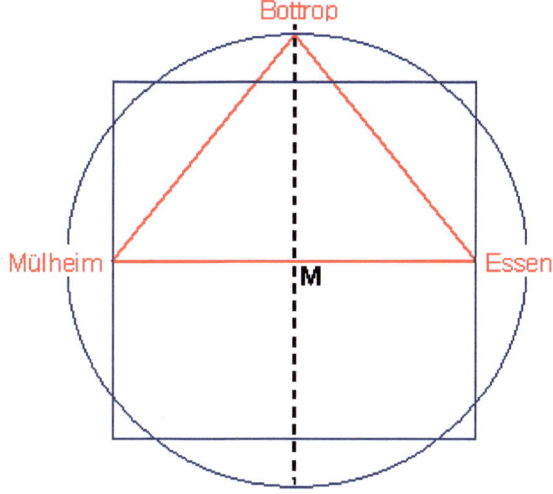

Die gesamte Quadratur im Ruhrgebiet stellt sich, wie in der Abbildung ersichtlich, dar:

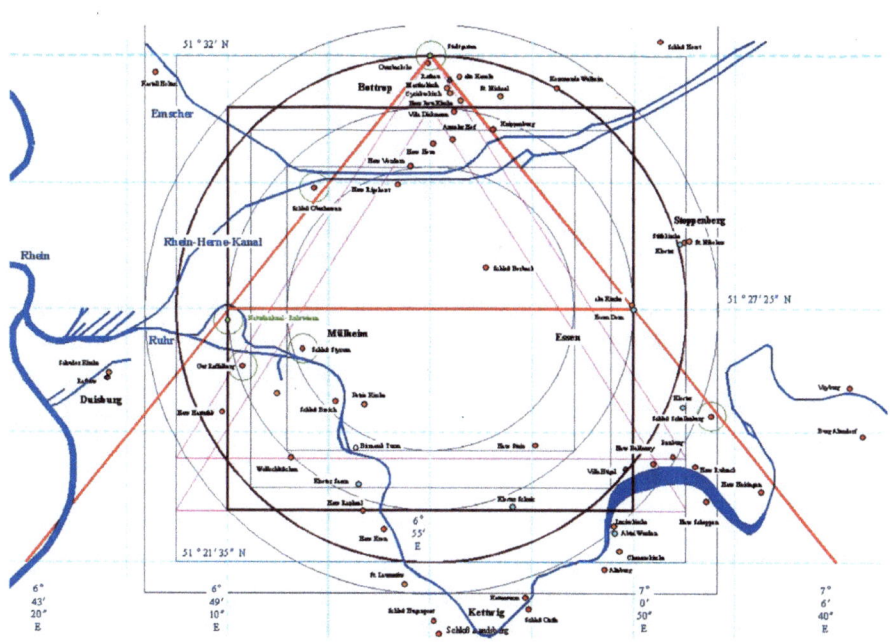

Die drei Orte des Quadraturdreieckes:

Ruhrwiesen Mülheim

Stadtpark Bottrop

Essen Münster

4.11 – Ehrenmal Wittringen

Mit eines der jüngsten Objekte auf dem **Gitter** ist das Kriegerdenkmal bzw. Ehrenmal in Gladbeck Wittringen (etwa 500 Meter von Schloss Wittringen entfernt). Es stammt aus dem Jahren **1932-1939** und wurde mittels einer Maßnahme zur Arbeitsbeschaffung durch die Nationalsozialisten erbaut.

Durch Verortung in der topographischen Karte 4407 und anschließender Messung und Umrechnung lassen sich die geographischen Koordinaten des Ehrenmales bestimmen. Das Kriegerdenkmal in Wittringen (Gladbeck) besitzt diese geographische Position (mit einer Genauigkeit von ±0,5"):

Phi	51° 33´ 48" N	geographische Breite
Lambda	06° 58´ 40,5" E	geographische Länge

Mit den Koordinaten des geographischen Punktes und des Ehrenmals lassen sich, über die 2te geodätische Hauptaufgabe, Richtung und Entfernung bestimmen. Von Bottrop aus gesehen liegt das Ehrenmal in 51,823 Grad

166

NO, (Richtung von Norden aus gesehen - im Uhrzeigersinn), und in einer Entfernung von 5402,4 m ±1 m.

Ein Vergleich mit der Quadrierungsstrecke ergibt: Die genaue Richtung der Quadrierung ist 141,843 Grad NO. Die Differenz der Winkel beträgt dann 90,02 Grad, was man hinreichend als senkrechten Winkel bezeichnen kann, da die Abweichung vom rechten Winkel lediglich 1,2 Bogenminuten ausmacht.

Die Länge der Quadrierungsstrecke beträgt 10800 Meter. Die Hälfte davon sind 5400 Meter. Verglichen mit der Ehrenmaldistanz ergibt das eine Differenz von 2,4 Meter. Das kann man quasi als punktgenau bezeichnen.

Demnach verhalten sich die Distanzen geographischer Punkt – Essen Dom und geographischer Punkt – Ehrenmal wie 2:1 und die beiden Strecken stehen senkrecht aufeinander.

Damit ist das sich daraus entwickelnde Gitter identisch mit den **Externstein-System 1.**

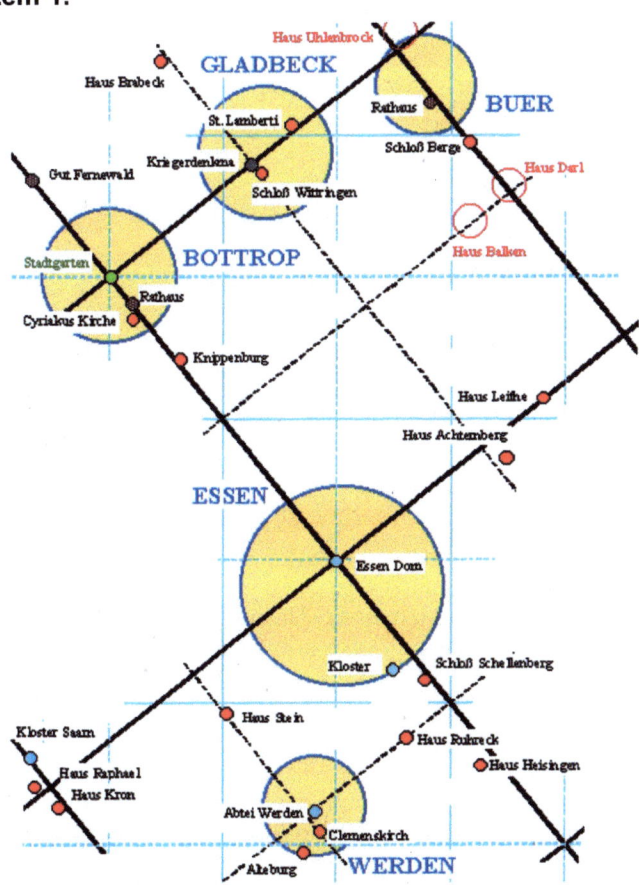

Die punktgenaue Positionierung des Ehrenmals in Gladbeck Wittringen zeigt, das die Nationalsozialisten genau wussten was sie taten. Sie bauten auf dem alten Wissen auf und versuchten ihre eigenen Orte darin zu platzieren.

Besonders interessant ist der Verlauf der Ruhr im Grundgitter. Verfeinert man das Grundgitter 1 bis auf die 1/4-Teilung lässt sich der Verlauf der Ruhr und die Lage des Baldeneysees in ihrer Ausrichtung am Gitter besser erkennen.

Um 1860 war die Ruhr der meistbefahrene Fluss Europas. Meist wurde Kohle verschifft. Damals war die Ruhr- Schifffahrt schon fast tausend Jahre alt.

Aber erst als Friedrich II von Preußen Schleusen anlegen ließ (1772-1780), nahm der Schiffsverkehr einen großen Aufschwung.

Während des dritten Reiches haben am See sowie der Ruhr noch recht umfangreiche Erdbewegungen stattgefunden

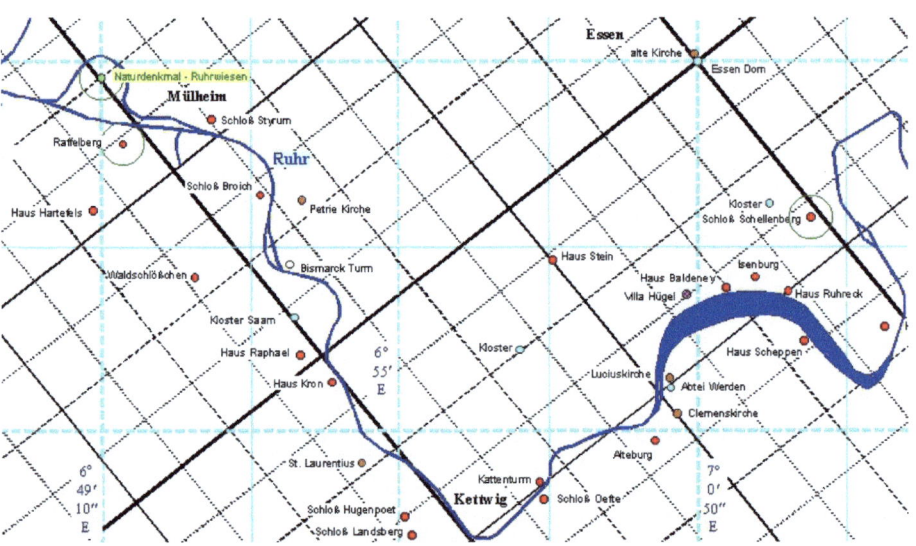

Der Baldeney-See stammt, in seinen Ursprüngen, aus dem 19 Jahrhundert. Der See in seiner heutigen Form entstand aber erst 1931/33.

4.12 – Erzeugte Gitter

In einem gegebenen Gitter kann man bestimmte Strecken als Teilverhältnisse der Gitterseiten ausdrücken. Besonders einfache Gestalt erhält man, wenn ganzzahlige Proportionen benutzt werden. In diesem Fall 1 zu 2. Man nennt dies auch ein **erzeugtes** Gitter.

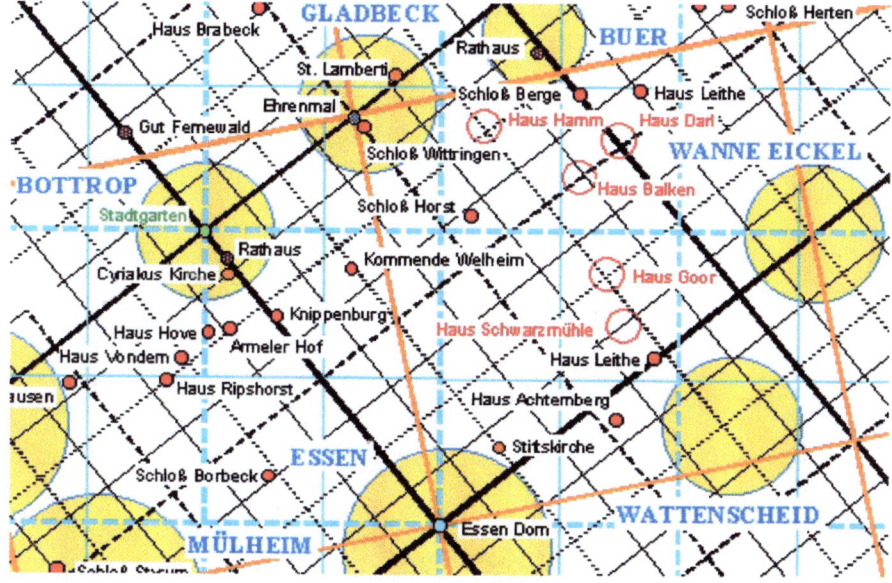

Die Verbindung Essen Dom - Wittringen Ehrenmal bildet dabei die Seite eines 1:2 Gitters im Ruhrgebiet

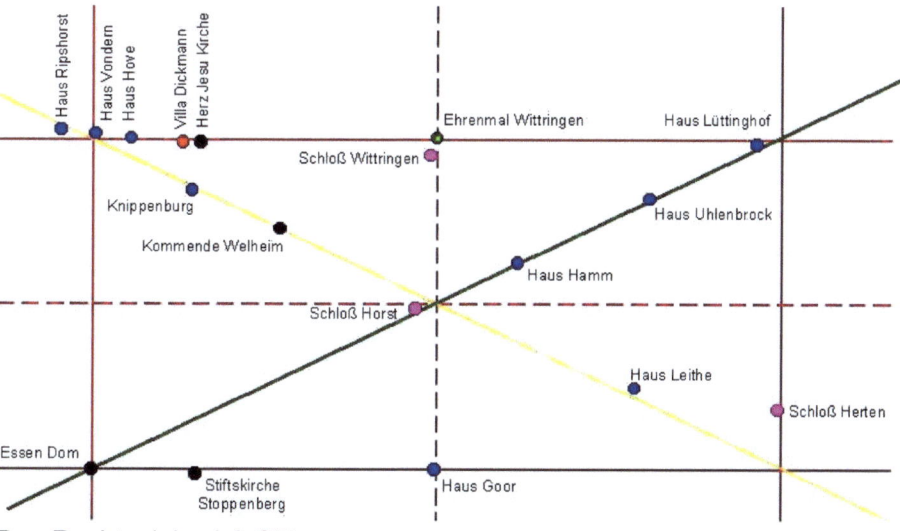

Das Rechteck im 1:3 Gitter

Die Situation des 1:2 und 1:3 Gitters im Ruhrgebiet sieht wie im folgenden Bild aus. Das orange farbene (diagonale) System ist das 1:3 Gitter. Das gelbe (horizontal, vertikale) System ist das 1:2 Gitter.
Deutlich sind die Ausrichtung der Autobahnen und Bundesstrassen am 1:2 Gitter zu erkennen.
Von Essen aus verläuft die waagerechte Ausrichtung des 1:2 Gitters über Bochum, Dortmund, Unna nach Soest. Das ist quasi die Linie, auf der der Hellweg verlief. Man könnte die zugehörige Gitterlinie sogar als **Hellweglinie** bezeichnen.

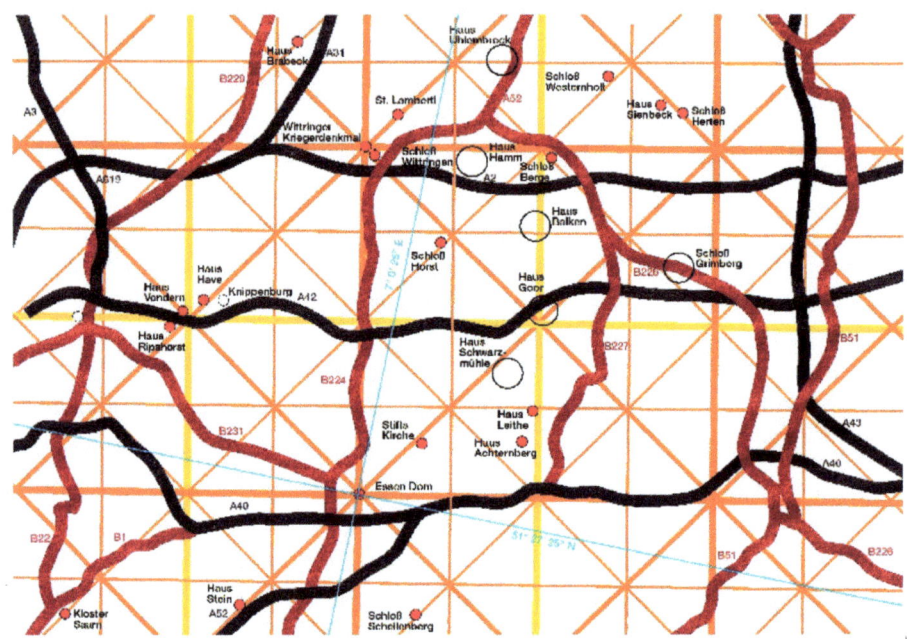

4.12.1 - Der Hellweg

Der Hellweg ist die älteste Verkehrsverbindung zwischen Rhein und Weser. Er war auch ein Zubringer zum Jakobsweg nach Santiago de Compostela.
Die Anfänge des Hellwegs scheinen bis in die La-Tene-Zeit zu reichen. Zahlreiche Bodenfunde belegen, dass er mindestens schon in römischer Zeit vorhanden war. Die Ebene, auf der sich der Hellweg befindet, wird im Süden durch den Haarstrang vom Sauerland separiert, im Norden erfolgt durch die Lippe eine Trennung vom Münsterland und im Westen reicht sie

bis ans Ruhrgebiet. Geographisch gesehen wird die Hellwegebene zur Münsterschen Bucht gezählt.

Der Hellweg beginnt in Duisburg, überquert bei Mülheim die Ruhr und führt dann über Essen, Bochum, Dortmund, Unna, Werl, Soest, Paderborn und Höxter nach Goslar in den niedersächsischen Raum. An der geschichtlichen Entwicklung dieser Orte bzw. Landschaften hat der Hellweg entscheidenden Anteil gehabt.

Duisburg besaß dabei den Vorzug der zweifach günstigen Lage zum Land und zu den Flüssen Rhein und Ruhr. Essen gewann besondere Bedeutung, über Abtei und Stift hinaus, als wichtige Marktsiedlung. Dortmund beteiligte sich mit regem Handel, der später zur Anbindung an die Hanse führte. Im Schatten dieser größeren Städte standen im Mittelalter die Städte Bochum und Mühlheim. Zwar berührte der Hellwig bei Mühlheim auch die Ruhr doch gewann die Stadt erst später, vor allem als Umschlagplatz von Kohle, mehr Ansehen und wirtschaftliches Gewicht. Als weitere größere Siedlung lag Recklinghausen zwar nicht am Hellweg, nutzte aber seine günstige Lage an der Straße von Köln nach Münster, sich zu einem wichtigen Gemeinwesen zu entwickeln.

Im Laufe der Zeit hat man versucht, dem Wort Hellweg verschiedene Interpretationen zu geben - z.B. Heerweg, Totenweg oder auch Salzweg. Eine sprachgeschichtlich begründende Annahme geht davon aus, dass es sich um einen „hellen", das heißt trockenen Weg handelte, der die Niederungen zu vermeiden suchte.

Um 1800 war der alte Hellweg dem steigenden Verkehr nicht mehr gewachsen. Das musste auch schon Napoleon (auf seinem Feldzug nach Russland) erkennen, der manchmal als der Erbauer der Chaussee bezeichnet wird. Es ist jedoch gesichert, dass die erste Chaussierung der heutigen B1 erst 1817/18 erfolgt ist. Die B1 (teilweise heutige A430/A40) wurde 1820 als Hauptverkehrsstraße in Betrieb genommen.

Es existieren noch eine Reihe weiterer Bundesstraßen in NRW, die alle nach der senkrechten Ausrichtung des 1:2 Gitter orientiert sind.
Die Ausrichtung eines Teils des Straßennetzes nach dem 1:2 Gitter kann in ganz NRW belegt werden.

Die Koordinaten des Ehrenmales in Wittringen und des Quadrierungspunktes sind bekannt. Daraus lässt sich die Ausrichtung des 1:2 Gitters bestimmen. Die Richtung beläuft sich auf **168,457 Grad NO**. Trägt man die gewonnene Ausrichtung in eine Karte mit den Linien von Jens Möller ein, so ergibt sich die folgende Abbildung.

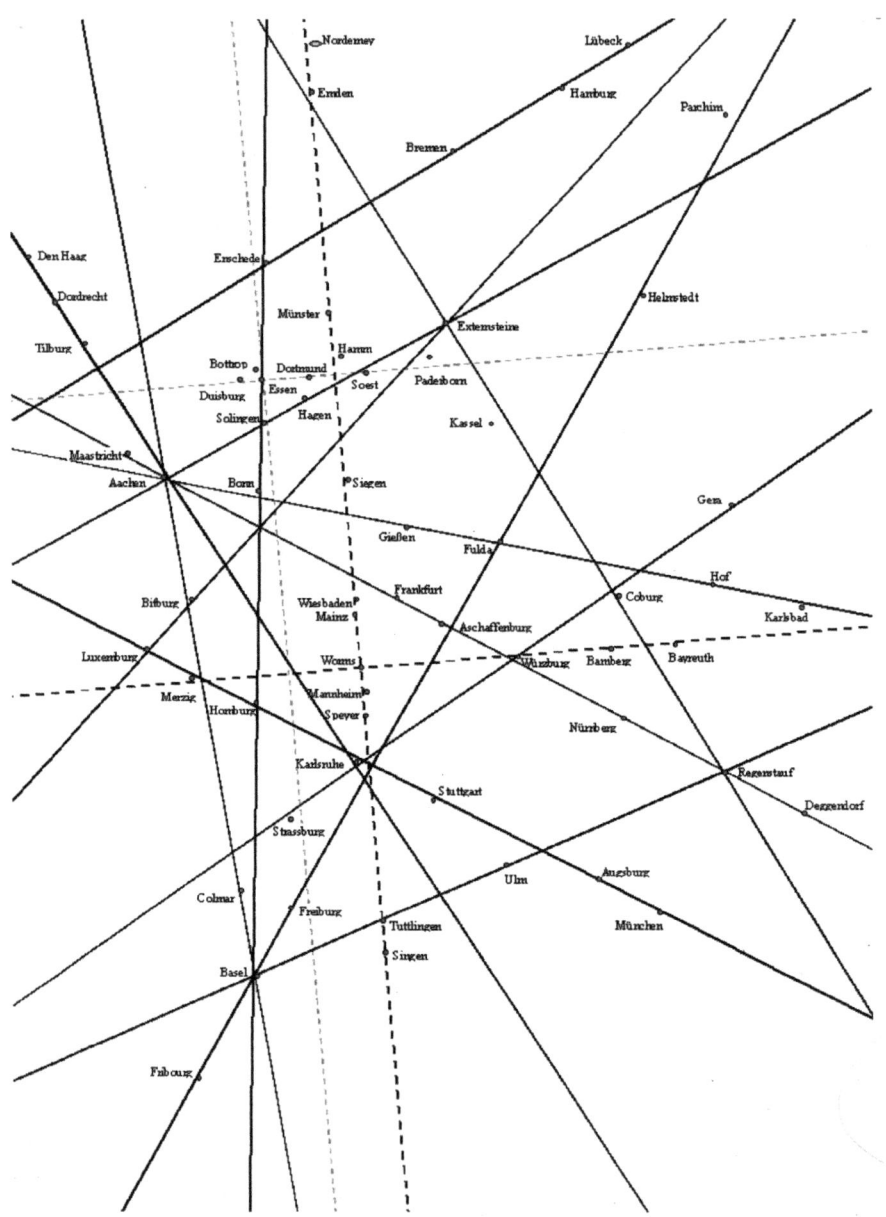

Wie in der Abbildung (hellblau-gestrichelt) zu sehen ist, liegt die Senkrechte des 1:2 Gitters parallel zur Drei-Kaiser-Dom-Linie und die Waagerechte, also die Hellweglinie, verläuft parallel zur Siegfried-Linie.

4.13 – Vier Elemente

4.13.1 - Die Konstruktion

Eine quadratische Bauweise, die exakte Ausrichtung zu den Himmelsrichtungen und die entsprechenden Eingänge lassen vermuten, dass hier ein ganz besonderes geomantisches Konzept benutzt worden ist: der Vier-Elemente-Platz.

Bei geomantischen Studien stößt man des Öfteren auf eine Struktur, die vornehmlich in alten Anlagen zu finden ist: Ein Quadrat bzw. ein quadratisches Kreuz - verbunden waren damit auch immer die vier Elemente. Die klassisch geomantische Ordnung einer solchen Anlage sieht dann so aus:

 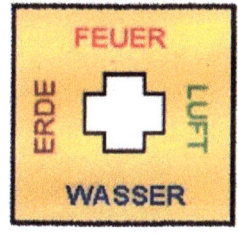 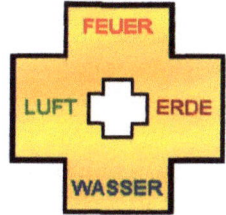

Vor und in den Anfängen der Christianisierung scheint man auf diese Art und Weise Geomantie betrieben zu haben. Die ersten christlichen Kirchen (die meistens auf alten Kultplätzen angelegt wurden) hatten in der Regel noch diese Form. Das Quadrat bzw. das quadratische Kreuz stellen noch die **Ganzheit der Elemente** bzw. die **Einheit des Menschen mit der Natur** dar.

In seinem Buch „Die Kathedrale" beschreibt Hans Sedlmayr das die Vierzahl der Welt zugeordnet ist, während die Achtzahl den Himmel darstellt. In den ursprünglichen Quadratkonstruktionen ist, durch die Diagonalen, stets auch die Zahl Acht enthalten.

Allgemein lässt sich also sagen, dass die Gebäude der vor und anfangschristlichen Zeit, eine Verbindung bzw. den Übergang vom Weltlichen zum Himmlischen repräsentieren.

Die klassische, also aus der Vier-Elemente-Lehre stammende Zuordnung der Elemente zu den Himmelsrichtungen lautet: Feuer-Süden, Luft-Osten, Wasser-Westen, Erde-Norden

In der geomantischen Praxis wird diese Zuordnung aber nicht benutzt, da unbrauchbar. Aus energetischen Gründen müssen die Elemente stets **polar** angeordnet sein, also **Feuer-Wasser** und **Erde-Luft**.

4.13.2 - Der Essener Dom als Vier-Elemente-Platz

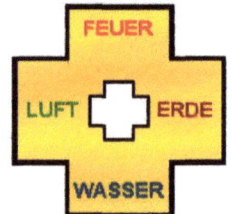

4.13.3 - Die Quadratur im Essener Dom

Noch besser lässt sich die Situation darstellen, wenn man einen Bauplan des Münsters heranzieht. Im folgenden Bild ist das Magenta Quadrat dann das Quadrat in bzw. auf dessen Ecken die vier angegebenen Punkt, also der **Hochaltar**, das **Atrium**, der **Kreuzgang** und der **Vorplatz** liegen.
Wie wir alle anhand der heutigen Kirchen nachvollziehen können, hat sich irgendwann in der Vergangenheit aus der quadratischen eine etwas abgewandelte Form ergeben. Kirchen entsprechen mehr dem christlichen Kreuz bzw. werden die Seitenschiffe auch ganz weggelassen - und man erhält eine einfache längliche Konstruktion.
Was ist da passiert?
Betrachtet man die obige Elementanordnung in geomantischer Sichtweise, dann ergibt sich die übliche Kirchenstruktur, indem die Elemente Luft und Erde einfach ausgelassen werden.

174

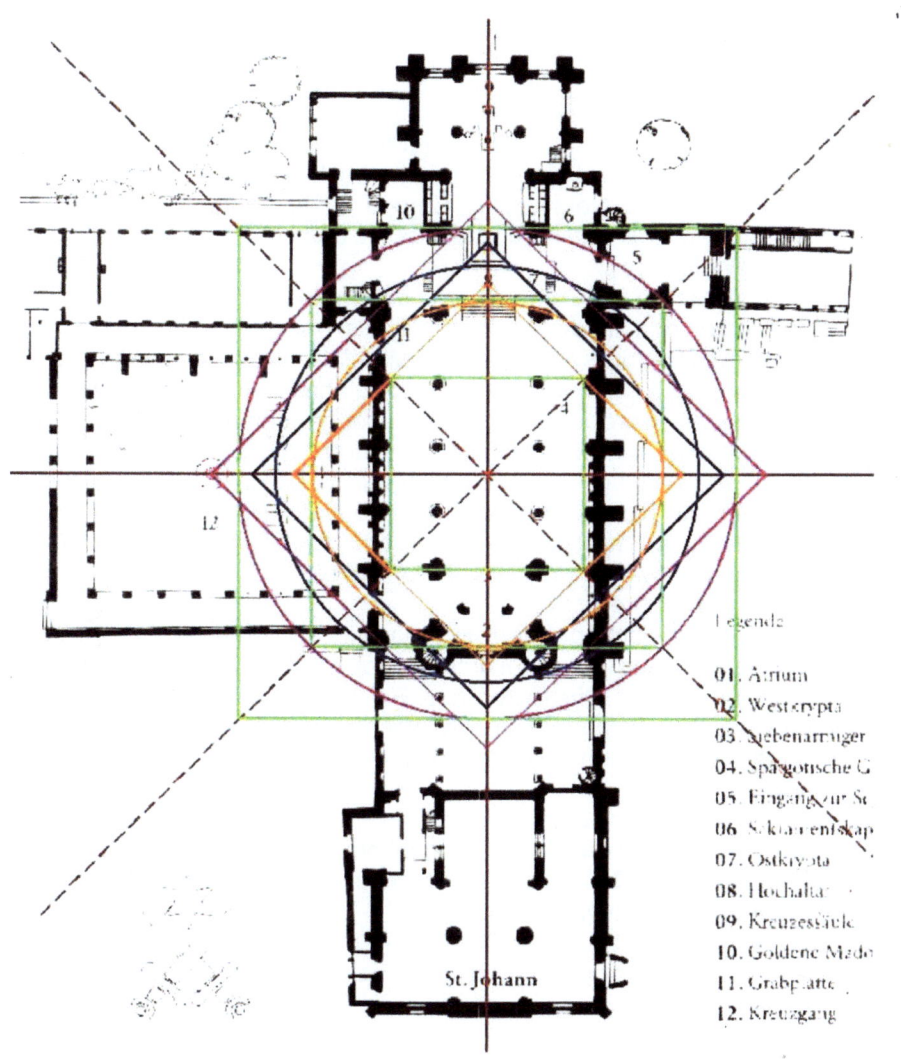

Legende

01. Atrium
02. Westkrypta
03. Nebenarmlager
04. Spätgotische G
05. Eingang zur Se
06. Sakramentskap
07. Ostkrypta
08. Hochaltar
09. Kreuzessäule
10. Goldene Made
11. Grabplatte
12. Kreuzgang

St. Johann

Der Magenta (blaue, gelbe) Kreis besitzt dann den gleichen Umfang wie das Magenta (blaue, gelbe) Quadrat.

Und so sind die Kirchen aufgebaut: Auf dem **Feuerpunkt** steht der Hochaltar oder ist der Platz des Priesters und gegenüber auf dem **Wasserpunkt** befindet sich, in der Regel, eine Säule mit kleinem Wasserbecken - manchmal auch als Taufbecken benutzt. Geomantisch gesehen, wird hier die Einheit der Elemente nicht nur zerschnitten, sondern das Gesamte wird auf EIN Polpaar reduziert. Fatalerweise kommt, durch die Christianisierung, noch hinzu, dass hier Feuer = Licht gesetzt worden ist.

Die Konsequenz ist, dass Wasser und die anderen Elemente dann automatisch zur dunklen Seite gehören. Und wenn man dann noch Hell = Gut und Dunkel = Böse setzt, ja dann ist die Verteufelung alles Naturellen ganz einfach vorprogrammiert. Und da die katholische Kirche, als Institution, das gesamte geomantische Netzwerk in Europa systematisch mit ihren Bauwerken überzogen hat, entstand damit auch das morphogenetische Feld eines dualen Weltbildes.

Ein Pol ist ja eigentlich ein Zentrum - wie schon das Sprichwort vom ruhenden Pol berichtet und in der Mathematik als polare Darstellung benutzt wird. Dies ist bildlich und symbolisch als Mandala bekannt. Der Begriff Polarität, wie er immer wieder gebraucht wird, beinhaltet aber ein POLPAAR.

Und diese Polpaare werden (fast) immer als gegeneinander gerichtet interpretiert. Das ist aber nur eine Möglichkeit - und zwar eine ziemlich fatale. Sie übersieht schlichtweg, dass Polpaare nur MITEINANDER wirken können - im Sinne einer **Komplementarität** - also einer Ergänzung.

Wenn man das Licht betrachtet, dann existiert zwischen alles Licht (Weiß) und kein Licht (schwarz) ein GANZES SPEKTRUM von verschiedenen Möglichkeiten des Lichtes.

Genauso existiert zwischen jedem Polpaar ein Spektrum von Möglichkeiten. Wenn ein Polpaar als zweidimensional bezeichnet wird, stellt jede Möglichkeit eine weitere Dimension dar. Bei diskreten Spektren entstehen so endlich viele Dimensionen. Bei kontinuierlichen Spektren entstehen unendlich viele Dimensionen. Dies kann man als INNERE Dimensionalität bezeichnen.

Umgekehrt sind Polpaare dann aber nichts anderes als die Grenzen eines zusammenhängenden Bereiches. Sie markieren quasi die Bandbreite einer Eigenschaft. Aus dem Zen: Frage des Meisters: Ist dieser Stock kurz oder lang? Antwort: Weder noch.

Der Stock verfügt (durch unsere Wahrnehmung) über die Eigenschaft der Länge. Ob kurz oder lang ist Interpretationssache.

Eigenschaften werden über die (physikalischen) Sinne wahrgenommen - und man kann wieder das Licht als Beispiel nehmen. Schwarz-(sichtbares) Spektrum-Weiß ist auch nur ein Ausschnitt aus dem Spektrum der elektromagnetischen Wellen. Und das bedeutet Schwarz-Weiß existieren gar nicht wirklich - sie entstehen durch die BESCHRÄNKTE BANDBREITE unserer Augen - also der Sinnesorgane.

Die Konsequenz ist, dass Polaritäten Bildung durch die Beschränktheit unserer Wahrnehmung entsteht - und demzufolge auch kein universelles Wirkungsprinzip sein kann - allenfalls ein menschliches Wahrnehmungsprinzip darstellt. Polaritäten sind daher Bestandteile des **Scheinbaren**.

5 – Die Wewelsburg

5.1 – Historisches

Die Wewelsburg ist ein burgähnliches Renaissanceschloss im Stadtteil Wewelsburg der Stadt Büren im Kreis Paderborn, Nordrhein-Westfalen. Die Höhenburg liegt über dem Tal der Alme und ist eine der wenigen Burgen mit dreieckigem Grundriss in Deutschland.

1123 errichtete Graf Friedrich von Arnsberg die Burg. Nach seinem Tod wurde die Burganlage von Bauern zerstört. Später besaßen die Grafen von Waldeck und die Fürstbischöfe von Paderborn Burgen an dieser Stelle. Das heutige Gebäude wurde von 1603 bis 1609 errichtet.

1802 ging die Wewelsburg schließlich im Zuge der Säkularisierung an den Preußischen Staat über. 1924 wurde schließlich der Kreis Büren Besitzer der Wewelsburg.

Ab 1933 plante Heinrich Himmler, einen zentralen Versammlungsort für die Schutzstaffel (SS) in der Wewelsburg einzurichten. Zunächst als „Reichsführerschule" für SS-Offiziere gedacht, wurden Ende der 1930er Jahre Maßnahmen ergriffen, welche die Wewelsburg mehr und mehr in eine abgeschottete, zentrale Versammlungsstätte für die höchsten SS-Offiziere umformen sollten. Noch gegen Kriegsende ordnete Himmler an, die Wewelsburg solle das „Reichshaus der SS-Gruppenführer" werden.

Die SS hinterließ an der Wewelsburg deutliche Spuren: Das Gebäude bekam eine neue Inneneinrichtung, zum Teil mit SS-Symbolen. Zudem entfernte sie den äußeren Putz, vertiefte die Trockengräben und ersetzte die Zugbrücke. Auf dem Vorplatz entstanden zwei Verwaltungsgebäude. Das "Renaissanceschloss" wurde immer burgähnlicher.

Im Nordturm erhalten hat sich aus dieser Zeit die sogenannte Gruft, ein Kuppelraum mit Hakenkreuzornamenten im Scheitel und an der Wand entlang 12 Rundsockel um ein zentrales rundes Feuerbecken.

Darüber befindet sich der sogenannte „Obergruppenführersaal" mit einem Arkadenumgang und im Fußboden einem Sonnenrad-Mosaik, die sogenannte „schwarze Sonne".

Dabei spielt die Zahl zwölf eine große Rolle. Zu der Zahl Zwölf können Parallelen gezogen werden, zu dem aus zwölf Rittermönchen bestehenden leitenden Konvent des Deutschritterordens in der Marienburg, zu den zwölf göttlichen Asen der Edda, die als Richter über das Menschenschicksal wirken, zu den zwölf Tafelrittern des König Artus und zur Anzahl der SS-Hauptämter.

Die Verehrung der Sonne und des wiederkehrenden Lichtes im ausgehenden Monat Dezember geht auf Traditionen in prähistorischer Zeit zurück. Darauf bauten die Nationalsozialisten auf. Ziel war es eine neue Religion zu etablieren, die auf den alten germanischen Überlieferungen basierte und die christliche Religion ersetzen sollte. So haben sie z.B. auch versucht den Kalender dementsprechend umzugestalten. So wie das Julfest - die Wintersonnenwende - die das christliche Weihnachten ablösen sollte.

Man kann den Sonnenkult als Spitze des Eisbergs bezeichnen und es ist davon aus zu gehen, dass es noch eine geheimere Seite gab.

Zusätzlich ordnete Himmler an, eine zweite Burganlage um die Wewelsburg herum zu bauen. Diese sollte in einem Dreiviertelkreis, mit einem Radius von über 600 Metern, auf dem Gebiet des gleichnamigen Dorfes Wewelsburg entstehen – die Bewohner sollten umgesiedelt werden. Um diesen Bauplan des Architekten Hermann Bartels auch während des laufenden Krieges durchführen zu können, errichtete die SS ein Konzentrationslager in dem Dorf. Die gigantischen Pläne wurden jedoch bei Kriegsausbruch nicht mehr durchgeführt.

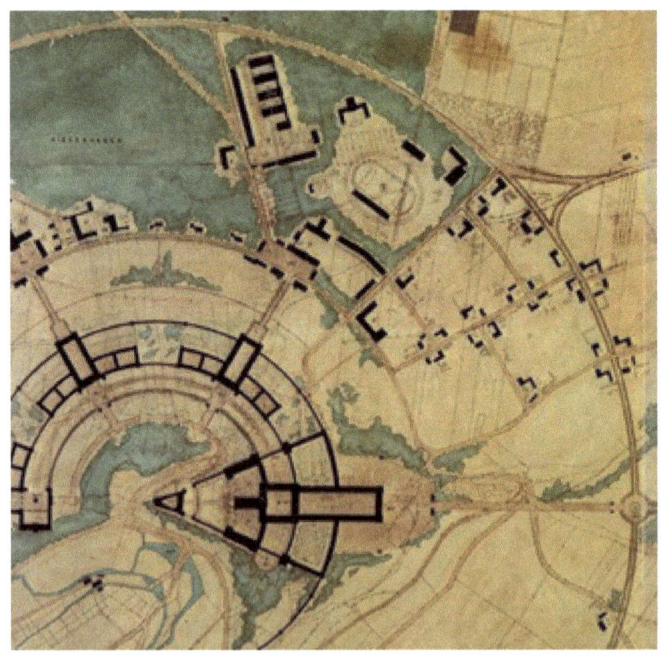

Im März 1945 wurde die Burg auf Befehl von Himmler gesprengt. Die Wewelsburg und das Wachgebäude brannten völlig aus, das Stabsgebäude wurde vollständig zerstört. Wenige Wochen später, am 2. April 1945, wurde die Wewelsburg von amerikanischen Truppen eingenommen.
In den Jahren 1948 und 1949 begann der Wiederaufbau der Wewelsburg. Ab 1950 wurde die vorherige Nutzung als Jugendherberge wieder aufgenommen. Zusätzlich wurde die Anlage Sitz des Heimatmuseums des Kreises Büren. Seit 1975 beherbergt sie das Heimatmuseum des Kreises Paderborn. Heute befindet sich das Kreismuseum Wewelsburg in dem historischen Gebäude.

5.2 – Geomantie im dritten Reich

Wie im Buch von Nigel Pennick „Hitlers Secret Sciences" beschrieben ging Himmler etwa ab 1934 davon aus, dass ein geomantisch zentraler Ort es ihm bzw. seinem „Schwarzen Orden" ermöglichen würde, ganz Deutschland psychisch zu beeinflussen. Geomanten in Himmlers Ahnenerbe wählten für diesen Ort eine alte Festung in Westfalen aus – die Wewelsburg.
Die Wewelsburg steht in direkter Beziehung zu den Externsteinen. Dies fand im dritten Reich höchste Bedeutung.

Wie weitreichend die nationalsozialistischen geomantischen Pläne waren, zeigt E.R. Carmin in seinem Werk "Das schwarze Reich" im Kapitel "Die Planlandschaften der Zukunft". Schon um 1930 herum existierten umfassende Pläne der Landschaftsgestaltung innerhalb nationalsozialistischer Führungskreise. Carmin berichtet von einem Professor Grünberg, der in der Planungsstelle des Königsberger Gauleiters Koch tätig war. Dort steht wörtlich (Zitat Rauschnigg):

"Er hatte in seinem Institut Karten entwerfen lassen mit Verkehrslinien, Kraftfeldern, Kraftlinien, Autostraßen, Bahnlinien, Kanalprojekten. Genau geplante Wirtschaftslandschaften erstreckten sich über den ganzen Osten bis zum Schwarzen Meer, bis zum Kaukasus. Auf diesen Plänen waren bereits Deutschland und Westrußland eine riesige wirtschaftliche und verkehrspolitische Einheit.
Selbstverständlich nach Deutschland orientiert, von Deutschland geplant und geführt. Es gab in dieser Planwirtschaft kein Polen mehr, geschweige denn ein Litauen. Hier war das Verbindungsstück eines riesigen kontinentalen Raumes, der sich von Vlissingen bis Wladiwostok im Fernen Osten erstrecken sollte".

Diese Beispiele verdeutlichen, dass alle größeren architektonischen wie landschaftlichen Projektierungen der Nationalsozialisten stets auch geomantische Projekte gewesen sind, z.B. Hitlers Hauptquartier, die "Wolfs-schanze", oder das Ehrenmal in Wittringen. Ebenso wie das Reichspartei-tagsgelände in Nürnberg und die Prachtalleen in Berlin.

Es sollte damit aber auch klar sein, dass die Nationalsozialisten lediglich versuchten, auch dieses alte Wissen für ihre Zwecke zu benutzen. Die Konsequenz ist, dass (Groß)Geomantie in Deutschland keine nationalsozi-alistische Konzeption ist, sondern auf viel viel älteren Plänen fußt.

5.3 – Geomantische Analyse

Durch die Untersuchung des Ruhrgebietes konnte nachgewiesen werden, dass die Ausrichtung der Ostlinie der Externsteinpyramide und das damit verbundene Gitter bei der landschaftlichen Strukturierung des Reviers ihre Anwendung fanden.

Die Quadrierungsstrecke (die Parallele zur Ostlinie) zwischen Bottrop (B) und Essen (E) ergab sich dabei zu **10800 Meter**.

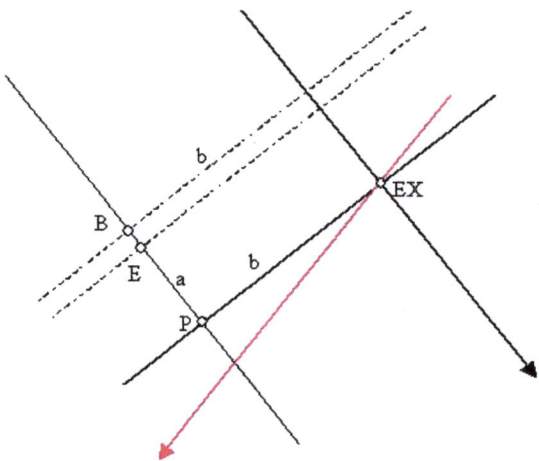

Nimmt man die beiden Punkte, also den Punkt in Essen (E) und die Ex-ternsteine (EX) als Grundlage, (da durch beide Punkte jeweils eine Gerade verläuft und diese parallel zueinander sind) so lässt sich der Abstand der beiden Geraden voneinander (Strecke b), durch ein Näherungsverfahren, ermitteln. Es ergibt sich eine Distanz von **131382.6 m ± 300 m**.

Die Quadrierungsstrecke von 10800 Meter passt etwa **12**-mal hinein.
Geht man hin und teilt den Abstand der Parallelen (Strecke b) durch zwölf, liefert dies einen Wert von 10948,5 m ±25 m.

180

Die Magenta Linie im Bild ist die Westlinie der Externsteinpyramide.
Betrachtet man nun die Externsteine als Zentrum eines Koordinatensystems dann ist die Ostseite der Externsteinpyramide die y-Achse des Systems. Nimmt man den Wert von **10948,5 m** als Gittergröße ergibt sich für die Wewelsburg ein überraschendes Resultat.

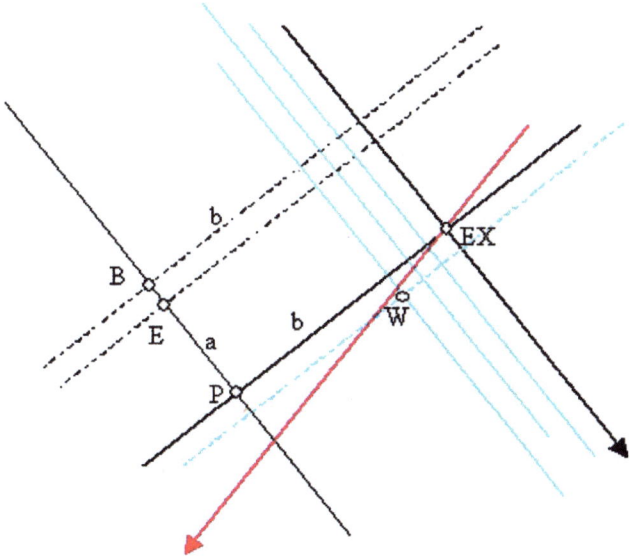

Wie in Bild zu sehen ist braucht man nur drei Gitterlängen waagerecht und eine Gitterlänge senkrecht in das Koordinatensystem einzutragen um zur Wewelsburg zu gelangen.

Damit liegt die Wewelsburg im 1:3 Gitter

Hinzu kommt noch, dass die Westseite der Externsteinpyramide (Magenta Linie) in der Nähe der Wewelsburg verläuft und die Lage der Burg in der Spitze der Externsteinpyramide angebracht ist.

Damit ergibt sich ein dreifacher Bezug der Wewelsburg zu den Externsteinen:

1) Die Wewelsburg liegt in der Spitze der Externstein-Pyramide
2) Die West-Linie der Externstein-Pyramide verläuft in der Nähe
3) Die Wewelsburg liegt im 1:3 Gitter

Eine geometrisch/geodätische bzw. zeichnerische Analyse der Wewelsburg liefert folgendes Ergebnis:

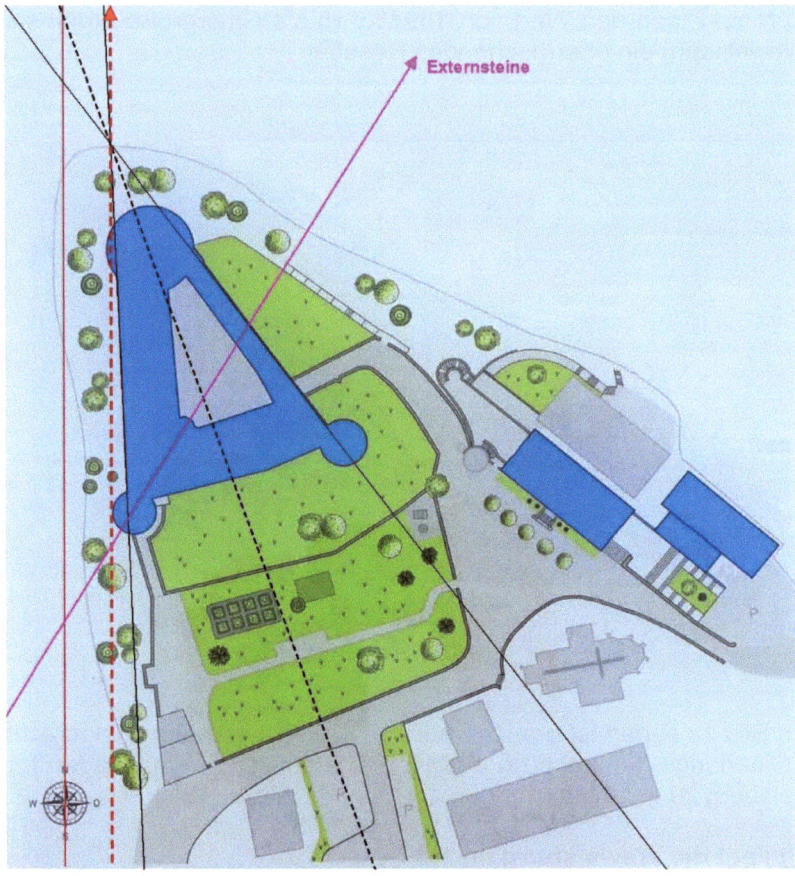

Die Wewelsburg besitzt in ihrer Architektur einen **direkten Bezug** zu den
Externsteinen.
So hat die Burg gegenüber den Externsteinen einen direkten **vierfachen**
Bezug und ist dadurch eindeutig **an den Externsteinen orientiert**. Das ist
sozusagen das geomantische Geheimnis der Wewelsburg.

Und das mag auch das geomantische Interesse Himmlers an der Wewelsburg erklären: Er erhoffte wohl über den Bezug zu den Externsteinen Einfluss auf das deutsche bzw. europäische Gittersystem zu erhalten. Das
kann man **als energetischer Angriff der Nationalsozialisten auf die geomantischen Fundamente Europas werten**.

6 – Der Park in den Saalecker Werkstätten

6.1 – Zur Geschichte der Saalecker Werkstätten

Die Saalecker Werkstätten entstanden zwischen 1901 und 1925 in Saaleck (Bad Kösen). Sie wurden von Paul Schultze-Naumburg geplant, gebaut und auch bewohnt und gelten heute als seine ureigenste Wirkungsstätte. Das gesamte Gelände steht daher unter Denkmalschutz.
Die Saalecker Werkstätten sind der gelungene Versuch des Einfügens einer Ansiedlung in eine an sich fertige Landschaft.
In Saaleck entstand so ein System von Gebäuden und Gartenräumen auf unterschiedlichen Geländeniveaus, welche allesamt geometrische Formen aufweisen.

Der Architekt, Maler und Publizist Paul Schultze-Naumburg lebte von 1869 bis 1949. Paul Schultze-Naumburgs Leben war zutiefst erfüllt von der Sehnsucht nach Schönheit und Harmonie. Angesichts der zunehmenden Verunstaltung von Stadt und Land rief er als Lehrer, Schriftsteller und Ökologe zur Umkehr bzw. Einsicht auf.

183

Die Aufmerksamkeit, die er nach der Jahrhundertwende, erhielt war in seiner Bücherreihe "Kulturarbeiten" begründet. Sie waren eine der am meisten beachteten Publikationen jener Jahre.

Leider versuchte er seine Ziele über die staatliche Macht des dritten Reiches zu verwirklichen und wird von vielen als einer der Wegbereiter der Nationalsozialisten eingestuft. Dies macht die Beschäftigung mit Paul Schultze-Naumburg und seinem Werk kompliziert, aber nicht unmöglich.

6.2 – Der Architekt

Paul Schultze-Naumburg hat in seinen „Kulturarbeiten" einen Wiederanschluss an die Bautradition der Goethezeit verlangt, um so der baulichen „Verwilderung" in Stadt und Land entgegen zu wirken.

Seiner Meinung nach hatte der Verlust der Tradition dazu geführt, dass kaum noch ein Bauwerk dem glich, was es seiner Aufgabe nach darzustellen hatte: Der Palast war nicht mehr als Palast, der Bauernhof nicht mehr als Hof, das kleine Gartenhaus nicht mehr als solches erkennbar.

Diese „babylonische Bauverwirrung", in der es an festen Typen für die jeweilige Bauaufgabe mangelte, galt dem Architekten und Kulturkritiker als generelles Kennzeichen seiner Gegenwart.

Vor diesem Hintergrund lässt sich Schultze-Naumburgs eigenes architektonische Werk verstehen, dem zwar das Avantgardistische fehlt, nicht aber die Qualität.

Stilistische Neuerungen waren ihm fremd. Er wählte für die jeweilige Bauaufgabe denjenigen Stil, der in der allgemeinen Vorstellung am engsten damit verbunden war. Seine Bauten entbehrten zwar des Reizes des Neuen; aber es gelang ihm stattdessen etwas, was vielen Architekten und Bauleuten seit Beginn der Industrialisierung eher misslingt: Eine Synthese von Bauwerk und Umwelt, von Haus, Landschaft und Historie.

Vornehmlich wegen seines Bekenntnisses zur Tradition war Paul Schultze-Naumburg ein gefragter Architekt. Darüber hinaus wurde er mit seinen Reformbemühungen und seinen baukünstlerischen Leistungen zum Initiator der Bauströmung „Um 1800", die sich an der Baugesinnung der Goethezeit orientierte.

Diese Stilrichtung, welche die Überladenheit des Historismus ebenso wie die Verspieltheiten des Jugendstils ablehnte, gewann Einfluss auch auf die lange vernachlässigte „anonyme Architektur", auf den Bau von Kleinbürgerhäusern, Bauernhäusern, Stallungen und Lagergebäuden.

Ihr verpflichteten sich nicht nur die Verfechter handwerklicher Traditionen, sondern ebenso künftige Vertreter der Moderne, z. B. Walter Gropius, Ludwig Mies van der Rohe, Hans Scharoun, Bruno Taut und Ernst May – waren doch hier die von der Avantgarde später geforderte Formreduktion und Sachlichkeit bereits bekundet worden.

Während Schultze-Naumburg in seinen „Kulturarbeiten" nahezu alle Bauaufgaben behandelte, beschränkte er sich in der eigenen Praxis vornehmlich auf den exklusiven Wohnungsbau, auf Land- und Gutshäuser, Villen sowie Schlösser.

Anders als zahlreiche seiner Kollegen aus der Bewegung „Um 1800" suchte er nach dem Ersten Weltkrieg keine neue Formensprache.

Die baukünstlerische Moderne des „Neuen Bauens" hielt er für einen Irrweg, den er in Wort und Tat vehement bekämpfte, so in seinen Schriften „Das bürgerliche Haus" (1926) und „Flaches oder geneigtes Dach?" (1927). Im Jahre 1928 trat er an die Spitze der gegen das „Neue Bauen" gerichteten Architektenvereinigung „Der Block"; alsbald wurde er zum Sprachrohr des nationalsozialistischen „Kampfbundes für deutsche Kultur".

Dennoch erwies sich Schultze-Naumburg nach der NS- „Machtergreifung" als unzeitgemäßer Architekt und Theoretiker. Sein biedermeierlich wirkender „völkischer Heimatstil" passte weder in das Bild einer Herrschaftsarchitektur des „Altreiches" noch in die Architektur- und Großraumplanungen für die „nationalsozialistische Neuordnung Europas". Für beides bot sich eine neue Architektengeneration an.

Das „Weimarer Gauforum" z. B. baute der Münchener Stararchitekt Hermann Giesler. Der „alte Vorkämpfer" Schultze-Naumburg wurde mit dem Bau der Weimarer „Nietzsche-Gedächtnishalle" gleichsam abgespeist. Er wurde weder an den Nürnberger noch an den Berliner Großbauten beteiligt.

6.3 – Der Park in den Saalecker Werkstätten

Diese Seiten beschäftigen sich nicht mit dem Leben oder der Person Schultze-Naumburg, sondern einzig und allein mit der **Parkanlage**, die Teil der Saalecker Werkstätten sind. Darüber hinaus noch die nähere und weitere Umgebung der Saalecker Werkstätten betrachtet und das wird in Zeiten führen, in denen die Werkstätten noch gar nicht existierten.

Im folgenden Bild ist der Plan der Saalecker Werkstätten zu sehen, so wie er von Paul Schultze-Naumburg veröffentlicht wurde.

Erwähnenswert ist hier, dass der Plan nicht maßstabsgerecht abgebildet wurde, obwohl unten im Bild ein Maßstab eingezeichnet ist. Hier erhebt sich die Frage warum Paul Schultze-Naumburg den Plan in der Längsachse (Ost-West-Achse) um etwa 6 Meter verkürzt hat.

Im Zuge der nächsten Seiten kann auf diese Frage eine Antwort gegeben werden.

Um in der Analyse einen realen Plan zu haben, wurde (über eigene Messungen) ein korrigierter Plan erarbeitet. Dieser wird auf den folgenden Seiten als Grundlage benutzt.

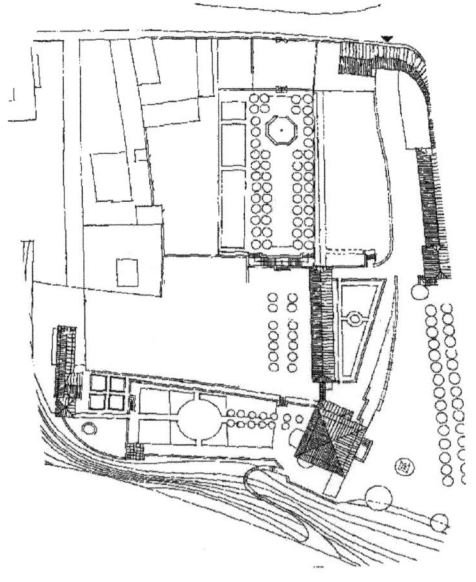

6.4 – Objekte im Park

Blick in den unteren Teil des Parks. Im Hintergrund ist die Burg Saaleck zu sehen. Im Rasen ist das sechseckige Wasserbassin gerade noch erkennbar.

In der abschließenden Mauer kann man auch die Nische erkennen. In dieser Nische stand früher eine Venusfigur.

Der Park war früher mit Skulpturen bestückt, die im Laufe der Zeit zum Teil beschädigt und zum Teil verschwunden sind. Einzelne Stücke sind eingelagert. Von der einst reichen skulpturalen Ausstattung ist heute auf dem Gelände nichts mehr vorhanden.

Der Park im Winter. Blick in den Park, vom sechseckigen Wasserbassin aus gesehen, mit der Freitreppe im Hintergrund.

So sah der Park ursprünglich aus. Die gesamte Mittelachse ist gut erkennbar.

Durch die Bepflanzung wirkt das Ganze wie eine Visiereinrichtung.
Und durch die Ost-West - Ausrichtung des Parks kann etwa zur Tag - und Nachtgleiche beobachtet werden, wie die Sonne auf der Achse untergeht. Der Park stellt somit ein Kalendarium dar.

Im Vordergrund, links und rechts sind zwei von insgesamt vier Putten zu sehen, die einst im Garten standen. Die Putten stammen aus dem 18ten Jahrhundert und stellen die Jahreszeiten dar.
Die Putten erstand Paul Schultze-Naumburg auf einer Italienreise in Viccenza.

188

Daraus lässt sich schließen, das Schultze-Naumburg sich des astronomischen Bezuges seiner Anlage durchaus bewusst war.

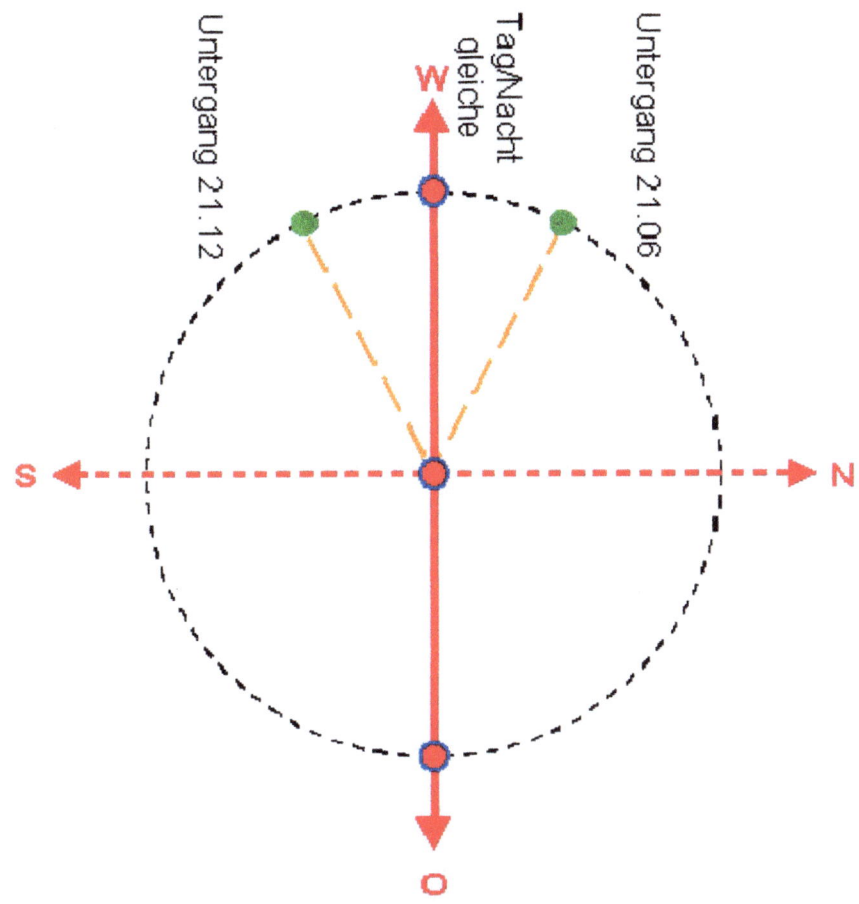

Der astronomische Bezug des Parks in den Saalecker Werkstätten.

Blick in den Park heute, vom sechseckigen Wasserbassin aus gesehen auf die Freitreppe. Gut erkennbar sind die beiden Stelen für die Sonnenpeilung.

Etwa zur Tag - und Nachtgleiche geht die Sonne genau zwischen den mittleren Stelen unter.

6.5 – Eine Analyse des Parks - Teil 1

Ausgangspunkt ist der Standort auf der Freitreppe. Von dort aus erstreckt sich der Garten entlang einer Achse, zu beiden Seiten hin. Der Standort auf der Freitreppe bildet so den **Mittelpunkt** des Parks.
Der Standort auf der Freitreppe ist auch der Mittelpunkt des roten Koordinatensystems.

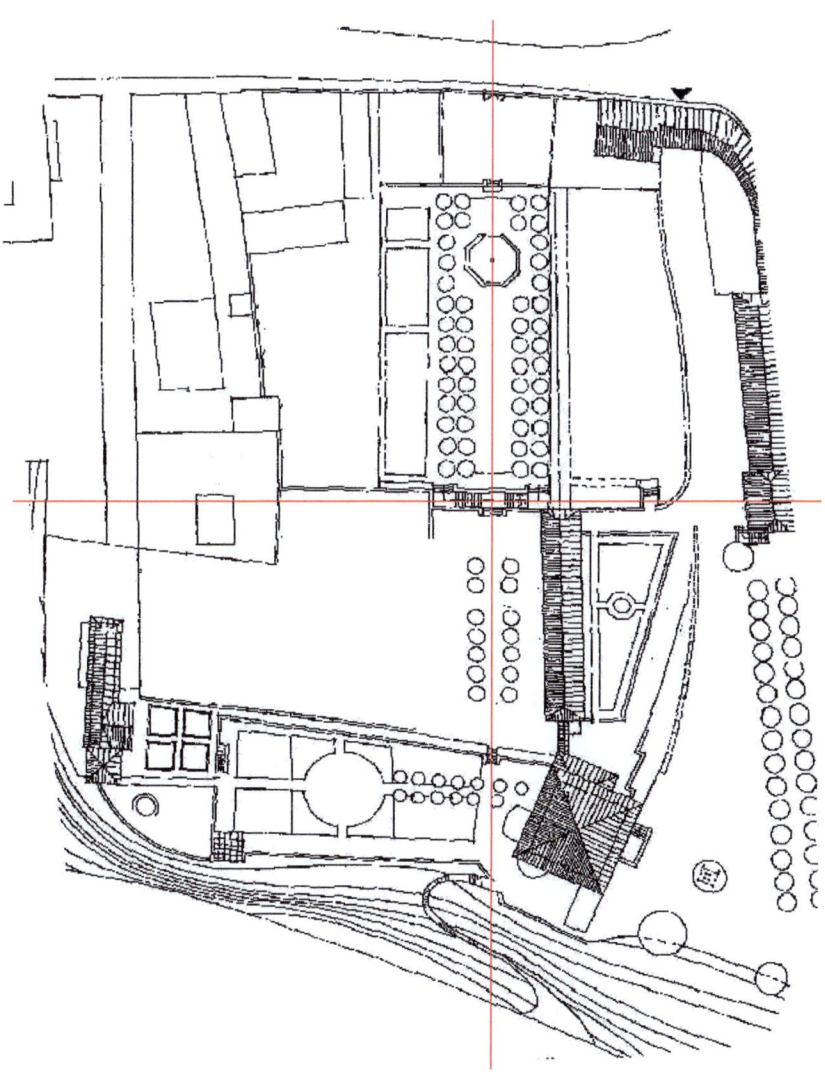

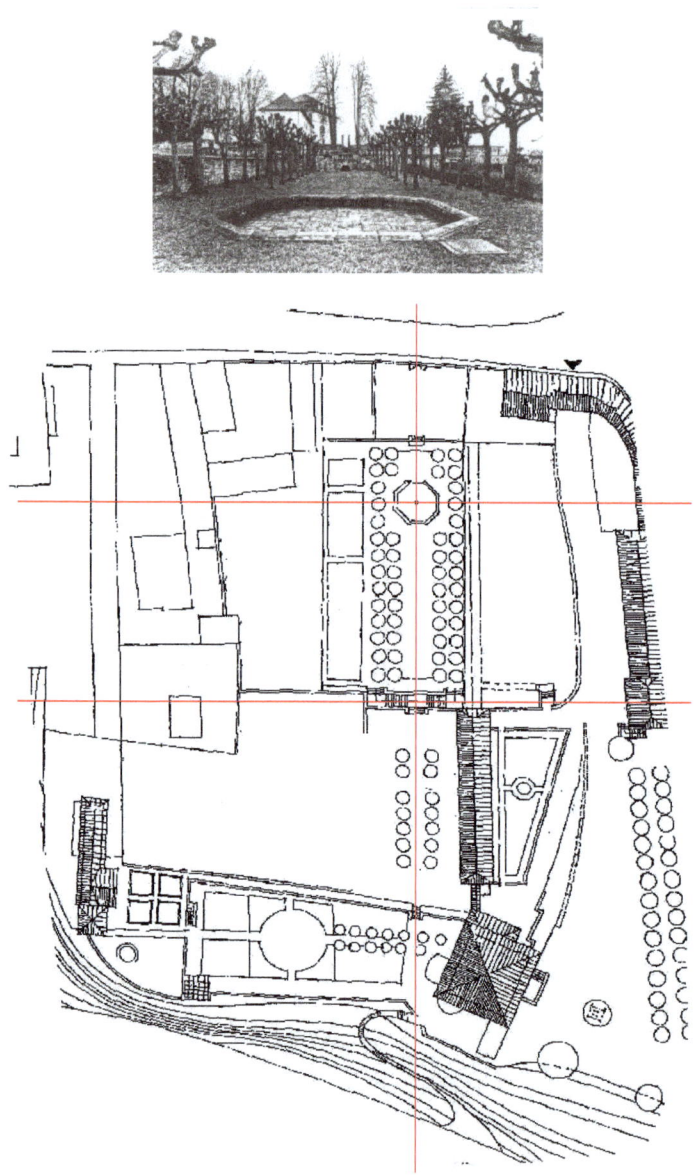

Ein weiterer Punkt auf der Längsachse ist der Mittelpunkt des sechseckigen Wasserbassins. Der Abstand der beiden Punkte (Freitreppe-
Wasserbassin) voneinander kann als Grunddistanz betrachtet und weiter
genutzt werden. Der Abstand beträgt etwa **24 Meter**.

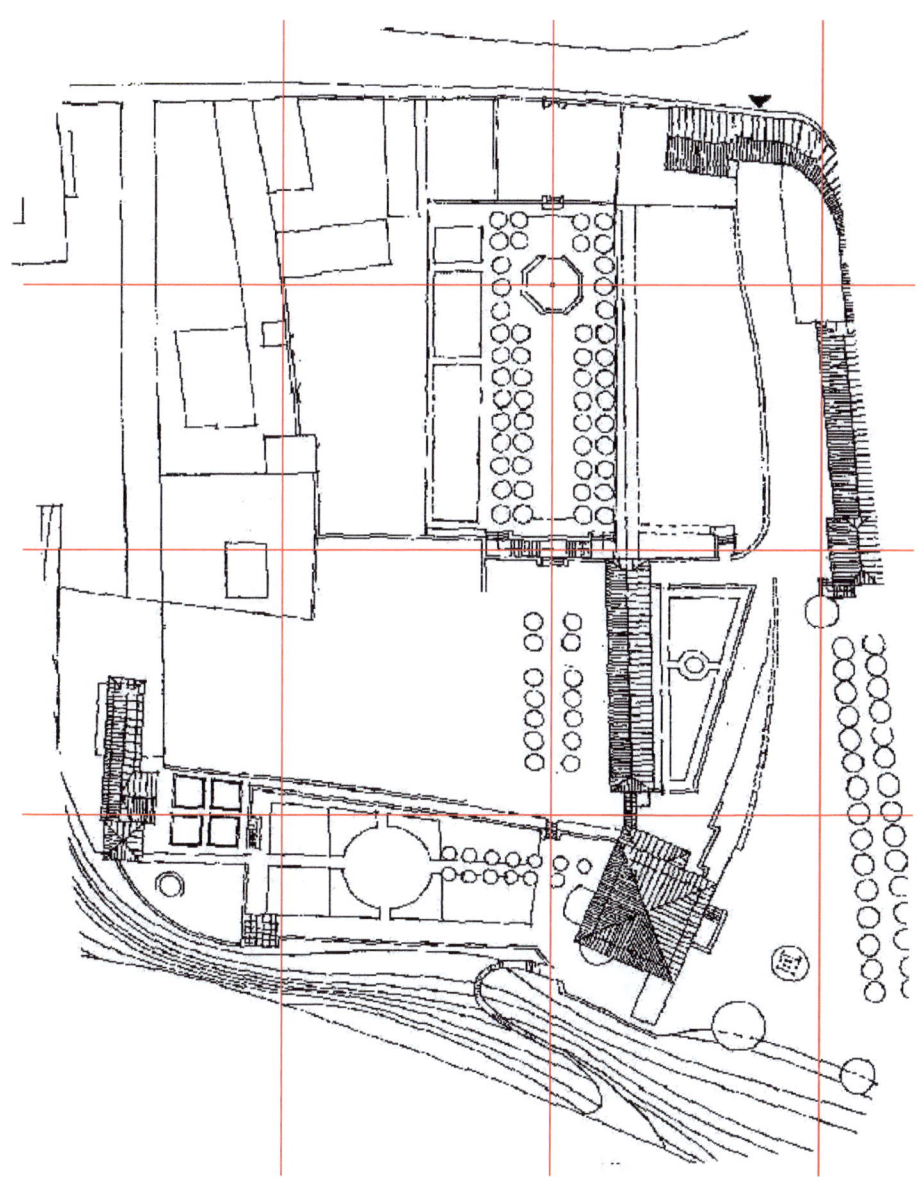

Durch Halbierung lässt sich das Grundgitter verfeinern. So wird die 1/2-Teilung (gestrichelt) erzeugt. Der Abstand der Gitterlinien beträgt etwa **12 Meter**.

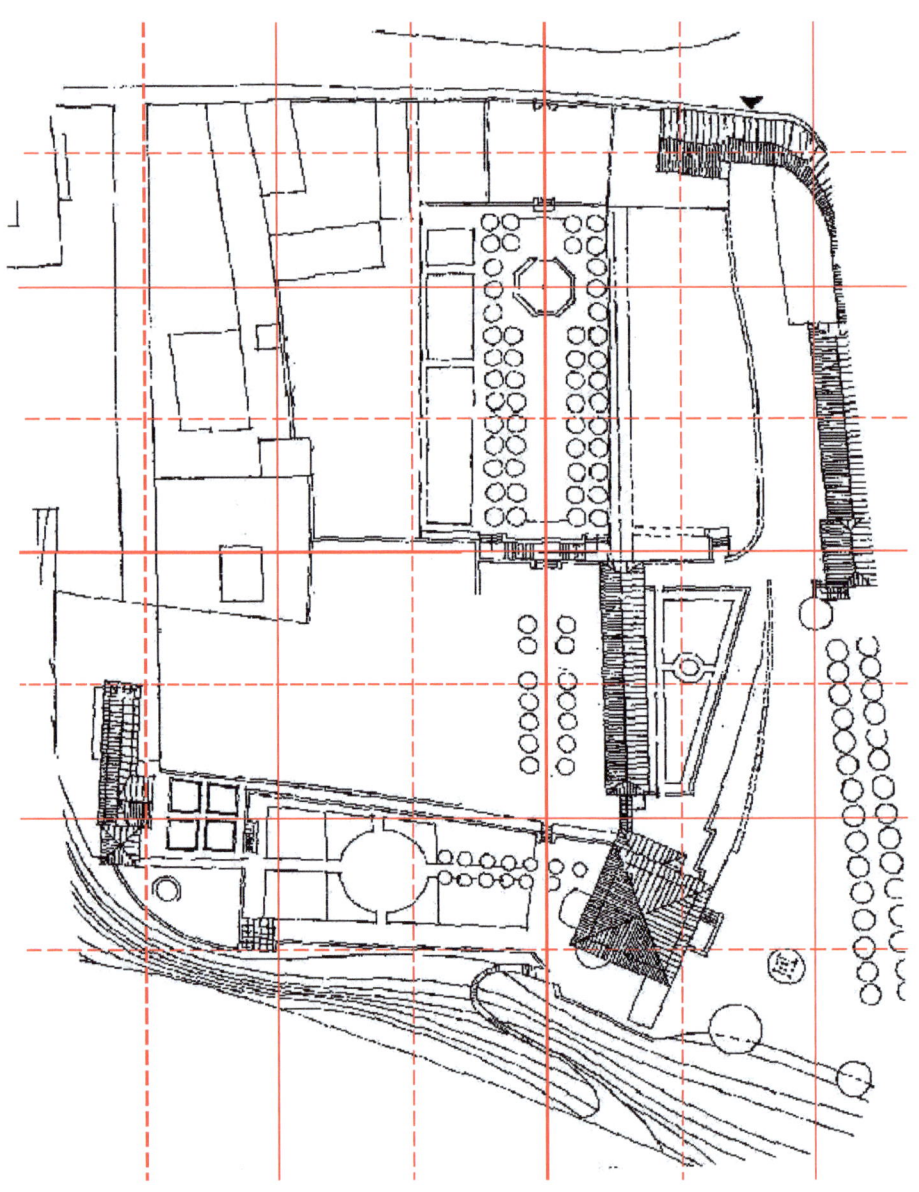

Durch eine weitere Halbierung lässt sich das Grundgitter nochmals verfeinern. So wird die 1/4-Teilung (gepunktet) erzeugt. Der Abstand der Gitterlinien beträgt etwa **6 Meter**.

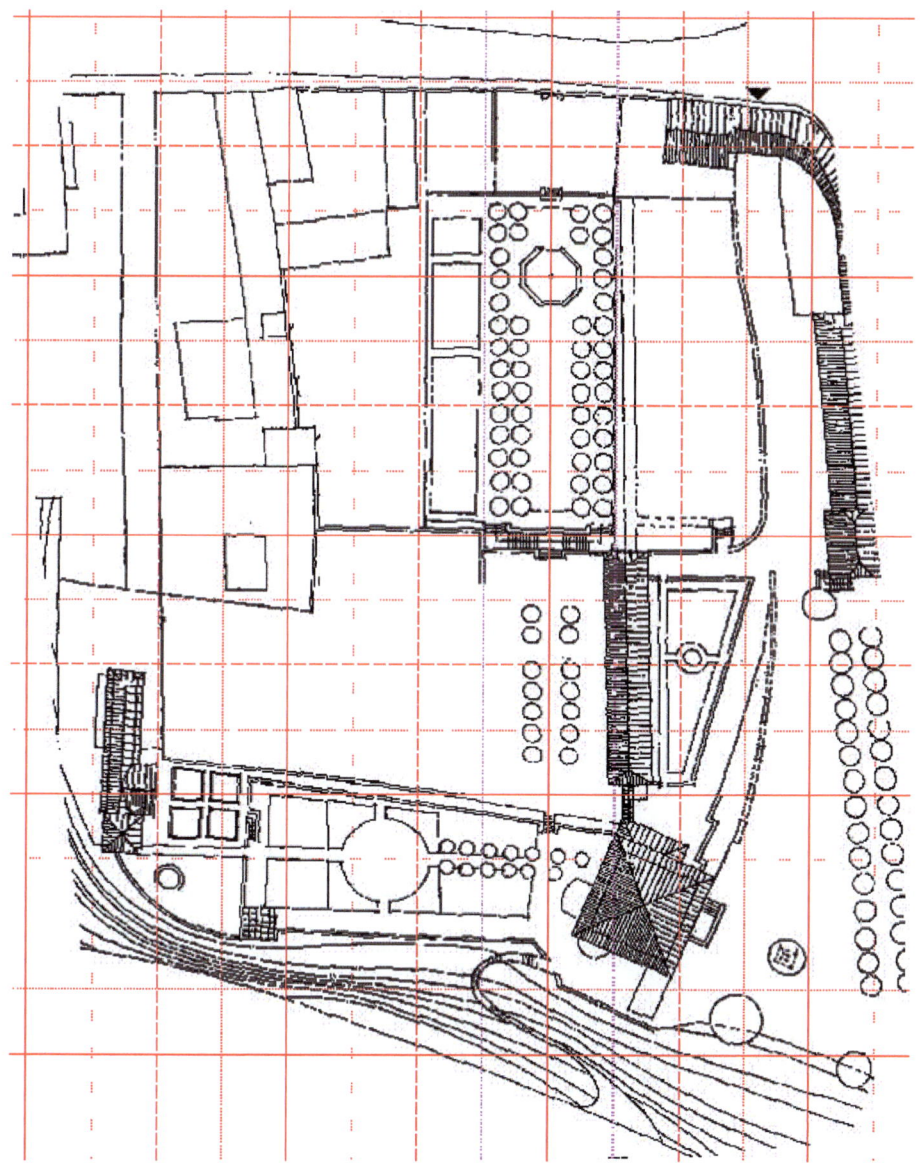

Gut zu erkennen ist, dass die 1/4-Teilung (Magenta) mit den Längsgrenzen der eigentlichen Parkanlage übereinstimmt.
Das Gitter lässt sich durch weitere Halbierungen noch beliebig verfeinern.
Für eine geometrische Analyse des Parks reicht hier aber die 1/4 Teilung völlig aus.

6.6 – Eine Analyse des Parks - Teil 2

Zu jedem Gitter existiert auch ein Diagonalgitter. Einzeichnen des Diagonalgitters (blau) in das gegebene Grundgitter (rot) ergibt folgendes Bild:

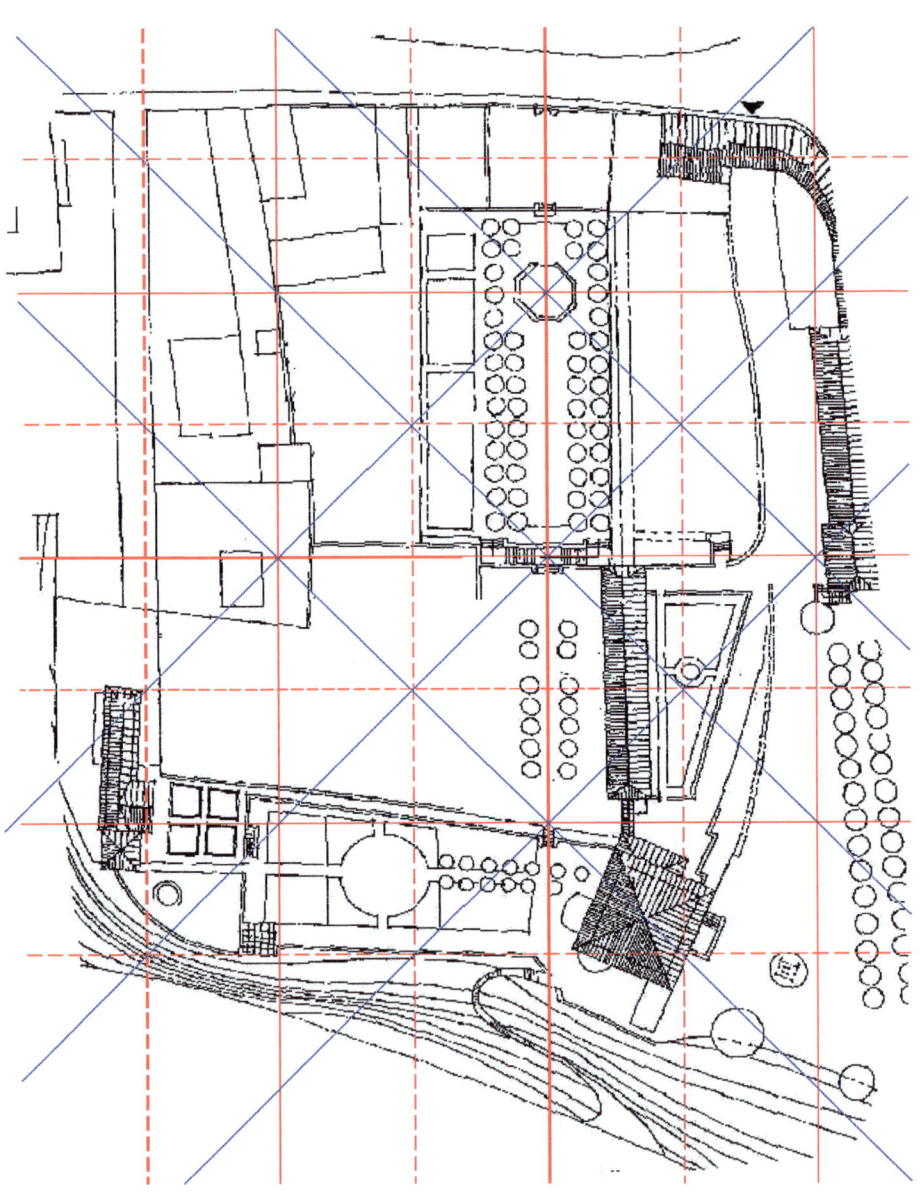

Auch das Diagonalgitter kann durch Halbierung noch verfeinert werden. So entsteht die 1/2-Diagonalteilung

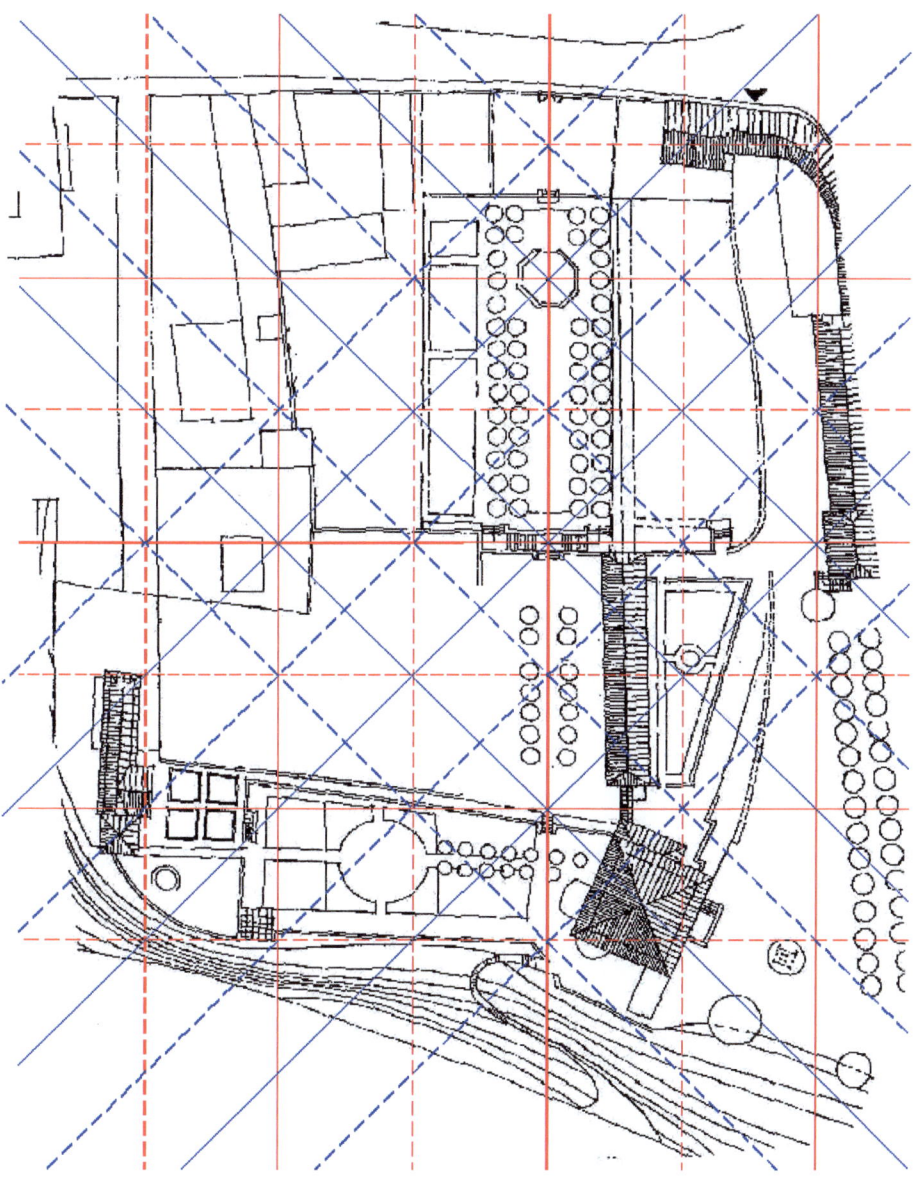

Und auch das Diagonalgitter wird ein weiteres Mal halbiert. So entsteht die 1/4-Diagonalteilung (grün). Damit sind alle Gitter gegeben um eine ausreichende Analyse vornehmen zu können.

Das Diagonalgitter lässt sich durch weitere Halbierungen noch beliebig verfeinern. Für eine geometrische Analyse des Parks reicht hier aber die 1/4 Teilung völlig aus.

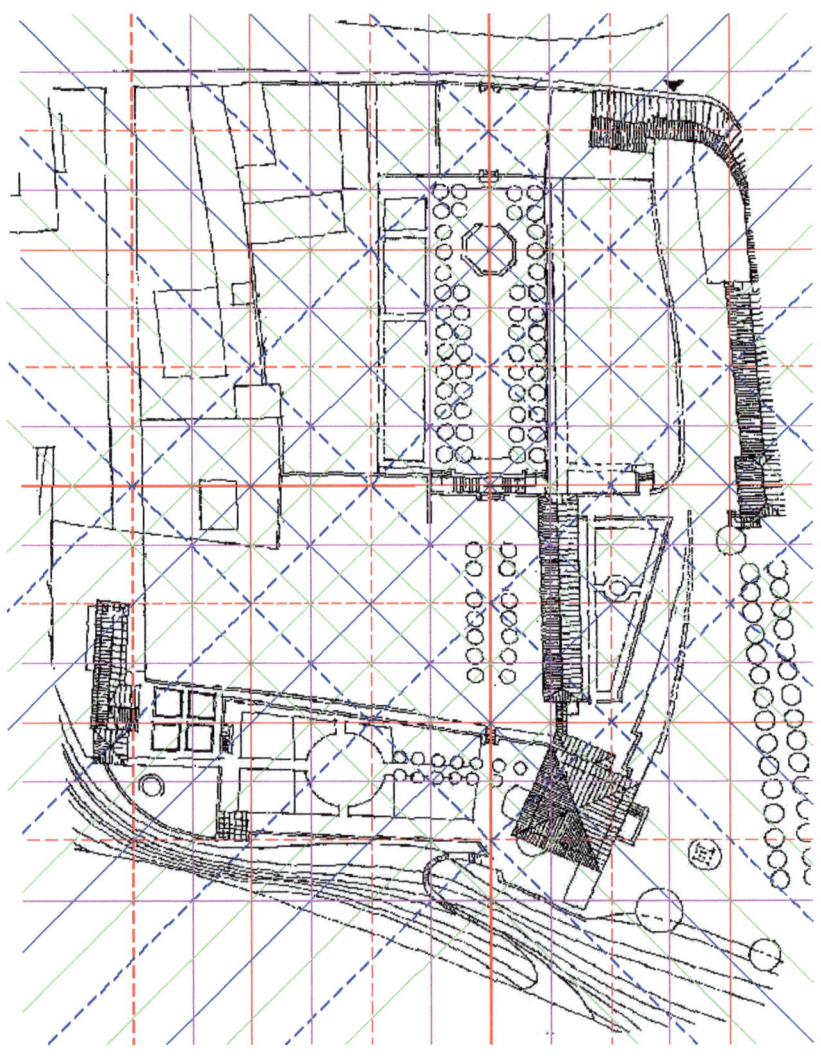

6.7 – Eine Analyse des Parks - Teil 3

In der 1/4-Diagonalteilung (grün) entstehen sieben diagonale Quadrate.

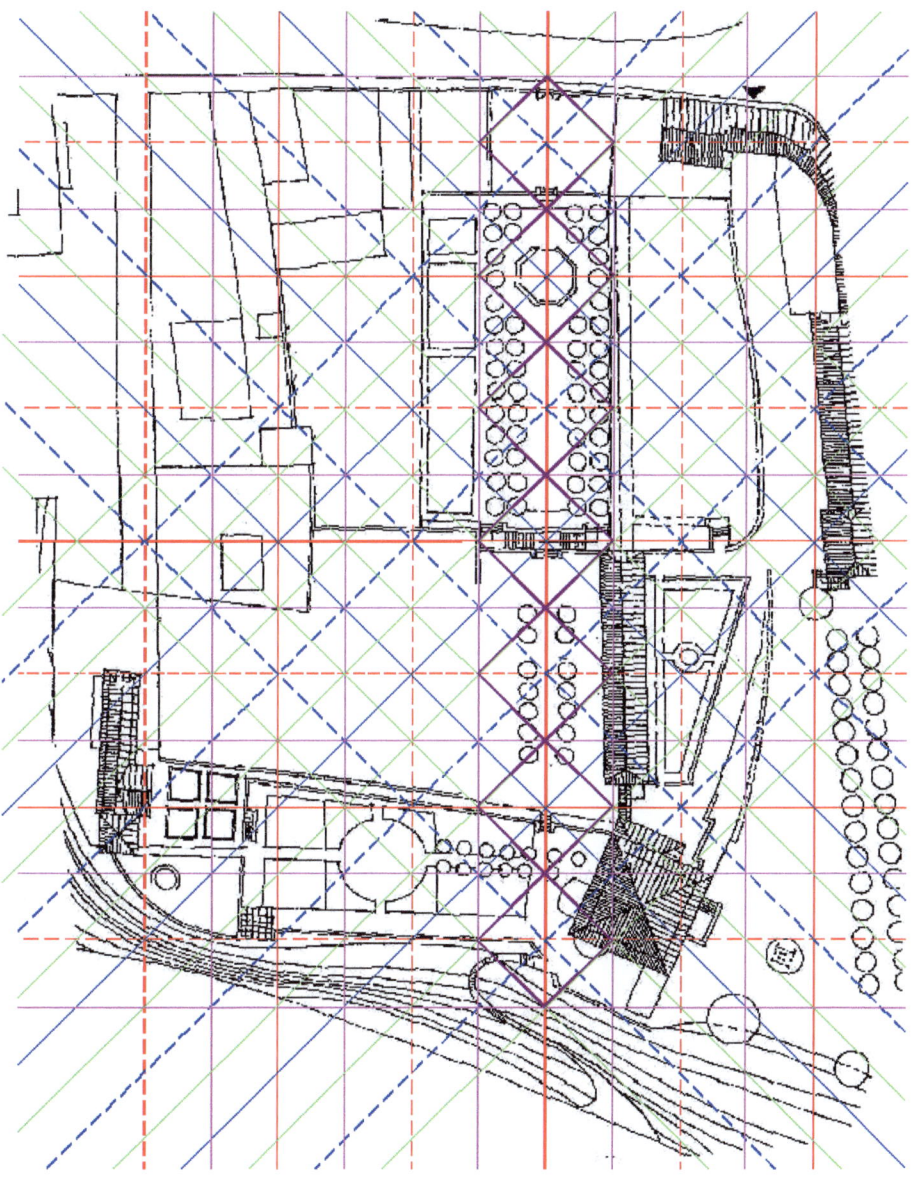

Einerseits bildet die bis hierhin abgeleitete Geometrie der Anlage Saalecker Werkstätten ein vorzügliches architektonisches Konzept, um Ordnung in einem Bau- bzw. Landschaftskomplex zu erhalten.
Und diese Geometrie zeigt, wie aus einer ganzzahligen Operation (ständiges Halbieren) etwas Ungerades in der Anzahl entsteht.

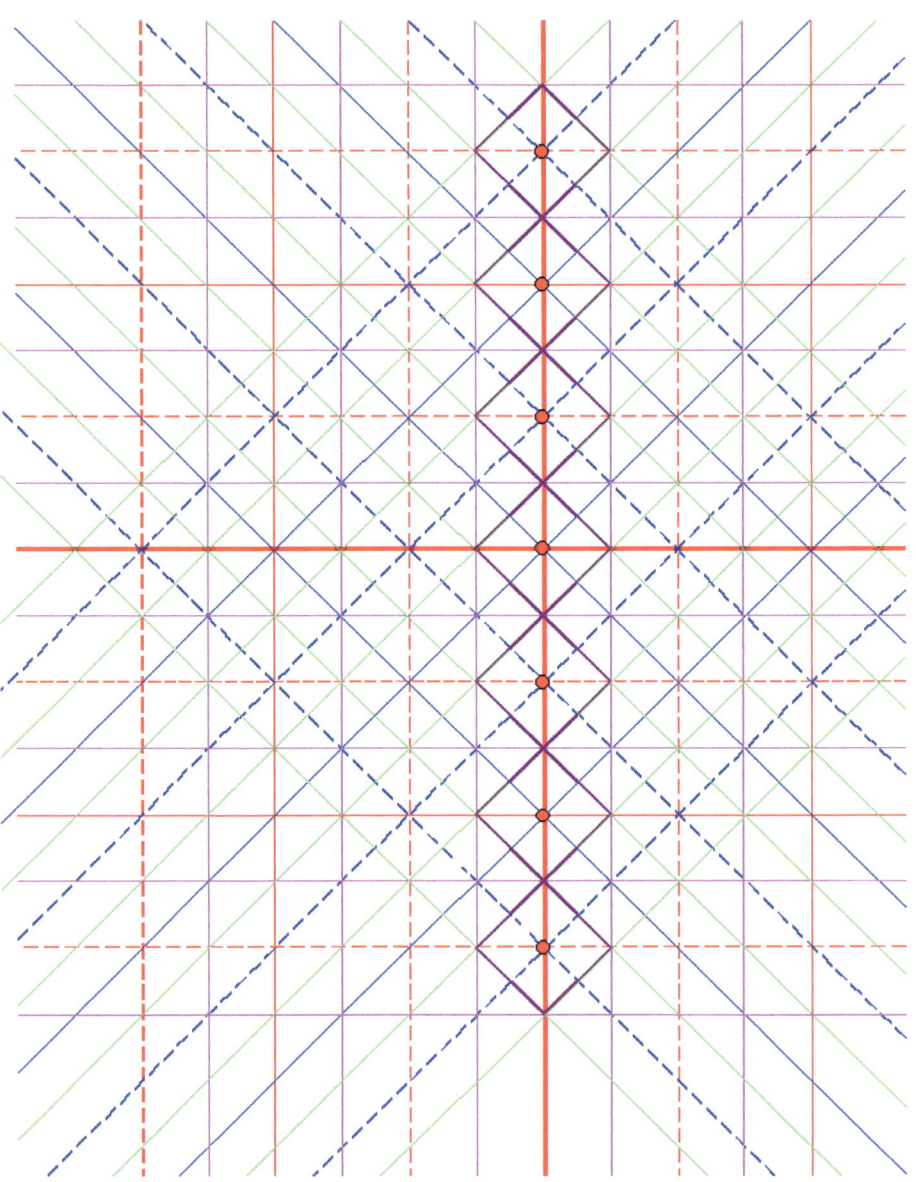

Eine Reduzierung auf das 1/4 Diagonalgitter (grün) ergibt das folgende Bild. Deutlich ist der Schlauch von etwa 12 Meter Breite zu erkennen in dem der Park liegt. Die 1/4 Teilung des Grundgitters (Magenta) bildet quasi die Einhüllenden für die Gartenanlage.

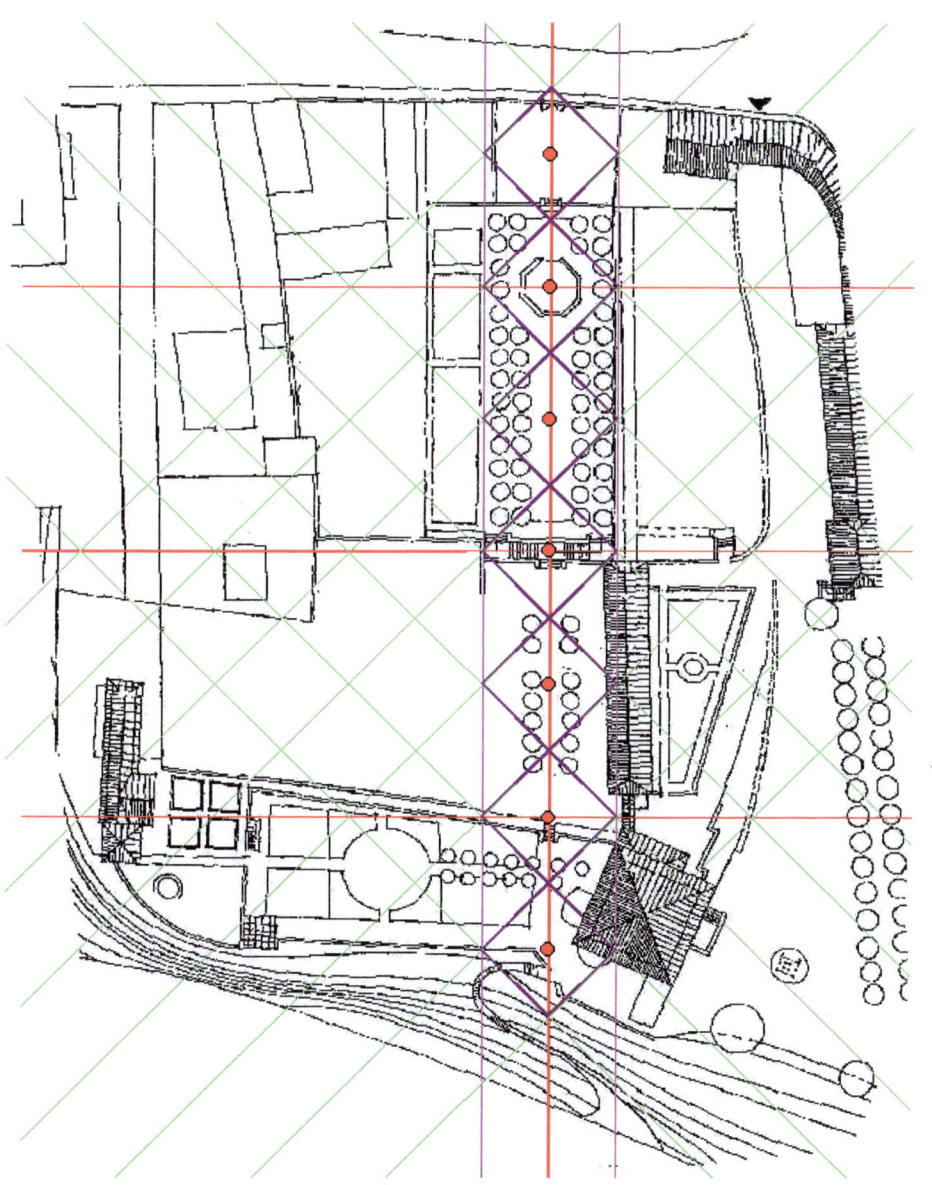

Eine weitere Reduzierung auf die sieben Quadrate und die wichtigsten Achsen ergibt das folgende Bild. Das schlangenförmige rote Gebilde ist ein Weg der serpentinenartig zur Saale hinunter führt.

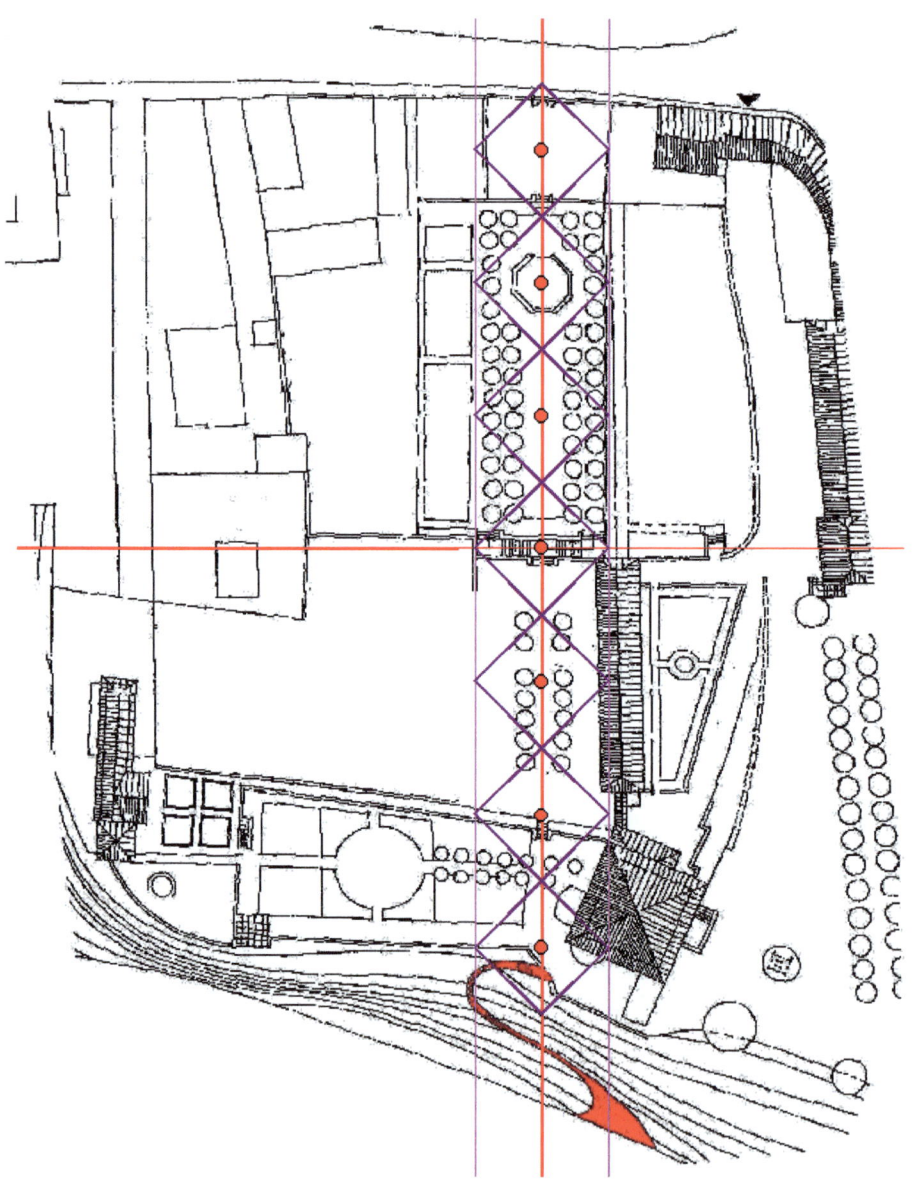

6.8 – Analyse des Parks

Anhand der Analyse der Parkanlage in den Saalecker Werkstätten kann die Anlage also von drei Seiten aus betrachtet werden:

1) aus geometrischer Sicht
2) aus astronomischer Sichtweise
3) unter esoterischen Gesichtspunkten

6.8.1 - Die geometrische Sichtweise

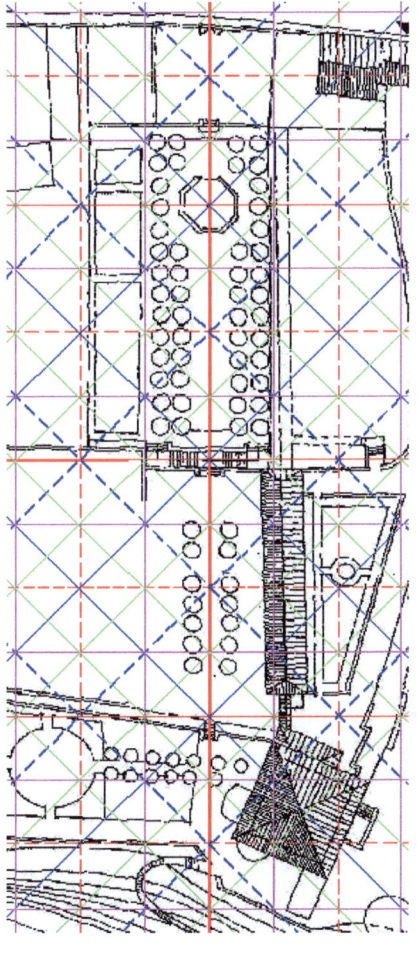

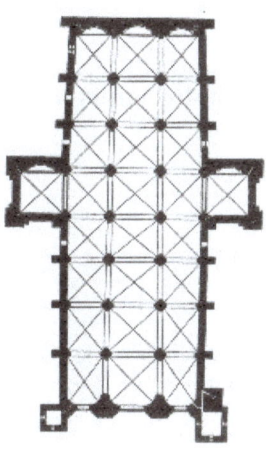

Poitier 1166

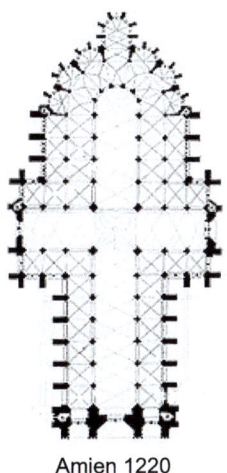

Amien 1220

203

Der geometrische Ausgangspunkt in der Anlage ist die Distanz zwischen der Freitreppe und dem achteckigen Wasserbassin.
Daraus konnte ein Gittersystem entwickelt werden, das den Park in seinen Maßen und seiner Struktur erklärt.

Das in Saaleck ermittelte Gitter mit Diagonalgitter und die Verfeinerung durch ständiges Halbieren ergeben ein geometrisches Muster, dass stark an kathedrale Maßwerke erinnert.
Unterstrichen wird dies noch durch die längliche Ausführung der Parkanlage.
Somit könnte man den Park in den Saalecker Werkstätten auch als **Landschaftskathedrale** bezeichnen.

6.8.2 - Die astronomische Sichtweise

Der astronomische Bezug des Gartens in den Saalecker Werkstätten besteht in der Ost - West – Ausrichtung des Parks. Die Achse weist eine Abweichung von 4-5 Grad von der topographischen Ost – West - Richtung auf.
Etwa zur Tag - und Nachtgleiche kann daher beobachtet werden, wie die Sonne genau zwischen den mittleren Stelen untergeht.

Der Park stellt somit ein **Kalendarium** dar.

Einst standen vier Putten im Garten. Die Putten stammen aus dem 18ten Jahrhundert und versinnbildlichen die Jahreszeiten.
Die Skulpturen erstand Paul Schultze-Naum-burg auf einer Italienreise in Viccenza. Daraus lässt sich schließen, das Schultze-Naumburg sich des astronomischen Bezuges seiner Anlage durchaus bewusst war.
Einen weiteren Hinweis liefert hier das Gästebuch der Saalecker Werkstätten. Etwa eine Woche vor der Frühlings-Tag und Nachtgleiche haben praktisch alle führenden Männer des dritten Reiches Saaleck im Laufe der Jahre besucht.

Wahrscheinlich ist, dass der Zeitpunkt des Besuches mit dem astronomischen Ereignis abgestimmt war, so dass diese Menschen den Sonnenuntergang auf der Mittelachse miterleben konnten.

6.8.3 - Esoterische Zeitgenossen

Helena Petrowna Blavatsky lebte von 1831 bis 1891. Ihre "Geheimlehren" erschienen kurz vor der Jahrhundertwende etwa 1888. E.P. Blavatskaja lieferte vor allem mit ihren beiden Werken "Isis Unveiled" (1877) und "Die Geheimlehre" (1888) die theoretischen Grundlagen einer Lehre, die ihre Thesen aus sehr unterschiedlichen Quellen gewann. Neben dem Neuplatonismus standen Kabbala, Gnosis, Hinduismus, Buddhismus, Überlieferungen antiker Mysterienkulte, Pythagoreismus und französischer Okkultismus Pate, wobei den östlichen Denksystemen eine zentrale Stellung zukommt. Dennoch kann man die Theosophie Blavatskajas als ein in sich relativ geschlossenes System beschreiben, das sich von weiteren, in der russischen und europäischen Geistesgeschichte eine Rolle spielenden okkulten Systemen wie dem französischen Okkultismus, dem Spiritismus und der sich später aus der Theosophie entwickelnden Anthroposophie Rudolf Steiners, deutlich abgrenzen lässt. Blavatsky erfuhr viel über die Inhalte der indischen Literatur durch den berühmten Indologen Max Müller (1823 - 1900). Dieser herausragende Sprach- und Religionswissenschaftler deutscher Herkunft förderte in Oxford die Veda Forschung und war zu seiner Zeit eine international anerkannte Persönlichkeit. Noch heute wird seine Sammlung der Upanishaden benutzt.

Rudolf Steiner lebte von 1861 bis 1925. Seine Anthroposophie geht direkt aus Blavatsky`s Theosophie hervor. Beide beschäftigten sich u.a. mit dem 7er-Chakrensystem und der Kundalini recht ausführlich in ihren Werken. Hinzu kommt noch, dass Steiner eine Weile in Weimar lebte (1890-96/97) und im Goethe- und Schiller-Archiv arbeitete. Weimar liegt in der Nähe von Saaleck bzw. Naumburg, nur etwa 30 km entfernt. 1894-1896 Besuche und Arbeitsaufenthalte im Nietzsche-Archiv in Naumburg. Bekanntschaft mit Elisabeth Förster-Nietzsche, die Steiner als Mitherausgeber der Werke ihres Bruders gewinnen will. Begegnung mit dem kranken Friedrich Nietzsche in Naumburg. Weiterhin existiert ein gemeinsamer Bekannter von Steiner und Schultze-Naumburg, Dr. Fritz Kögel, der als der Herausgeber von Nietzsches Werke genannt wird. Und genau dieser Fritz

Kögel wohnte eine Zeit lang sogar in unmittelbarer Nachbarschaft von Schultze-Naumburg in Saaleck und arbeitete auch mit Schultze-Naumburg in den Saalecker Werkstätten zusammen. Von Fritz Kögel ist es zwar nicht belegt, aber seine Frau soll Anthroposophin gewesen sein.

Arthur Avalon (John Woodroffe) lebte von 1865 bis 1936 und veröffentlichte Bücher über das Laya-Yoga bzw. Kundalini-Yoga und die Schlangenkraft, die bis heute als Standardwerke zum Kundalini-Yoga gebraucht werden. Paul Schultze-Naumburg lebte von 1869 bis 1949. Er war also ein direkter Zeitgenosse der eben genannten Personen. Daher sollte es nicht verwundern, wenn Schultze-Naumburg sich u.a. mit okkulten Themen wie dem Kundalini-Yoga auseinandergesetzt hat, zumal die Beschäftigung mit Okkultismus (Esoterik) damals ziemlich in Mode war. Und einige Hinweise darauf existieren, dass sich Schultze-Naumburgs Weg mehrere Male mit dem von Anthroposophen gekreuzt hat.

Für Schultze-Naumburgs Münchener Zeit gibt es noch Hinweise, dass es dort Kontakte zu den sogenannten Kosmikern (Gruppe von Ludwig Klages, Alfred Schuler, Stefan George und Karl Wolfskehl) und zur Thule-Gesellschaft gegeben haben könnte.

Mit der im Park zugrunde liegenden Geometrie haben wir eine Struktur vor uns, die einen eindeutigen Zusammenhang zu östlichen Glaubenssystemen herstellen lässt. Den Park mit der S-Treppe kann man so auch als Darstellung des Chakrensystems mit seinen sieben Chakren und drei Kanälen mit samt der Kundalini (Schlange) auffassen.

Selbst die drei Kanäle sind vorhanden. Der Mittelweg im Park als Ausdruck des Rückgratkanals und links und rechts Pingala der Mondkanal und Ida der Sonnenkanal. Ihre Entsprechungen haben diese Kanäle in der Auffahrt zum Haupthaus und der Zufahrt zum Architektenhaus.

Zum Vergleich hier eine übliche Abbildung des Chakrensystems beim Menschen.	Der Äskulapstab ist ebenfalls eine westliche symbolische Darstellung des Chakrensystems.

Dann lässt sich die gesamte Situation des Parks auch so darstellen:

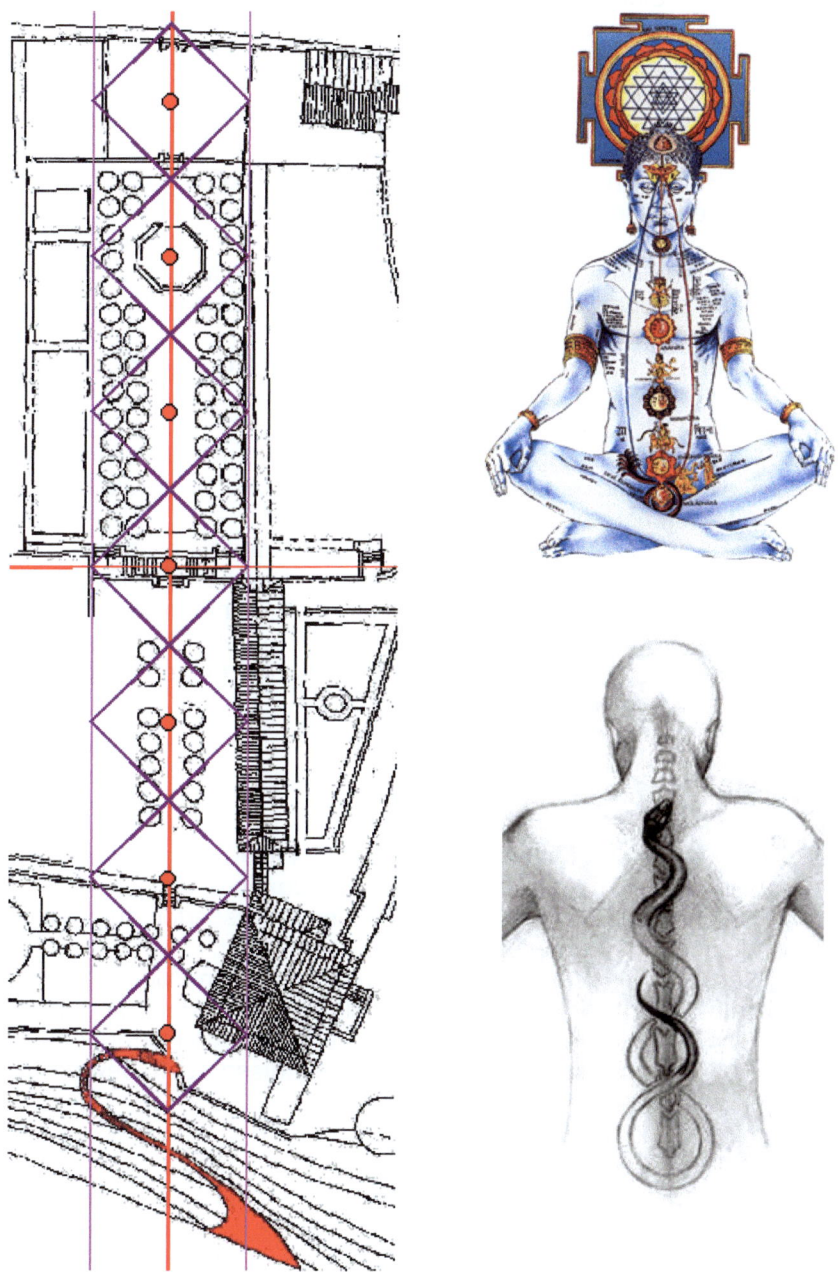

Aufgrund der akribischen und wohl durchdachten Planung, die Paul Schultze-Naumburg bei seinen sonstigen Projekten an den Tag legte, ist es quasi unmöglich, dass die Siebener-Struktur rein zufällig entstand!!!
In seinem Buch über Saaleck bezeichnet Schultze-Naumburg selber den Mittelgang als Rückgrat des ganzen eigentlichen Gartens. So kann man also davon ausgehen, dass Paul Schultze-Naumburg genau wusste, was es mit der Zahl sieben und dem Schlangensymbol auf sich hat. Und das wiederum ist ein Hinweis darauf, dass Schultze-Naumburg sich auch mit esoterischen Themen beschäftigt haben muss.

Den Park kann man daher als Darstellung des Chakrensystems mit seinen sieben Chakren mitsamt der Kundalini (Schlange, Schlangenkraft) auffassen.
In der Geomantie wird ein Ort, der eine Chakrenstruktur besitzt, ein **Landschaftstempel** genannt.

Mit der im Park zugrunde liegenden Geometrie haben wir auch eine Struktur vor uns stehen, die einen eindeutigen Zusammenhang zu östlichen Glaubenssystemen herstellt.
Und dies mag wohl der Grund für Paul Schultze-Naumburg gewesen sein die Siebener-Struktur durch eine Verkürzung (im Plan) unkenntlich zu machen. Der sonst so westlich orientierte Mann wollte einfach seine östliche Anleihe verbergen und verkürzte die Längsachse in dem Plan, den er veröffentlichte, um etwa 6 Meter, d.h. alle Pläne die auf originalen Schultze-Naumburg Plänen basieren sind nicht korrekt.

6.8.4 - Der Drachenpunkt

In die Freitreppe (die den Mittelpunkt der Anlage bildet) eingearbeitet ist eine Grotte mit Bassin. Früher stand dort die Statue eines Jünglings, der einen Fisch hielt. Aus dem Fischmaul sprühte eine Wasserfontäne, die den hinteren Teil der Grotte befeuchtete.
Wassertropfen, die mit hoher Geschwindigkeit auf einen Widerstand prallen, entwickeln Elektrizität. Das Wasser wird positiv geladen, die Luft entweicht in Form von Wassernebeln, angereichert mit negativen Ionen. Dies nennt man den Lennard-Effekt. Das Einatmen dieser Luft bewirkt eine nachhaltige Erfrischung.

Überall da, wo Luft herrlich frisch ist, wo sie dem Menschen wohltut, wo sie ihn gesund macht und gesund hält, gibt es negative Ionen im Überfluss: im Gebirge, am Meer, an Wasserfällen, nach einem reinigenden Gewitter.

Und umgekehrt: Überall, wo sie müde, ja krank macht, da fehlen die negativen Ionen.

Luft-Ionisatoren wie der Springbrunnen in der Freitreppe erzeugen eben diese unentbehrlichen Bausteine gesunder Luft.

Das nebenstehende Bild zeigt einen Luft-Ionisator wie er im Gesundheitspark Quellenbusch in Bottrop benutzt wird. Im Feng-Shui wird ein Ort, der eine Wasservernebelung besitzt, ein **Drachenpunkt** genannt.

6.8.5 - Bilanz

Ihren Höhepunkt erfährt die geomantische Anlage in der Freitreppe als Herzchakra und stellt mit der Ausbildung als Drachenpunkt nicht nur geometrisch, sondern auch energetisch den Mittelpunkt der näheren Umgebung dar. Steht man auf der Freitreppe wird das Bild abgerundet durch die im Hintergrund zu sehende Saalecker Burg. Rechts im Bild steht das Torhaus und das Haus links am Berg ist das ehemalige Haus von Dr. Fritz Kögel.

Insgesamt kann man davon ausgehen, dass Paul Schultze-Naumburg genau wusste, was er baute. Aufgrund der sonst so durchdachten Architektonik bei anderen Projektierungen, ist es daher ausgeschlossen, dass Schultze-Naumburg den Park in den Saalecker Werkstätten rein zufällig in seiner Struktur zusammenstellte und die Zusammenhänge nicht merkte.

Hier lässt sich noch anfügen, dass Marco Pogačnik, praktisch der bekannteste Geomant Europas, ein geomantisches Projekt am Schloss Freudenberg durchführte. Dieses Schloss wurde 1904 von Schultze-Naumburg entworfen und Pogačnik bestätigt, dass hier geomantische Grundregeln angewandt worden sind. Daher kann davon ausgegangen werden, dass Schultze-Naumburg etwa ab 1904/05 über Kenntnisse der Geomantie verfügte.

Hier noch einmal eine etwas andere Perspektive der Burg:

Weitere größere Projekte von Schultze-Naumburg sind noch:

Gartenanlage Schloss Neudeck, 1904
Schloss Freudenberg, Wiesbaden 1905
Schloss Altendorf 1905-1907
Schloss Peseckendorf Parkseite 1906
Schloss Peseckendorf Wasserseite 1906
Gutsanlage Schloss Bahrendorf bei Magdeburg (1908-1912)
Wohnhauskolonie in Merseburg, 1911
Landhaus Andreae in Potsdam (1912)
Gutsanlage Schloss Marienthal bei Eckartsberga (1912-1914)
Schloss Cecilienhof in Potsdam (1912-1917)
Gutsanlage Marienthal, Gartenseite, 1913–1914
Gut Marienthal bei Eckartsberga, 1913–1914
Paul Schultze Naumburgs Haus in Burgbrohl, 1922-1923

Insgesamt lässt sich der Schluss ziehen, dass sich Paul Schultze-Naumburg außer mit Astronomie auch mit Esoterik (genauer: Geomantie, Feng-Shui, Chakren System, Kundalini-Yoga) beschäftigt haben muss.

Die Konzeption des Parks in den Saalecker Werkstätten als Landschaftskathedrale, Kalendarium und Landschaftstempel mitsamt der realen Einbettung in die bestehenden Lokalitäten stellt somit eine landschaftsarchitektonische und geomantische Meisterleistung dar.

7 – Der Schatz von Štěchovice

7.1 – Historisches

Der Schatz von Štěchovice ist ein angeblicher Schatz von Nationalsozialisten. Es soll in Hradištko nahe der Stadt Štěchovice bei Prag in der mittelböhmischen Region der Tschechischen Republik versteckt sein.

Die Geschichte besagt, dass Emil Klein, ein SS-Obergruppenführer, Kriegsbeute in Tunneln in Hradištko begraben hat. Die Beute umfasste Gold, Diamanten, Schmuck und Kunstwerke sowie geheime Akten und wissenschaftliche Dokumente des Kaiser-Wilhelm-Instituts.

In dem Ort Hradištko befand sich bis 1945 die SS Pionierschule, die zum dortigen Truppenübungsplatz Beneschau der SS "Böhmen - Mähren" gehörte. Hradištko liegt an der Moldau oberhalb des Ortes Stechowitz, in der Nähe von Prag. Geführt wurde die Pionierschule von Oberführer **Emil Klein**.

Hans Kammler war ein deutscher Architekt, Leiter von Bau- und Rüstungsprojekten im Deutschen Reich, SS-Obergruppenführer und General der Waffen-SS. Als Leiter für das Bauwesen der SS war er verantwortlich für alle KZ-Bauten, einschließlich der Gaskammern und Krematorien.

Zum Schluss des Krieges war Hans Kammler verantwortlich für alle geheimen Militärprojekte, u.a. Raketentechnik, Düsenflugzeugbau und Atomenergie. Zum Ende des Krieges erhielt Kammler den Befehl Dokumente und Technologie vor den Alliierten in Sicherheit zu bringen. Ab 1943 hatte dies höchste Priorität und Kammler schickte zu diesem Zweck SS-Stollenbau-Kompanien nach Hradištko. Als Standortkommandant war Emil Klein darin eingeweiht.

Emil Klein und Hans Kammler sollen in Hradištko Dokumente und Wertgegenstände versteckt haben.

Zu den Dokumenten sollen die neuesten Erkenntnisse und Informationen aus den Bereichen Raketentechnik, Düsenflugzeugbau und Atomenergie gehören. Vermutet werden auch Baupläne zur deutschen Atombombe.

Insgesamt sollen dort drei Objekte gegraben worden sein, wovon ein Stollen 1946 von den Amerikanern entdeckt wurde. Emil Klein wurde 1945 gefangen genommen und saß 20 Jahre in tschechischer Haft. Vom Geheimdienst durch Folter und psychischen Druck verhört um das Geheimnis der vergrabenen Orte zu erfahren.

212

1945 wurde auch der Generaldirektor der Skoda-Werke Wilhelm Voss inhaftiert und dieser bestätigte die Geschichten um Emil Klein und Hans Kammler herum. Weiterhin gab Wilhelm Voss Informationen zum Aufenthalt von Rolf Engel preis, der parallel zu Werner von Braun Raketenprojekte realisierte.

Es fanden mehrere Geländebesichtigungen in Hradištko mit Klein statt und 1951 machte ihm der tschechische Staat noch das Angebot das vergrabene Wissen mit ihn zu teilen. In den 50 bis 60 Jahren fanden noch intensive Untersuchungen des Geländes durch den Sicherheitsdienst statt.

Doch Emil Klein gab sein Geheimnis nicht preis. Stattdessen hinterließ er in den 20 Jahren Haft etwa 1000 Seiten an handgeschriebenes Material. Diese sind zum Teil durch eine Runenschrift verschlüsselt, die aber inzwischen enträtselt worden ist.

Andererseits gab er manchmal stückweise Informationen auf Zetteln heraus oder erzählte bei den vergrabenen Informationen sei die Beschreibung eines Supersprengstoffes dabei oder auch das eine Technologie dabei sei die eine künstliche Anordnung von Atomen zuließe, sowie neueste Raketentechnologie.

7.2 – Das Vermächtnis des Emil Klein

Alles was Emil Klein in seiner Gefangenschaft produziert hat befindet sich im Archiv der Tschechischen Staatssicherheit in Prag und ist dort öffentlich einsehbar. Das sind etwa 1.000 handschriftliche Seiten mit Bildern und kryptischen Gedichten und Aussagen, sowie geometrischen Konstruktionen.

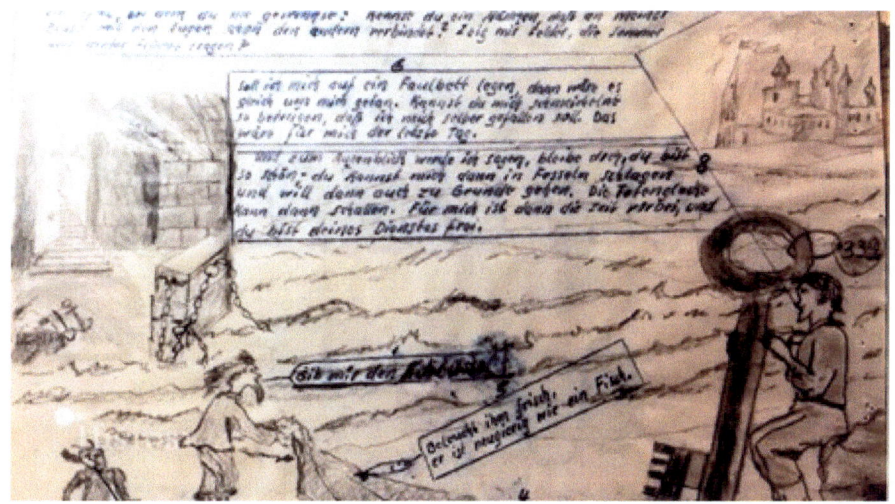

In einer TV-Sendung auf ZDF-History mit dem Titel „Das Geheimnis von Štěchovice", die sich mit der Thematik Emil Klein befasst, wird u.a. die obige Zeichnung gezeigt in der ein Mann einen Schlüssel hält. Ein Hinweis darauf das es einen SCHLÜSSEL gibt, mit dem die Verstecke zu finden sind. Wahrscheinlich ist sogar, dass dies auch der Generalschlüssel zu allen seinen Verstecken darstellt.

Links im Bild ist ein Bunkereingang zu sehen, sowie ein paar Truhen mit Kette – ein Hinweis auf unterirdische Anlagen und Kisten die dort sind.

Weiterhin sind da ein Spaten und ein Anker zu sehen. Der Spaten steht für das Vergraben und der Anker für den Ankerpunkt.

In der Mitte ist ein Mann zu sehen der eine mittels eines Netzes einen Fisch aus dem Wasser zieht. Ein Hinweis auf die Gitter(netze) in Hradištko? Ein Spruch darüber besagt: Gib mir den Schlüssel. Ein Hinweis das es einen Schlüssel braucht um die Verstecke zu finden.

Das wird noch einmal betont durch einen Mann auf der rechten Seite der Zeichnung, der einen übergroßen Schlüssel vor sich hält. Am Schlüssel hängt ein Schild mit der Aufschrift „339".

Die weiteren Gedichte die sich noch auf dem Blatt befinden und die eingestreuten Zahlen sind vermutlich bedeutungsloses Füllmaterial.

Es ist insgesamt so, dass das gesamte Material weitgehendst wie gesehen ebenfalls so kryptisch aufgebaut ist.

Ein Teil des Materials besteht aus geometrischen Konstruktionen, bei denen sich gezeigt hat, dass diese zusammenhängen und die Information zu einem Gittersystem in Hradištko liefern.

Dazu einige Zitate von Emil Klein:

„Zwei Geraden mit den Anstiegen sind parallel. Zwei andere Geraden stehen aufeinander Senkrecht"

„Schnittpunkts-Koordinaten findet man bei zwei Geraden, wenn man ihre Gleichungen als Bestimmungsgleichungen auffasst und nach JK auflöst."

„Man kann auf einfache Art zu einem Ausgangspunkt eine geometrische Verwandte herstellen und nennt es Bewegung. Vollzieht sich die Bewegung nur in der Ebene, so ist das Parallel-Verschiebung oder Drehung."

„Eigenschaften der Affinität: Jedem Punkt entspricht wieder ein Punkt. Jeder Geraden entspricht eine Gerade. Parallele Geraden entsprechen wieder parallelen Geraden. Affine Geländebilder verhalten sich zu parallelen Strecken wie die Strecken selber. Teilverhältnisse auf Strecken bleiben bei affiner Betrachtung unverändert. Es gilt Mitte bleibt Mitte."

„Man kann auf einfache Art zu einem Ausgangspunkt eine geometrische Verwandte herstellen und nennt es Bewegung. Vollzieht sich die Bewegung nur in der Ebene, so ist das Parallel-Verschiebung oder Drehung."

„Handelt es sich um viele Punkte, so ist das vier Winkel-Verfahren zu zeitraubend und umständlich. Man muss das Gelände mit einem Netz überziehen, die Linien müssen so dicht werden, dass der Planinhalt genau auf die Karte übertragen werden kann."

„Über Täuschungen kann man sich nur durch messen Gewissheit verschaffen. Kein Wunder, dass die Einbildungskraft der Nichtwissenden unbeschränkt ist. Ein ruhig messender Forscher, wenn er einen Festpunkt richtig erkannt hat, kann etwas erreichen."

Prof. Johannes Preuß von der Universität Mainz ist es gelungen die geometrischen Puzzleteile von Emil Klein zu einer Karte zusammen zu setzen.

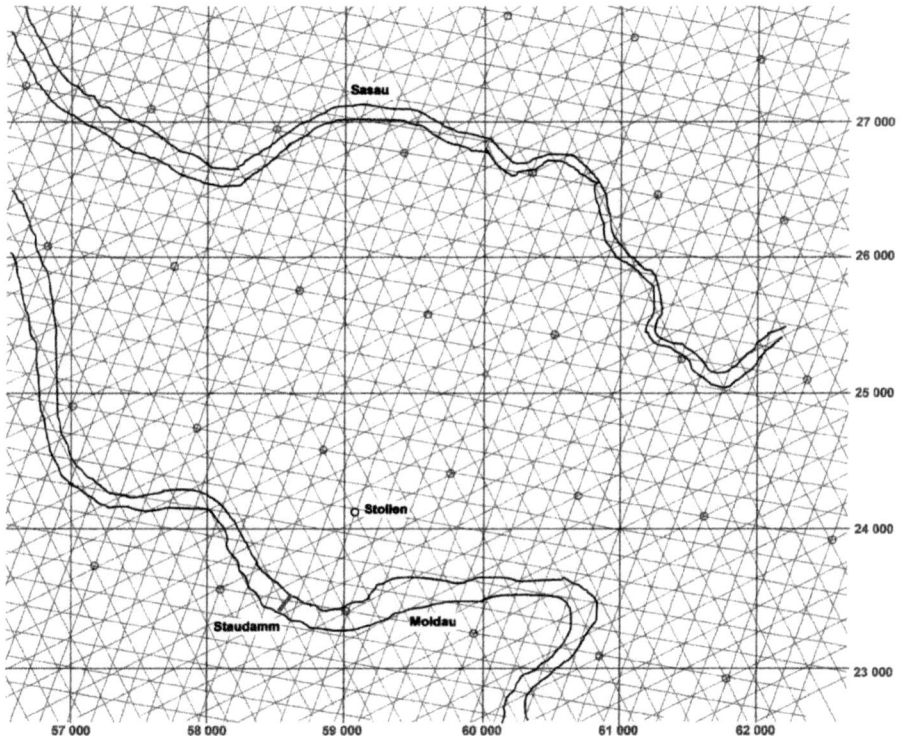

7.3 – Heilige Geometrie

Innerhalb der Geomantie gibt es einen Bereich den man als „heilige Geometrie" bezeichnet. Dieser befasst sich mit speziellen geometrischen Konstruktionen und Zahlenverhältnisse, die als Basis dienen.

Es existieren keine Kommazahlen. Alle Zahlen werden als ganze Zahlen oder als ganzrationale Zahlen (Brüche) dargestellt.

Eine besondere Konstruktion ist das pythagoreische Dreieck, speziell das mit den Seiten 3, 4 und 5. Dieses ist das einfachste und zugleich älteste Dreieck das bekannt ist. Schon die Ägypter benutzen die 12-Knotenschnur (3+4+5) mit der sich dieses Dreieck konstruieren lässt.

Als geometrische Grundkonstruktionen dienen ebenfalls Polyeder bzw. Polygone. Es werden 3, 4, 5, 6, 7, 8, 9, 10, 12, 16 Ecke benutzt und Vielfache davon. Ebenso die platonischen Körper.

Alle diese Verhältnisse sind in Hradištko nachweisbar:

1) Die Richtungen der beiden Gitter sind aus der Drei-Kaiser-Dom-Linie und der Siegfried-Linie ableitbar
2) Die Richtungen ergeben sich durch Spiegelung, Drehung und aus Polygonen (9,10,12,20-Eck)
3) Die Steigung der Hauptrichtung des affinen Gitters beruht auf dem pythagoreischen Dreieck 3, 4, 5

Die Zahlen 6, 9, 12, 18, 36 spielen eine Rolle, die über Polygonbildung Winkel von 60 40, 30 20, 10 Grad erzeugen. Das sind alles ganzzahlige Vielfache von 10. Da dieses auch der Eigenwinkel von Drei-Kaiser-Dom-Linie und der Siegfried-Linie ist, sind diese Linien daher zu 6, 9, 12, 18, 36-Ecken-Polygonen kompatibel.

In den Konstruktionen zu den Hradištko- Richtungen traten einfache geometrische Operationen wie Spiegelung, Drehung, Verdoppelung und Polygonbildung auf. Das sind wesentliche geometrischen Elemente der heiligen Geometrie, die benötigt werden um die Richtungen der Gitter in Hradištko zu bestimmen.

Bei einer Drehung ist zunächst unbekannt um wie viel Grad gedreht werden soll. Man kann das einschränken auf den Eigenwinkel (kleinster Winkel zwischen Gerade und einer Koordinatenachse). Dreht man eine Gerade um den eigenen Winkel dann gibt es noch zwei mathematische Methoden

216

bzw. geometrische Operatoren mit denen das beschrieben werden kann: die Spiegelung und die Verdopplung.

Alle Winkel die zueinander in Beziehung stehen lassen sich als Drehungen interpretieren. Das gilt in Konsequenz auch für Polygone. Mathematisch gesehen stellen Polygone sogar ganze Drehungsgruppen dar.

7.4 – Geomantische Bezüge

Es ist inzwischen allgemein bekannt, dass die Nationalsozialisten um Himmler herum okkulte, heute würde man sagen esoterische, Bezüge be-nutzten um ihre Ideologie zu untermauern.
Eine Abteilung im Ahnenerbe beschäftigte sich mit Geomantie, dass in der damaligen Zeit als Kultgeographie bezeichnet wurde. In diesem Zusam-menhang sind Herman Wirth, Josef Heinsch und Wilhelm Teudt bekannt.
Allgemein gesagt befasst sich Geomantie u.a. mit Linien die Kultstätten verbinden bzw. mit geometrischen Landschaftsstrukturen.
Zwei der Hauptlinien in der Geomantie sind die Drei-Kaiser-Dom-Linie und die Siegfried-Linie. Beide Linien stehen senkrecht aufeinander, was in der Geomantie nur selten vorkommt.

Die Siegfried-Linie verläuft von Paris nach Prag. Hradištko liegt etwa 25 km von Prag entfernt. Als Oberführer der SS, in Zusammenarbeit mit Hans Kammler (und damit in Nähe zu Himmler und dem Ahnenerbe) muss er diese Linie gekannt haben, da er die Richtungen der Siegfried-Linie als auch die Drei-Kaiser-Dom-Linie in seine Gitterkonstruktionen einbezogen hat. Als Randbemerkung sei noch erwähnt, dass der Sohn von Emil Klein Siegfried hieß.

7.4.1 - Drei-Kaiser-Domlinie

Es werden folgende Orte für die Linie genannt.

Norderney, Hamm, Werl, Kreuztal, Siegen, Mainz, Worms, Speyer, Karls-ruhe, Berneck, Hohentwiel (Singen)

Der Mittelwert aus den Richtungen: 10,0839° ±0,6434° NW

Damit ergibt sich für die Richtung der Drei-Kaiser-Dom-Linie:

170° nach 350° = 170 Grad NO nach 10 Grad NW

7.4.2 - Siegfried-Linie

Es werden folgende Orte für die Linie genannt.

Rennes, Paris, Burg Esch, Worms, Lorsch, Michelstadt, Würzburg, Bayreuth, Prag

Der Mittelwert aus den Richtungen: 80,25° ±0,965° NO

Damit ergibt sich für die Richtung der Siegfried-Linie:

80° nach 260° = 80 Grad NO nach 100 Grad NW

7.4.3 - Die Richtungen des affinen Gitters in Hradištko

Die Hauptrichtung des affinen Gitters (100° nach 280°) ist die Spiegelung der Siegfried-Linie an der West-Ostlinie des Koordinatensystems.

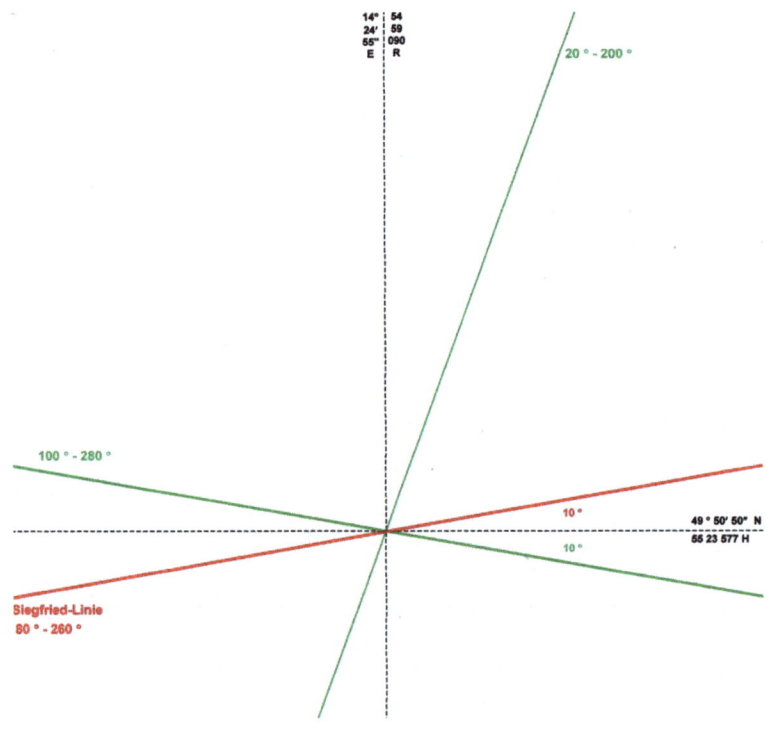

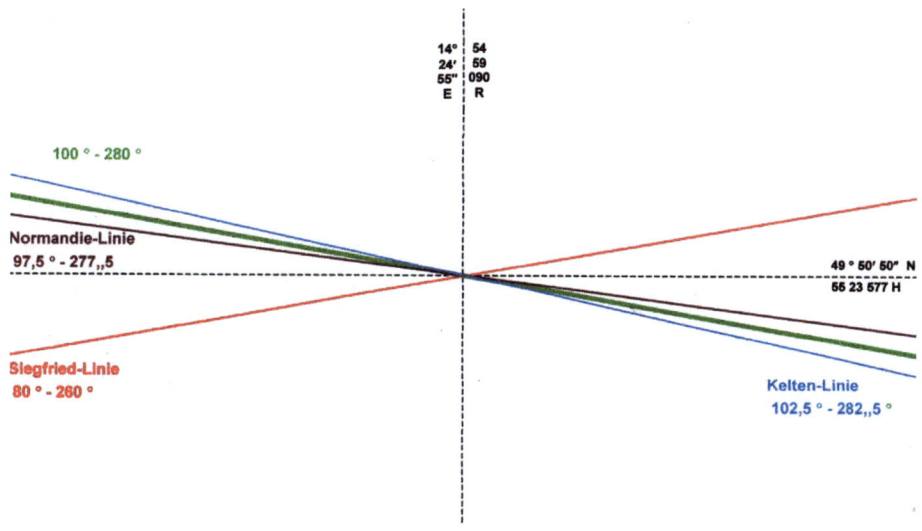

Die Spiegelung der Drei-Kaiser-Dom-Linie (rot gestrichelt) ist die Senkrechte zur Hauptrichtung des affinen Gitters.

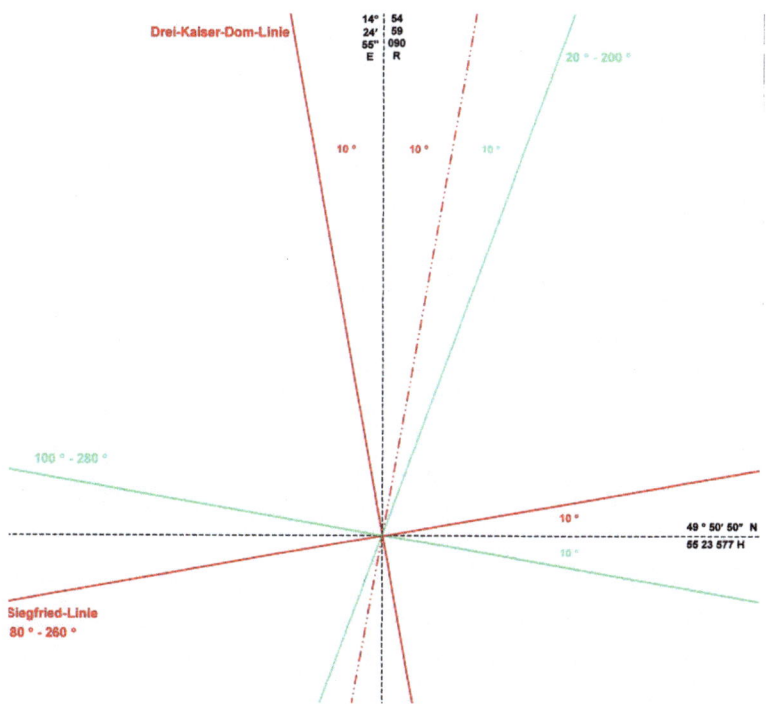

7.4.4 - Die zweite Richtung des affinen Gitters (20° nach 200°) :

Man errichtet über der Siegfried-Linie ein 6-Eck. Beginnend im Osten ist es der Durchmesser durch die erste Ecke (gegen Uhrzeigersinn) des Sechsecks.

Oder auch:
Man errichtet über der Siegfried-Linie ein 12-Eck. Beginnend im Osten ist es der Durchmesser durch die zweite Ecke (gegen Uhrzeigersinn) des Zwölfecks.

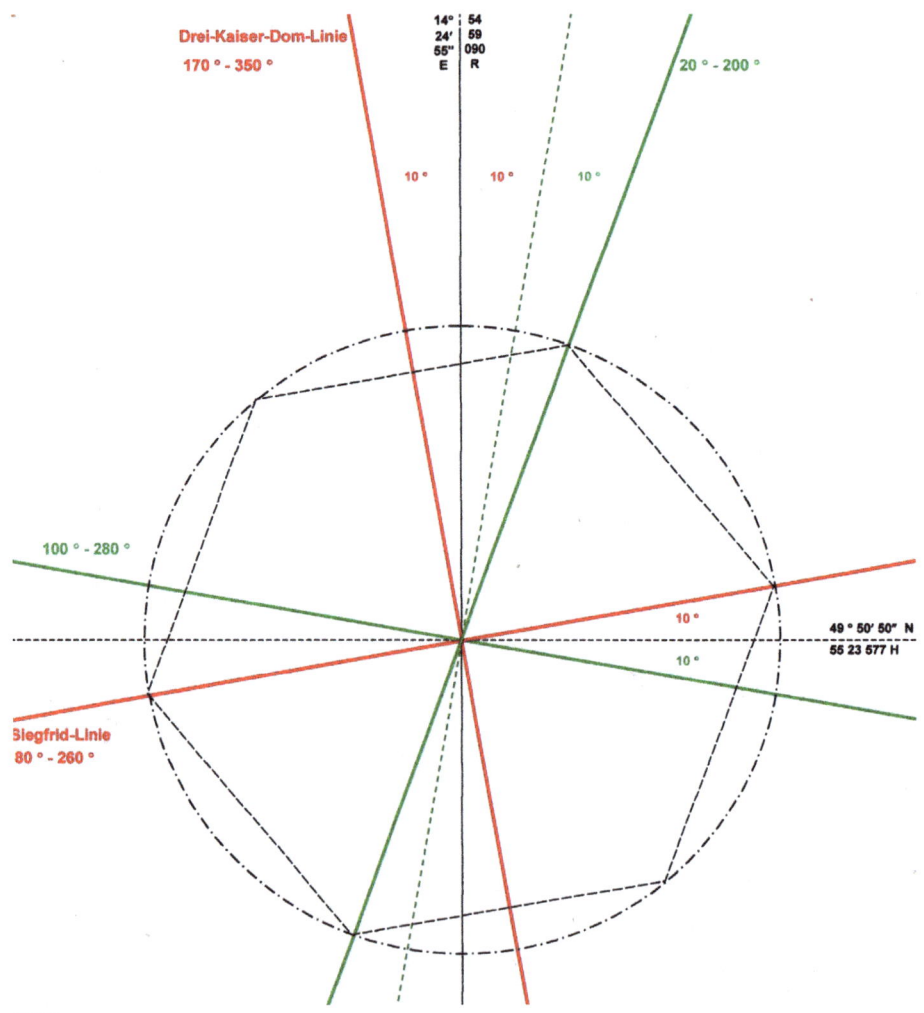

Alternative 1
Die zweite Richtung des affinen Gitters (20° nach 200°) ist die Spiegelung der Nord-Süd-Achse des Koordinatensystems an der Spiegelung der Drei-Kaiser-Dom-Linie.

Alternative 2
Man errichtet über der Siegfried-Linie ein 9-Eck. Beginnend im Westen ist es der Durchmesser durch die dritten Ecke (im Uhrzeigersinn) des Neunecks.

7.4.5 - Die Richtungen des quadratischen Gitters in Hradištko

Die Drei-Kaiser-Dom-Linie wird um 1° nach Osten gedreht. Auf der gedrehten Linie wird ein 10-Eck errichtet. Dann ist der Durchmesser des Zehnecks durch die zweite Ecke (im Uhrzeigersinn) die Hauptrichtung (63°-243°) des quadratischen Gitters.
Die zweite Richtung des quadratischen Gitters wird durch die Senkrechte zur Hauptrichtung (153°-333°) erzeugt.

Alternative
Die Drei-Kaiser-Dom-Linie wird um 1° nach Osten gedreht. Auf der gedrehten Linie wird ein 20-Eck errichtet.
Dann ist der Durchmesser des Zwanzigecks durch die vierte Ecke (im Uhrzeigersinn) die Hauptrichtung (63°-243°) des quadratischen Gitters.
Dann ist der Durchmesser des Zwanzigecks durch die erste Ecke (gegen Uhrzeigersinn) die zweite Richtung (153°-333°) des quadratischen Gitters.

Dadurch sind die Richtungen der beiden Gitter eindeutig festgelegt.

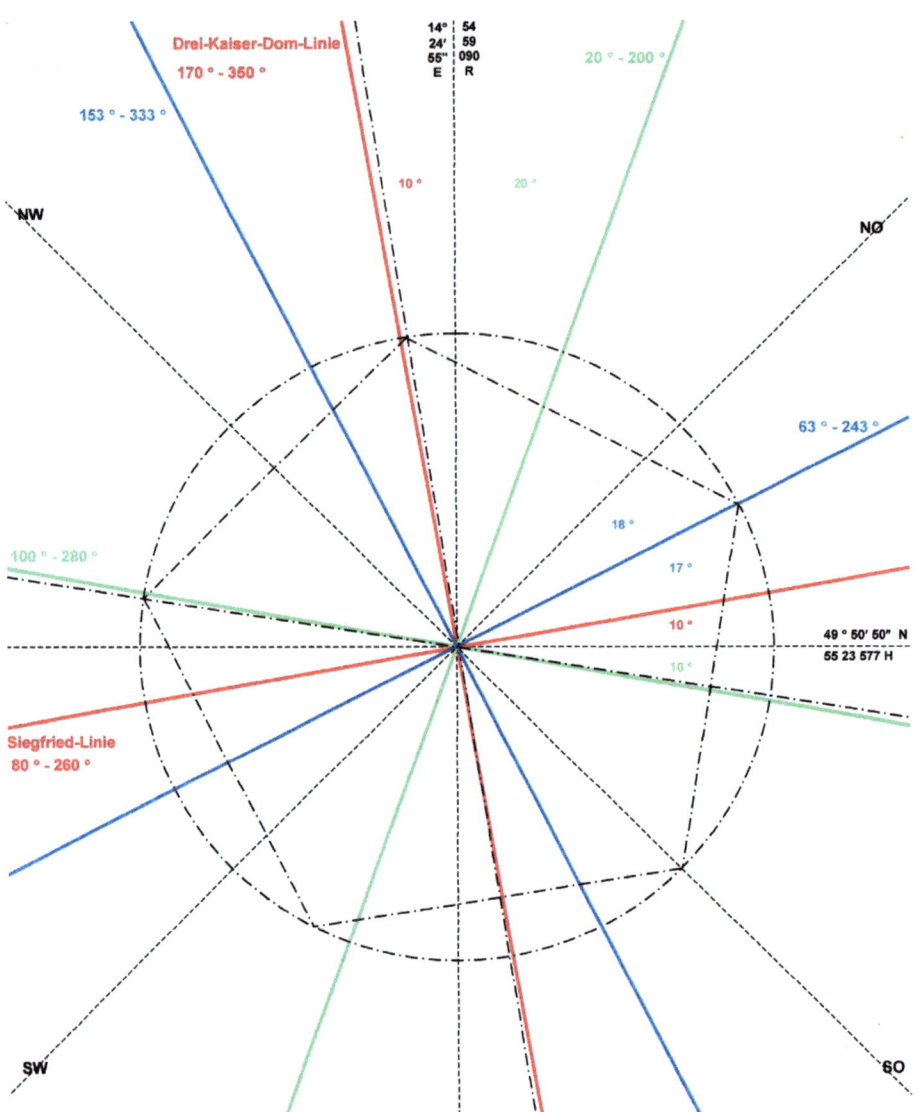

Drei-Kaiser-Dom-Linie
170 ° - 350 °

153 ° - 333 °

20 ° - 200 °

14° | 54
24′ | 59
55″ | 090
E | R

10 °

20 °

NW

NO

63 ° - 243 °

100 ° - 280 °

18 °

17 °

10 °

49 ° 50′ 50″ N
55 23 577 H

10 °

Siegfried-Linie
80 ° - 260 °

SW

SO

7.5 – Geomantische Auswertung

Die Richtungen in Hradištko für das affine Gitter lassen sich hinreichend genau aus dem Koordinatensystem, dass aus Drei-Kaiser-Dom-Linie und Siegfried-Linie gebildet wird, ableiten, indem lediglich einfache geometrische Operationen wie **Spiegelung**, **Drehung**, **Verdopplung** mit dem **Eigenwinkel** verwendet werden

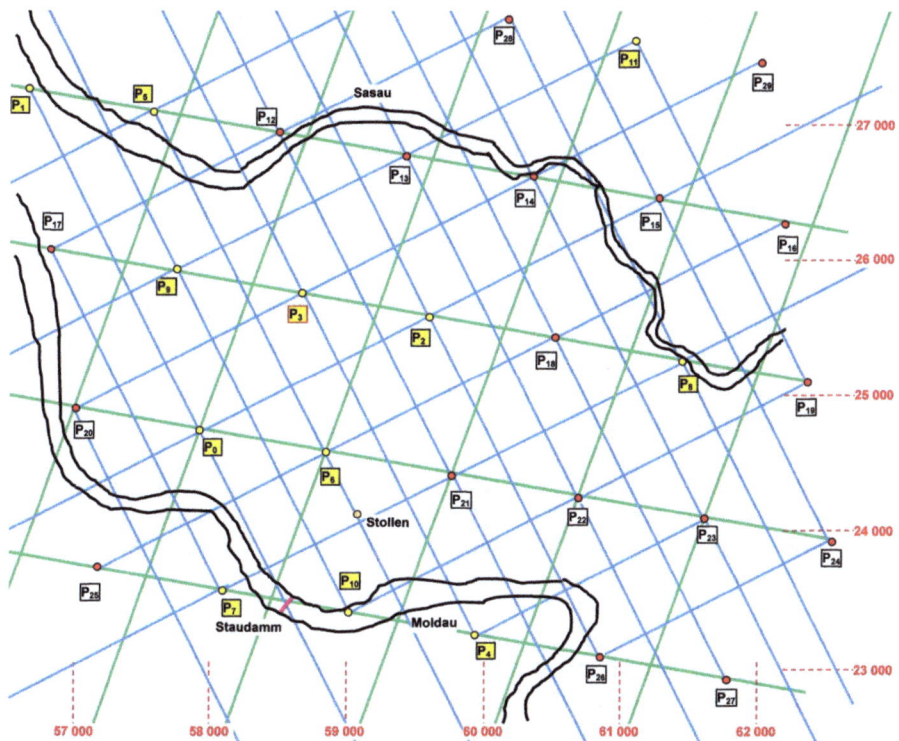

Das Koordinatensystem das durch die Drei-Kaiser-Dom-Linie und die Siegfried-Linie gebildet wird sowie die 3-malige Spiegelung, Drehung, Verdopplung mit dem Eigenwinkel ergibt eine Gesamtkonstruktion für alle vorkommenden Richtungen, in der die Richtungen für das affine Gitter in Hradištko, als Teil des Ganzen, eingebettet sind.

Damit ergibt sich insgesamt:

Die Drei-Kaiser-Dom-Linie und die Siegfried-Linie stehen in direkter Beziehung zu den Richtungen für das affine Gitter in Hradištko.

223

7.5.1 - Affines Gitter

Die Richtung 100° nach 280° ist die Spiegelung der Siegfried-Linie an der West-Ostlinie des Koordinatensystems und Basislinie des affinen Gitters in Hradištko.

Die Richtung 20° nach 200° = 20 NO nach 160 NW lässt sich durch Spiegelung, Drehung, bzw. Verdoppelung ableiten oder durch Polygonbildung mit einem 6/12 bzw. 9/18-Eck.

Durch die Teilung von 36, 18, 12, 9, 6 ergeben sich nur Winkel die ein ganzzahliges Vielfaches von 10 Grad darstellen und daher zur Drei-Kaiser-Dom-Linie und Siegfried-Linie kompatibel sind.

Die Drei-Kaiser-Dom-Linie und die Siegfried-Linie stehen in direkter Beziehung zu den Richtungen für das affine Gitter in Hradištko.

Die 9-Eck-Konstruktion auf der Basis der Siegfried-Linie enthält die geographische N-S-Richtung.

7.5.2 - Quadratische Gitter

Die Richtung 63° nach 243° = 63 NO nach 117 NW für das quadratische Gitter lässt sich durch eine 10-Eck-Konstruktion ermitteln, auf der Basis einer gedrehten Drei-Kaiser-Dom-Linie. Dies gerade ist daher Basislinie des quadratischen Gitters in Hradištko.

Die Richtung 153° nach 333° = 153 NO nach 27 NW lässt sich als Senkrechte erzeugen oder durch eine 20-Eck-Konstruktion ermitteln, auf der Basis einer gedrehten Drei-Kaiser-Dom-Linie.

Die Drei-Kaiser-Dom-Linie steht in direkter Beziehung zu den Richtungen für das quadratische Gitter in Hradištko.

Die 10-Eck-Konstruktion auf der Basis einer gedrehten Drei-Kaiser-Dom-Linie enthält die geographische NW-SO-Richtung und damit als Senkrechte auch die NO-SW-Richtung.

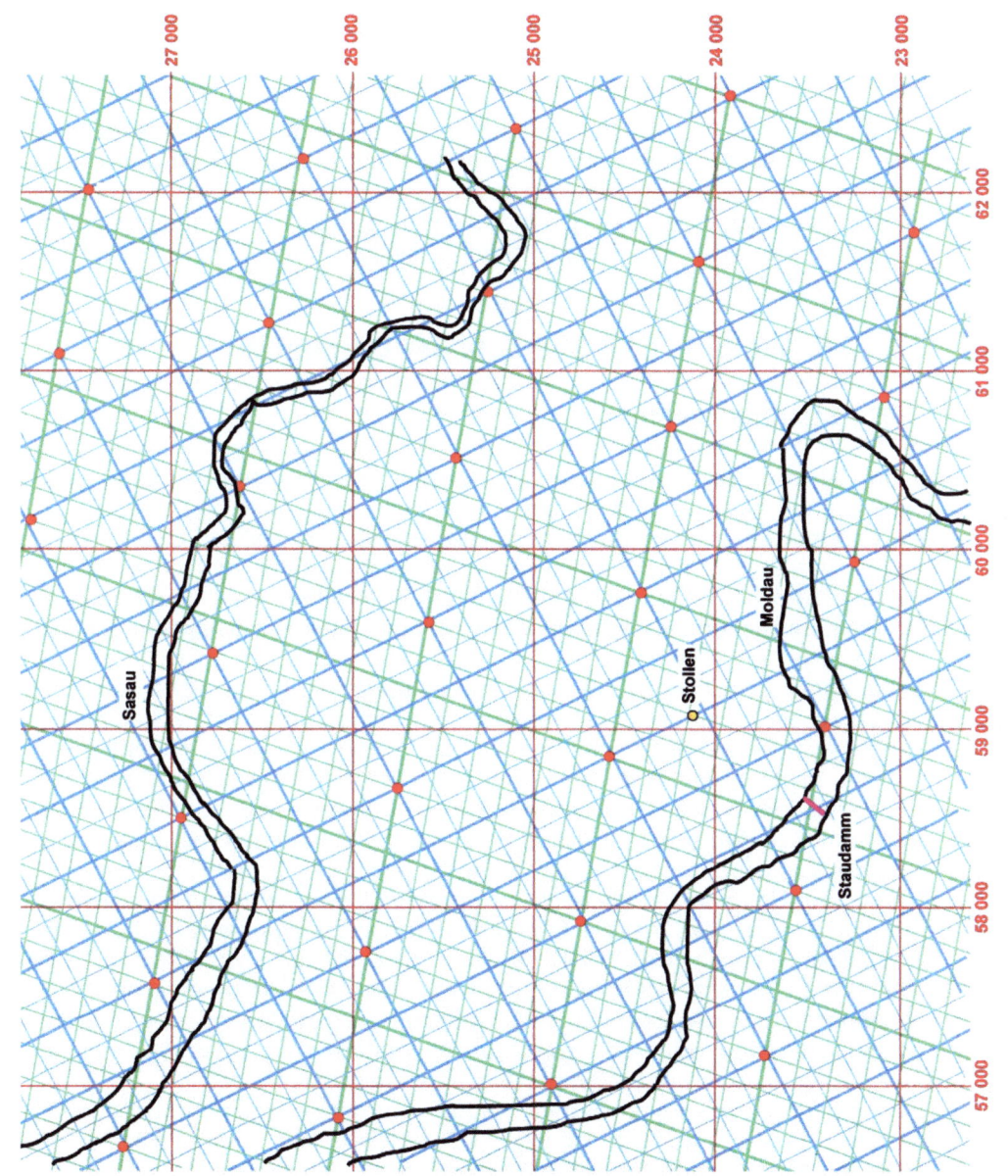

Die Gitter in Hradištko

Teil 3 – Bauhütte

An dieser Stelle sei Herrn Uwe Graf gedankt, durch dessen Webseite O-nomantie.de dieses Kapitel niemals entstanden wäre. Die Webseite existiert seit über 10 Jahren nicht mehr. Das darin enthaltene Wissen war jedoch zu wertvoll um es dem Vergessen preiszugeben.

Daher habe ich einen Teil des Materials, soweit es die Geomantie betrifft, komplett neu aufbereitet, ergänzt und in diesem Kapitel über die Bauhütte wiedergegeben.

8 – Stilelemente und Symbole der Dombauhütte

8.1 - Steinmetzzeichen

Ein Steinmetzzeichen ist eine im Mittelalter übliche Markierung, die Steinmetzen auf ihrer Arbeit anbrachten. Die Steinmetzzeichen gehören wie die Meisterpunze, zu den Zeichen mit denen Handwerker ein Objekt als ihr Werk markierten. Das Zunftzeichen steht stellvertretend für einen Berufszweig. An vielen alten Bauten, vor allem an Kirchen, sind heute noch die Steinmetzzeichen zu erkennen. Auch aus der Antike sind ähnliche Zeichen bekannt.

Die wahrscheinlichste Erklärung für Steinmetzzeichen ist, dass durch das Zeichen ein behauener Stein als das Werk eines bestimmten Steinmetzes (oder auch einer bestimmten Familie, Sippe oder Werkstatt) erkennbar war. Dies erleichterte die Abrechnung für die gelieferten Werksteine. Eine Erklärung für den Zweck der Steinmetzzeichen (anhand einer „Stapel-Theorie), stammt von Karl Friederich. Die Bedeutung der Steinmetzzeichen wird im praktischen Bereich der Organisation der jeweiligen Baustelle selbst gesehen: *„Der Steinmetz stapelte die gefertigten Quader in der Nähe seines Arbeitsplatzes auf und bei der Steinaufnahme am Zahltagsabschluß erhielten einzelne Steine, vielleicht die ganze oberste Schicht, das Zeichen."* Die heutige Steinmetzzeichenforschung sieht diese meist geometrischen, auch monogrammartigen Zeichen als Gütezeichen, die zu Abrechnungszwecken benutzt wurden. Ein nicht geklärter Widerspruch ist, dass an manchen Werksteinen mehrere Steinmetzzeichen angebracht wurden.

Die Steinmetzzeichen stellen für die heutige Archäologie eine wichtige Orientierungshilfe dar. Sie lassen Rückschlüsse auf Baugeschichte und Organisation einer historischen Baustelle zu.

Steinmetz- und Meisterzeichen

Werkmeister-, Baumeister- oder Meisterzeichen wurden an betonten Stellen in Wappenschilden oder an Baumeisterbildnissen angebracht. Der Beginn der Entwicklung des Steinmetzzeichen wird als „Künstlersignatur" be-

226

reits im 12. Jahrhundert bezeichnet. Funde an der Kathedrale von Lyon aus der ersten Hälfte des 13. Jahrhunderts zeigen charakteristische Profile der Steinmetze. Die erste bekannte „Künstlersignatur" des Gislebertus taucht als Inschrift zwischen 1130 und 1140 am Westportal der Kathedrale von Autun auf. Meisterzeichen der Gotik sind teilweise von einem Wappenschild umschlossen.

Versatzzeichen bzw. Versetzzeichen

Persönlich gebundene Steinmetzzeichen sind von ähnlich aussehenden, „Versetz-" oder Versatzzeichen", „Setzmarken" oder „Versatzmarken" und im Speziellen von den „Höhenschichtenzeichen" zu unterscheiden. Sie erfüllten eine rein bautechnische Aufgabe. Meist wurden sie aus Zahlen, Buchstaben und geometrischen Formen gebildet, die mit der Reihenfolge der Steine beim Versetzen zu tun hatten. Sie unterschieden sich in Gestalt und Systematik grundlegend von den Steinmetzzeichen. Der heutigen Forschungsstand kann abschließend nicht klären, ob Steinmetzzeichen formal von Versatzzeichen unterscheiden wurden.

Steinbruchmarken

„Steinbruch-, Bruch -, Bau- oder Lieferantenmarken" wurden als „Herkunftszeichen der Steinbrüche" verwendet und dienten bereits in der griechischen und römischen Antike als Ursprungszeichen und Kontrollmarke bei der Abnahme des Materials durch den Bauherrn. Ausgrabungen an alten Steinbrüchen zeigen, dass Quader selbst in mittelalterlicher Zeit bereits am Steinbruch von professionellen Steinmetzen bearbeitet worden waren. Diese oft flüchtig ausgearbeiteten Zeichen wurden jedoch meistens im Laufe späterer Bearbeitungsschritte weggemeißelt.

Maurerzeichen

In der Literatur begegnet man mitunter auch dem Begriff Maurerzeichen (z.B. im 18. Jhdt. bzgl. einiger Zeichen im Gewölbe der Burg Cadolzburg), der sich nicht auf das Maurer-Zunftzeichen bezieht, sondern teils für Steinmetzzeichen benutzt. Im Zusammenhang mit mittelalterlichen Backsteinbauten wird unterstellt, dass ein Maurerzeichen eine Übernahme von Traditionen der Steinmetze und des Werksteinbaus darstelle und analog zu einem Schlussstein ein Zeichen für die Beendigung eines Baus sein könnte.

8.2 – Turmdächer

Die Silhouette der Kirchtürme, der sog. Turmhelm, ist ein sehr deutlicher Hinweis auf die Qualität eines Ortes und seine kultische Vergangenheit. Man könnte denken, es handele sich um regionale Moden oder individuelle Vorlieben der Architekten, aber meine Beobachtung ist eine andere. Zwar finden sich regional oft ähnliche Türme, aber zwei Faktoren sind hier zu beachten: Erstens haben Landschaften, die als solche auch als Einheit wahrgenommen werden oft ein vorherrschendes, verbindendes Strahlungsmilieu, weshalb sie überhaupt erst zu Landschaften werden. Zweitens sind oft die Nuancen im Bau der entscheidende Hinweis. Auch das Argument, bei späteren Rekonstruktionen oder Neuaufbauten sei aus Unkenntnis "Irgendetwas" nachgebaut worden, mag ab und an zutreffen, aber in aller Regel hielt man sich beim Wiederaufbau an das Bekannte, Gewohnte, Hergebrachte. Stimmt die Bebauung mit der Ausstrahlung des Ortes nicht überein, so merkt man dies sofort. Man gewinnt in diesem Falle schnell den Eindruck, als störe der Bau, passe er nicht an diesen Platz.

"Mondkirchen" zeigen in ihrer Silhouette oft selber die Mondform an - selten nur noch als echten Segmentbogen, zumeist in der Form einer zur Sichelform geknickten Geraden.

Auch finden sich oft die einfache Form eines sehr flachen kegelförmigen Daches oder eines halbkugelförmigen Daches. Der Turmgrundriss ist zumeist viereckig, nur noch selten rund und sehr oft quadratisch. Mondtürme vermitteln in der Wahrnehmung des Betrachters einen erdverwachsenen Eindruck, so als würden sie "nach unten ziehen".

"Saturnkirchen" weisen in ihrer Turmform keine Unterschiede zu Mondkirchen auf. Der Grundriss des Turmes ist in der Regel quadratisch, mitunter aber auch rechteckig in der Form, dass der Turm eine breite Front bildet und die gesamte Breite der Kirche ausfüllt.

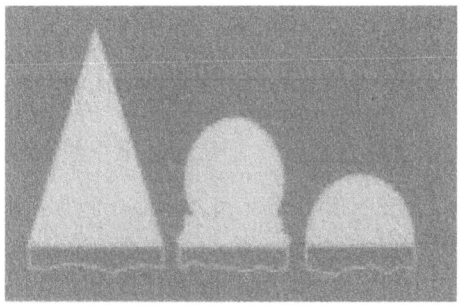

"Venuskirchen" weisen in ihrer Silhouette weiblich runde Formen aus. Entweder finden wir (Halb)Kugelformen an sich, die jedoch eine Idee geöffneter zum Oval sind als die Mondtürme oder Kegelformen mit runder, viereckiger oder achteckiger Basis.

Die Kegel wirken gedrungen und wuchtig, ebenfalls "nach unten weisend". Sehr häufig sind die Türme der Venuskirchen mit den bereits beschriebenen Jupiterdreiecken versehen.
"Jupiterkirchen" haben keine typische Helmform. Wir finden wie o.g. sehr oft die Mischung/Symbiose von Jupiter und Venus, aber häufig auch die Symbiose mit Mars oder Sonne.

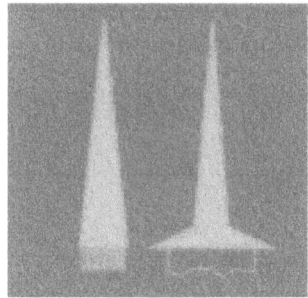

"Marskirchen" weisen sich durch ihre sehr schlanken, spitzen, steil zum Himmel aufragenden Türme aus. Sie sind (außer in Gebieten des barocken Kirchenbaues) niemals kugelförmig. Marskirchen (und in ihrer Potenzierung Kirchen mit plutonischem Strahlungsmilieu) vermitteln der Wahrnehmung des Betrachters den Eindruck, als wollten sie "abheben", so stark streben sie gen Himmel.

Der Grundriss des Turmes ist in aller Regel viereckig. Eine Falle bieten Marstürme: Sie sind leicht mit Mondtürmen zu verwechseln, wenn besagter Sichelknick zu finden ist. Hier kommt es auf die anderen Aspekte der Formensprache an, vor allem auf den Turmknopf.
Warum finden wir an Marstürmen den Sichelknick des Mondes? Die Ursache liegt im matriarchalen Mythos von Göttin und Heros und dessen Brechung durch patriarchale Überformung. Mars steht für den kindlichen Heros, allerdings patriarchal dominant gegenüber seiner Mutter, der Mondgöttin. Der Zusammenhang beider wird in der Turmform zum formellen Ausdruck gebracht.

Die Sonnenkirchen verfügen über eine sehr eindeutig zuweisbare Turmform. Wieder hilft uns ein einfacher Vergleich: Kann man an die Silhouette von Mondtürmen die Sichel anlegen, so kann man bei Türmen von Sonnenkirchen dies mit einem "S" für "Sonne" tun. Klingt simpel, ist aber so. Es ist wohl die unserem Auge gewohnteste Turmform.

Ein Vergleich mit der Glockenform drängt sich ebenfalls auf. Sonnentürme besitzen die Wucht und Kraft weiblicher Kirchen, bringen in der subjektiven Wahrnehmung jedoch den Eindruck von Autonomie, Selbstbestimmung und Emanzipation
Wie bereits an anderer Stelle erwähnt, gibt es keine Merkurkirchen - folglich auch keine entsprechenden Türme. Natürlich findet sich die Energie Merkurs ab und an, jedoch vergleichsweise selten an mit Kirchen überbauten Plätzen. Wesentlich häufiger sind die Energien der anderen astrologischen Archetypen zu finden, wie z.B. Uranus, Lilith oder Chiron - die beiden letztgenannten besonders oft an durch Klosterbauten markierten Orten.

8.3 – Turmknöpfe

Mondkirchen weisen immer (im ungebrochenen Zustand) einen eiförmigen Turmknopf ohne! umlaufenden Ring auf, der idealerweise versilbert oder silbern erscheinend ist, denn der Mond und das ihm zuzuordnende Herzchakra resonieren mit dem Metall Silber.

Heute ist er aber meist vergoldet oder aus Messing (und somit Gold erscheinend). Die Eiform des Turmknopfes verweist auf die im Zentrum des matriarchalen Kultes stehende Verehrung und durch rituelle Handlung immer wieder auf die neue zu sichernde Fruchtbarkeit der Großen Mutter.

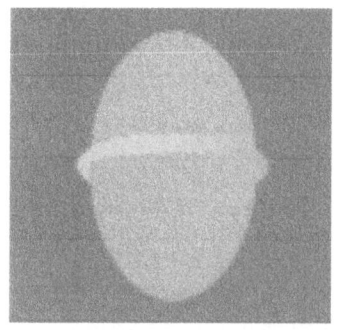

Eng verwandt im formalen Ausdruck ist naturgemäß der zweite große weibliche Archetyp, die Venus. Auch Venuskirchen weisen eiförmige Turmknöpfe auf, diesmal allerdings mit! horizontal umlaufendem Ring in der Mitte des Knopfes. Auch diese Knöpfe sind entweder golden strahlend oder aber aus Kupfer, wie dann zumeist auch die gesamte Bedachung des Turmes, denn Venus und das zugeordnete Dritte Auge resonieren mit dem Metall Kupfer.

Sonnenkirchen haben kugelförmige Turmknöpfe, idealerweise natürlich golden leuchtend, mit oder auch ohne umlaufenden Ring. Wir sehen hier das Abbild der Sonne, eines der beiden Planeten im Zentrum des Kultes. Einen schlüssigen Anhaltspunkt, wann der umlaufende Ring anzutreffen ist und wann nicht, habe ich noch nicht gefunden.

Saturnkirchen haben ebenfalls rein kugelförmige Turmknöpfe, allerdings besteht absolut keine Verwechslungsgefahr mit denen von Sonnenkirchen. Das mit Saturn und dem Solarplexus resonierende Metall ist Blei und entsprechend wirken saturnische Turmknöpfe - beinahe schwarz, zumindest metallisch grau, dunkel. Außerdem ist die Wirkung von Sonnen- und Saturnkirchen derart unterschiedlich, dass man sie einfach unterscheiden kann. Bisher habe ich noch nie einen Knopf mit umlaufendem Ring auf Saturnkirchen gesehen.

Die Turmknöpfe auf Marskirchen sind platt gedrückte Kugeln, in ihrer Silhouette vergleichbar der eines Rugbyballes. Sie sind aus diesem Grund sehr leicht zu erkennen, unterscheiden sie sich doch in ihrem Aussehen von allen anderen Varianten. Auch sie leuchten idealerweise golden, ab und an sind sie außerdem mit Strahlen imitierenden Dornen versehen, ähnlich einem mittelalterlichen Morgenstern

Der Grund hierfür liegt wieder im Mythos: Mars, der jugendliche Heros steht in patriarchaler Brechung für den jugendlichen Heros, für die an Kraft gewinnende Sonne.

8.4 – Wetterfahnen

Nun wenden wir uns dem Turmabschluss zu. Jeder kennt die verschiedenen Varianten der Turmkrönung, aber wohl niemand zerbricht sich den Kopf darüber, warum ein Kreuz oder ein Hahn auf der Kirchturmspitze zu sehen ist. Auch hier finden wir wieder Verweise zum Mythos des Ortes:

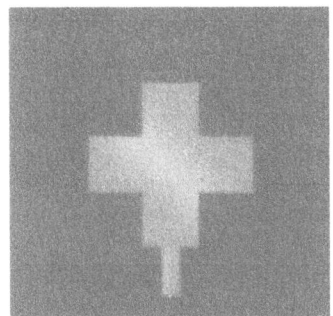

Mond - und Saturnkirchen tragen als Abschluss in aller Regel das Kreuz, welches wir ja auch als Gipfelkreuz auf Bergen kennen. Der Vergleich hinkt in keiner Weise, denn das Kreuz steht in seinem Ursprung nicht für die christliche Religion, sondern für die Göttin, Mutter Erde. Wie wir wissen, lebt die Göttin im Mythos dessen, was als entwickeltes Matriarchat bezeichnet wird, auf den Bergen, ihr Kind in den Wassern. So finden wir das Kreuz auch auf dem Gipfel des Kirchturmes.

Auf Venuskirchen finden wir typischerweise eine sogenannte Wetterfahne, die idealerweise in ihrer Kontur die Sichelform des Mondes wiedergibt, flächig wirkt und oft weitere Verweise enthallt, wie z.B. den Sterntetraeder oder die Hagalrune als Zeichen der Schöpferkraft der Göttin. Oberhalb der Fahne kann noch ein Kreuz oder eine weitere kleine Planetenkugel angebracht sein, eher selten ein Hahn; dies ist abhängig vom Kult und Strahlungsmilieu des Platzes

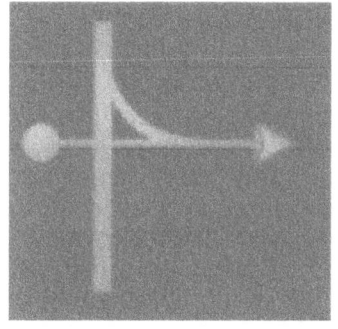

Auch Marskirchen besitzen meist eine Wetterfahne, aber mit einem sehr unterschiedlichen
Aufbau. Wetterfahnen auf Marskirchen weisen
zumeist in irgendeiner Form die Pfeilform aus,
entweder als Pfeil an sich oder in der Ausle-
gung der Gesamtform.

Häufig finden wir zudem an Marskirchen oberhalb der Fahne auch den
Hahn - wieder müssen wir den engen mythischen Bezug des Mars zur
Sonne sehen. Auch ist ab und an zu sehen, dass der Turm mit einem
Kreuz gekrönt wird, aber der vertikale Teil des Kreuzes überdimensional
dem horizontalen Balken gegenübersteht und wieder die Pfeilform besitzt.

Und nun zum Hahn und somit zu den Sonnenkirchen: Das Wort Hahn an sich ist bereits eine
Chiffre und meint den "Hohen Ahn", womit natürlich die Sonne gemeint ist. Das Tier Hahn
wird von Jedem wie selbstverständlich mit der
Sonne, mit dem Sonnenaufgang assoziiert und
genau so kam der Bezug und der Name auch
zustande.

Die Sonne stand gemeinsam mit dem Mond im Zentrum des Fruchtbar-
keitskultes; beide Himmelskörper waren (zurecht) den Menschen für die
Fruchtbarkeit ihrer Mutter existentiell wichtig.
Aber nicht nur, dass: Der Hahn ist ein weithin kündender Phallus, der in
das christliche Abendland hinein grüßt. Noch heute sind im Englischen die
Begriffe für Hahn und Phallus in "cock" als identisch erhalten.
Jupiterkirchen verfügen oftmals über gar keinen oder einen verhältnismä-
ßig kleinen Turmknopf ohne festgelegte Normen. Wieder richtet sich die
Gestaltung nach der Mischung der Schwingungen. Haben Jupiterkirchen
keinen Knopf, dann sehen wir des Öfteren an seiner Stelle eine stilisierte
Lilie, wieder ein Synonym der Schöpfungsrune Hagal. Die Turmspitze
weißt zumeist ein Kreuz oder den Hahn auf, aber auch hier ist eine Festle-
gung nicht angebracht.

9 – Die Darstellung der Erdgöttin in der Dombauhütte

Wenn wir vom Jahreskreis sprechen, dann reden wir über eines der zentralen Mysterien des Matriarchates. Der Kreis und das Rad sind Herzstück der matriarchalen Symbolik, wird doch durch diese die Galaxis, unsere Milchstraße rotierend um das Zentrum der yonischen Muttergöttin dargestellt. Gemäß dem kosmischen Prinzip der Einheit des Ganzen und seiner Wiederkehr im Detail - denken wir nur an die fraktale Mathematik - projiziert sich ausgehend vom zentralen lokalen Kultplatz der Göttin ein lokales Rad der Reinkarnation des Heros in die Landschaft. Unsere Windrose ist ein Abbild des Rades der Göttin Fortuna. Fortuna ist uns heute noch als Glücksbringerin überliefert und stammt von der vorrömischen Vortumna ab: "Die, die das Jahr umdreht". In der matriarchalen, von Lebenszyklen geprägten Vorstellung bildeten Schicksal und Zeit eine Einheit.

Der Jahreskreis des Matriarchats ist die Umsetzung des karmischen Rades der Wiedergeburt der Schicksalsgöttin in die Dreidimensionalität unserer Welt. Karma wird im Jahreskreis noch als das verstanden, was es ursprünglich war und immer meinte: Nicht die Wiedergeburt, um alte Sünden abzutragen oder Unrecht selber zu erdulden, welches man einst Anderen zufügte, sondern schlicht der Kreislauf von Geburt, Tod, Wandlung und Wiedergeburt unter dem Gesichtspunkt der Weiterentwicklung, des Ergreifens neuer Chancen. Reinkarnation heißt nichts anderes als "Wieder-Fleisch-Werdung" des Heros, des Menschen.

Der Jahreskreis der Göttin ist folglich eigentlich der Jahreskreis ihres Kindes, des Heros. Dabei müssen wir wissen, dass die Mutter im Mythos absolut und ewig existiert, die Menschen sich jedoch mit dem Heros identifizieren. Alle Frauen sind Töchter nicht ihrer biologischen Eltern, sondern nennen sich Töchter der Göttin. Alle Männer sind nicht Söhne in unserem Sinne, sondern ebenso Söhne der Großen Bärin. Der Heros steht für den Menschen an sich und ist entsprechend der Göttin untergeordnet. Der Heros versinnbildlicht die Abhängigkeit des Menschen von der Freigebigkeit der Natur.

Entsprechend unseren Einsichten über die drei Gestalten der Göttin und der Funktionalität ihres Heros ergibt sich im Zusammenhang mit der zyklischen Wiederkehr der Jahreszeiten ein Abbild im Kult. Den einzelnen Phasen der Göttin und des Werdeganges des Heros werden ganz bestimmte Himmelsrichtungen zugeordnet, die sich idealerweise vom zentralen Kultplatz der Muttergöttin aus in die Umgebung ausspannen wie die acht Beine einer Spinne.

Die Kreuzspinne ist das Symbol der Göttin und ihres Jahreskreises. Die Spinne hat acht Beine, die die acht Himmelsrichtungen symbolisieren. Zudem trägt sie das Kreuz, Zeichen der Erde und des Phallus, auf ihrem Körper. Sie sitzt auf Beute wartend inmitten ihres kreisrunden Netzes und lässt sich wie alle Spinnenweibchen vom Männchen befruchten, um dieses danach zu töten - eine Analogie zum Mythos von Göttin und Heros. Des Weiteren spinnt sie den Lebensfaden und durchtrennt diesen als Bestimmerin über Leben und Tod. Versinnbildlicht wird dies auch dadurch, dass sie in ihrem Netz Fliegen fängt. Fliegen transportierten im Volksglauben noch heute die Seelen der Verstorbenen.

Die Haupthimmelsrichtungen sind ein Schlüssel, um unsere Orts- und Flurnamen zu verstehen. Der Heros kommt zum Zeitpunkt der Wintersonnenwende zur Welt. Die Sonne hat ihren halbjährlichen Abstieg beendet und beginnt von nun an Kraft zu gewinnen. Der Wintersonnenwende wird die Himmelsrichtung Nordost zugeordnet. Es ist der Zeitpunkt absoluten Neubeginnes, oder wie ein Mathematiker sagen würde, des "Durchganges durch die Null" einer logarithmischen Spirale. Es ist nicht nur eine Geburt, es ist eine Wiedergeburt. Altes kommt in gewandelter Gestalt mit allen Möglichkeiten der neuen Entwicklung zutage. Es ist ein Zustand der Stille, bereichert durch eine optimistische Erwartung. Entsprechend lässt sich auch die Qualität der Himmelsrichtung charakterisieren. Mit der Wintersonnenwende beginnt auch die Phase der jungfräulichen, der Weißen Göttin.

In der Schule lernen wir, dass Kirchen immer in Ost-West-Richtung gebaut werden. Dies stimmt so nicht, blicken wir auf die Pläne unserer Städte. Wichtige Kirchenbauten tendieren, je weiter ihre Erbauung zurück liegt dazu, auf die Himmelsrichtung Nordost ausgerichtet zu sein. Nehmen wir zum Beispiel Erfurt. Alle wichtigen Kirchenbauten weisen keine Ost-West-Ausrichtung auf, sondern eine Ausrichtung entweder exakt nach Nordost, also dem Punkt der Wintersonnenwende oder aber auf Nordostost, den Zeitpunkt der Göttin Juno Februata. Februata gab dem Februar ihren Namen und war die römische und somit bereits patriarchal gebrochene Emanation der Muttergöttin, die der erotischen Liebe zugeordnet war. Wichtiger ist hier jedoch der Fakt, dass Juno ihren Sohn Mars ohne Zutun ihres Mannes Jupiter empfing. Wir sehen den Bezug zur weißen, jungfräulichen Göttin.

Folgen wir dem Jahreskreis im Urzeigersinn: Die Wörter Osten, Ostern und Ostara verraten selbst dem größten Skeptiker ihren gemeinsamen Ursprung. Osten ist die Himmelsrichtung der Frühjahrs-Tag und Nacht-Gleiche. Der Kult feiert den Heros in erwachender, wachsender Kraft. Von seiner Entwicklung hängt die Fruchtbarkeit der Mutter Erde ab. Dennoch bezeichnet Oste(r)n die Muttergöttin, rührt doch Oste(r)n ursprünglich von Astarte, der jungsteinzeitlichen Mutter von Byblos, vergleichbar etwa der Hathor Ägyptens. Ihr Name wandelte sich nur gering entstellt zur Göttin Eostre der (Angel)Sachsen. Ostern ist bereits der Beginn der Phase der Roten Göttin. Fruchtbarkeit steht provokant deutlich im Zentrum des Kultes. Es werden Eier versteckt und bemalt - in Vorzeit vorzugsweise in der Farbe Rot. Auch der Hase ist ein Fruchtbarkeitssymbol: Zum einen ist er das Tier, welches als erstes seine Jungen wirft und zum anderen verbanden die Menschen seine aufgestellten Ohren mit dem Phallus. Gilt die jungfräuliche

Phase der Göttin auch als etwa "schwangere" Phase, so ist die Göttin nun reif und empfängnisbereit.

Osten ist die Himmelsrichtung des Sonnenaufganges, absoluten Aufbruches, großer Ideen und Erwartungen, aber noch unbegonnener Taten. Die Vision ist vorhanden, der Umsetzung bedarf es.

Als nächstes kämen wir nun zur Himmelsrichtung Südost, aber ähnlich Februata machen wir noch eine Zwischenstation auf dem Weg dorthin: Die Nacht vom 30.April zum 01.Mai ist allgemein bekannt als Walpurgisnacht. Die patriarchalen Vereinnahmungsversuche gipfelten in der christlichen Installierung der Heiligen Walpurgis und sind Zeugnis einer gewissen Resignation beim Versuch, alles Weibliche zu verdrängen. In den christlichen Klöstern fern der römischen Machtzentrale hatte sich ein System herausgebildet, welches die Tradition der "Schulen" fortsetzte. Schulen waren von Frauen geleitete Zirkel der Praktizierung von Sexual- und Blutmagie. Beide sind vereint zu sehen, wurde doch dem Gemisch von Sperma und (Kastrations) Blut absolute Kraft zugesprochen. In den Klöstern, damals noch Doppelklöster, wurde dieser Ritus bis hin zum Zeitpunkt des Beginns der Hexenverfolgung weitergegeben, wenn auch damals schon einer ziemlich pervertierten, triebfrustrierten Männerlogik unterworfen. Walpurga ist als historische Figur nicht belegt und soll eine Klostervorsteherin im 8. Jahrhundert in Heidenheim gewesen sein; der Ortsname ist Programm. Vielmehr ist Walpurgis eine im Volk nicht auszulöschen gewesene Variante der Roten Göttin. Ein Freund und Landvermesser hat im Berliner Jahreskreis anhand meiner Vorgabe der Haupthimmelsrichtungen exakt den traditionellen Ort der Walpurgisfeierlichkeiten ausgemessen. Er befindet sich genau dort, wo noch heute der Name auf den Kult und den Heros verweist. In den Überlieferungen gilt Beltane, die eigentliche Bezeichnung des Walpurgisabends, als Beginn der Heiligen Hochzeit. Die Göttin erwählt ihren König. Die Tradition des Aufstellens von Maibäumen symbolisiert die Penetration der Göttin. Das Kreuzsymbol entsteht aus vertikal aufstrebendem Phallus und dem in der Seitenansicht zu einem horizontalen Strich werdenden, die Scheide darstellenden Ring.

Nun aber in den Südosten: Südosten ist die Himmelsrichtung der Sommersonnenwende. Wir sehen, dass wir im Jahreskreis für ein ganzes halbes Jahr nur 90 von 360 Grad verbraucht haben. Dennoch stimmt diese Einteilung mit der Realität überein. Die Zeit ist in der matriarchalen Welt nicht linear, sondern immer zyklisch zu betrachten. Zur Sommersonnenwende steht die Sonne am Höchsten - also der Heros und das männliche Prinzip in seiner vollsten Pracht. Die Sonne befruchtet die Erde. Der Heros befruchtet die Mutter. Das Wort Hochzeit alleine verweist schon auf den hohen Stand der Sonne. Zudem waren die Dolmen, Symbol des Uterus und somit der empfangenden Göttin mit ihrer Öffnung nach Südosten ausgerichtet, damit die Sonne auch diesen Uterus bequem befruchten kann. Flurnamen wie Hohe Sonne künden absolut deutlich von diesem orgiastischen Ritus. Verfolgen wir von diesen Orten aus auf der Karte in entgegengesetzter Richtung (also NW) die Spur, treffen wir oft auf eindeutigste Bezeichnungen. Hohe Sonnen waren sehr oft, aber nicht unbedingt selbst der Feierplatz des Kultes. Sie waren ebenso Markierungspunkte am Horizont zur Himmelsbeobachtung und Zeitpunktbestimmung. Südosten ist die Himmelsrichtung der Aktivität, der Sexualität, einer freudigen Erregung, der puren Lust, einer einzigen Lebensfreude.

Süden ist im Prinzip die Fortsetzung der Heiligen Hochzeit. Die heilige Hochzeit war, wie wir beginnend mit Beltane sehen kein einmaliges Ereignis, sondern ein anhaltender Prozess. Die Priesterin zelebrierte als Stellvertreterin der Göttin den Sexualritus kontinuierlich, denn von diesem hing in der mythischen Vorstellung Fruchtbarkeit und somit Wohl und Wehe des Volkes ab. Konnte der von ihr erwählte "König" sie sexuell nicht (mehr) stimulieren oder reizen, konnte dies zu seinem Tode führen. Sinn des Heros war eh' sein Niedergang und Opfertod, eine uns brutal anmutende Vorstellung, unter dem Gesichtspunkt der Reinkarnation aber absolut ohne Schrecken, sondern von Ehre behaftet. Süden ist die Himmelsrichtung der Fülle, der Erfüllung, aber auch der beginnenden Ernte. Das Leben ist süß, die Bäume tragen die ersten Früchte. Die Phase der rituellen Geilheit erreicht ihren Höhepunkt und zugleich ihr Ende.

Der Südwesten steht ganz im Zeichen der Ernte. Ernte und Erntedank sind die beiden Stichwörter. Es ist die Zeit der Erfüllung aller Anstrengungen und eine Zeit der Entspannung, der Erholung nach getaner Arbeit. Die Menschen haben buchstäblich eine "schöne" Zeit, was sich auch in entsprechenden Ortsnamen widerspiegelt. Wir befinden uns noch in der Phase der Roten Göttin. Der Altweibersommer ist im Volk als die Zeit bekannt, in der es noch einmal "richtig schön" wird. Mit dem alten Weib ist selbstredend die Göttin gemeint. Der Heros ist in seiner Funktion ohne Bedeutung geworden, seine Mission hat sich ein Jahr mehr erfüllt. Dennoch gilt der Dank auch ihm, denn ohne ihn hätten sich die Menschen nicht ihre Lebensgrundlage sichern können. Er geht seiner Bestimmung, seinem Opfertod entgegen.

Gehen wir weiter im Jahreskreis. Die Herbst-Tag und Nacht-Gleiche markiert mit dem dritten markanten Ereignis im Jahreslauf der Sonne zugleich auch den Übergang der Phase der Roten Göttin zu der der Schwarzen Göttin. Die Phase von Tod und Wandlung des Heros steht an, die dunkle Jahreszeit beginnt, die Alte Frau regiert. Der Westen ist die Himmelsrichtung, die zweierlei symbolisiert. Zuerst einmal den Tod des Heros und zum anderen aber auch Kraft und Macht, denn dank seiner befruchtenden Kraft schwelgen die Menschen im Überfluss der Gaben von Mutter Natur. Zudem sind die Menschen durch ihre materielle Absicherung in den Stand versetzt, selber für ihr Überleben bis zum nächsten Zyklus zu sorgen. Dies ist die Macht, die gemeint ist. Die Redewendung vom "goldenen Herbst" erinnert noch heute an die letzten Tage im irdischen Dasein des sonnengoldenen Heros. Das tradierte Fest kennen wir als Samhain (Samhuin), oder im amerikanisierten TV-Zeitalter wohl eher als Halloween. In der Vorstellung der Menschen öffnet sich die Erde und nimmt stellvertretend den Heros in sich auf. Rituell wurde dieser Brauch durch die Bestattung in den allbekannten Hügel (Hünen)gräbern vollzogen.

Nordwesten bezeichnet die Phase tiefster Einkehr und Bestandsaufnahme. Tief in des Wortes Sinne ist der Mensch eingetaucht in die Unterwelt. Bestandsaufnahme meint nicht eine Inventur materieller Güter, sondern bezieht sich auf die Prüfung des menschlichen Innenlebens und Seelenheiles. Der Mensch hat in der Tat nichts anderes zu tun und Zeit dafür. Er prüft seine Handlungen wie seine Gedanken. Dies ist Kern des Prozesses von Tod, Wandlung und Wiedergeburt. Der Philosoph würde von These, Analyse und Synthese sprechen.

Im Norden, das Wort sagt es uns schon, wohnt die dreigestaltige Göttin ansich. Die Norne war die Vorläuferin der dreieinigen Göttin und gab ihren Namen so weiter. Wieder ist Macht das Stichwort, aber diesmal eben eine andere Macht als es die Qualität des Westens meint: Es ist die Macht durch Spiritualität, durch Einklang des Menschen mit der Mutter, mit dem Universum. Diesen Einklang erreicht der Mensch durch die Wandlungsarbeit des Heros in der Unterwelt. Im Norden des Jahreskreises finden wir sehr oft die wichtigen Orakelplätze. Die Zeichen der Göttin werden aus der Anderswelt empfangen und gedeutet.

Auch finden wir die Jahreskreise zu "Herrscherrädern" pervertiert in der Priesterausbildung des Patriarchats wieder, etwa im druidischen System der Kelten. Jahreskreise waren einst Ausdruck des Einklanges von Menschen und Natur, ja der Einheit von beiden. Die Nutzung des Kraftfeldes der Jahreskreise zum Machtaufbau und Machterhalt von manipulativen und lebensfeindlichen Systemen ist Teil des Herrschaftswissen, welches sich Logen und Geheimbünde zu eigen machen.

9.1 – Der rote Aspekt

Die rote Göttin erhält ihre Farbbezeichnung von der ihr zugeordneten Vollmondphase. Der Brechung ihres Mythos war Hauptanliegen und Hauptnotwendigkeit während der patriarchalen Überformung tradierter Kulturen. Patriarchale Systeme können nur existieren und von der Masse getragen werden, wenn die Menschen von ihren ureigensten Bedürfnissen, ihren innersten Trieben getrennt und gespalten sowie zur Entladung aufgestauter Energie in Destruktion "befähigt" werden.

Die rote Phase der Göttin steht für die reife, fruchtbare, erotische, sexuell aktive und fordernde Frau, für die Liebe in all ihren möglichen Interpretationsmöglichkeiten. Sie ist es, die den König erwählt, in der Periode der heiligen Hochzeit den Heros des folgenden Zyklus empfängt und die Frucht-

238

barkeit sichert. Ihr zu Ehren wurden orgiastische Riten vollzogen, die uns noch heute geheimnisumwittert aus den Geschichtsbüchern (zumeist in neurotisierter Rezeption) entgegenwabern.

Die rote Göttin steht für das nährende Prinzip und Fruchtbarkeit und wird somit auch in entsprechendem Kontext dargestellt. Legendär ist die sie symbolisierende "heilige" Kuh, die Milchgeberin bzw. Amme. Aber auch Hündin, Ziege, Biene und Schaf stehen in dieser Reihe.

Das mythische Welt-Ei oder auch goldene Ei ist der Garant für Glück und Fruchtbarkeit. In der Vorstellung der matriarchalen Welt hatte die schaffende Kraft im Ursprung die Form eines Eies und wurde im Vollmond wiedererkannt. Entsprechend steht das Ei als ein Symbol der roten Göttin. Zauberringe und Zaubergürtel symbolisieren ebenso die Yoni der Göttin wie Früchte, die mit der äußeren Gestalt der Vagina assoziiert werden (z.B. Mandel, Feige, Pflaume) oder wie der (Liebes)Apfel Sinnbild der tantrischen Vereinigung sind. Vereinzelt sind auch Göttinnendarstellungen aus der Zeit vor der Notwendigkeit der Sprache durch Symbolik erhalten. So kennen wir Göttinnen mit einer überdimensional groß wiedergegebenen Vagina oder Abbildungen mit übergroßen und/oder überdurchschnittlich vielen, mitunter auch noch in der Eiform gehaltenen Brüsten. Später wird die Vagina z.B. durch die Mandorla oder das Sternen- bzw. Perlentor chiffriert.

Die Zuordnung der Vögel zur roten Göttin zeigt uns zuvorderst die Taube als mächtigste Analogie, neben Rebhuhn, Möwe und Storch stehend. Der Schwan, den wir auch der weißen Göttin zugestellt finden, wird auch als Tier der Aphrodite und somit der roten Göttin überliefert.

Die rote Göttin beherrscht, teilen wir mit Heide Göttner-Abendroth die matriarchale Welt in der Reflexion der Menschen in drei "Stockwerke" ein, die mittlere Etage, alles Irdische, das Land und das Meer, das Leben der Menschheit. Sie sichert das Leben in der Realität und ist die manifestierende Qualität in der göttlichen Trinität der einen Großen Göttin. Das Prinzip ihres Wirkens ist das der Handlung und der Tat.

9.2 – Der weiße Aspekt

Die weiße Göttin ist nicht zu verwechseln mit der in vielen deutschen Sagen und Mythen vorkommenden "Weißen Frau". Diese Weiße Frau ist eine - unsere - Reminiszenz an die Göttin an sich, unabhängig von deren Phase. Menschen, die ihre Medialität wiederentwickeln, können diese Weiße Frau an den entsprechenden Orten wahrnehmen und erkennen, dass diese etwas Umfassendes, Ausschließliches verkörpert. Die weiße Göttin, wie ich sie hier vereinfachend bezeichne, erhält ihren Namen durch die ihr zugeordnete symbolische Mondfarbe; Weiß ist die dem Sichelmond zugeordnete Farbe.

Die weiße Phase ist ein Aspekt der Göttin. Sie symbolisiert die heranwachsende und ungestüme Frau bzw. das Mädchen und geht in der zeitlichen Abfolge der roten und schwarzen Phase voran. Entsprechend ist ihre Zeit die des Frühjahres, des Erwachens und Werdens. Ihr prägendes Merkmal ist ihre Jungfräulichkeit. Diese Jungfräulichkeit wurde bei den nachfolgenden patriarchalen Überformungen zumeist beibehalten und auf rituell verehrte Frauengestalten verallgemeinert. Natürlich müssen wir in diesem Kontext an Marias unbefleckte Empfängnis denken. Die Jungfräulichkeit der weißen Göttin hat allerdings nichts zu tun mit der uns in Fleisch und Blut übergegangenen Lustfeindlichkeit der adaptierenden autoritären Kulturen, sondern ist einfach Ausdruck des Beginnens eines zyklisch wiederkehrenden Prozesses.

Neben der Jungfräulichkeit finden wir bei der weißen Göttin als stärkstes Merkmal deren Wildheit, die sich in der Herrschaft über die Jagd und den Kampf äußert. Sie ist ungestüm, fordernd, vorwärtsdrängend, treibend, ungeduldig und noch etwas "grün" hinter den Ohren.

Dem Charakter der jungen Göttin entsprechen die ihr zuzuordnenden Symbole: Da sind die Attribute der Jagd wie Pfeil und Bogen (oft noch heute assoziiert mit Dana/Artemis, auch wenn diese einst eine trinäre Göttin war) sowie in diesem Zusammenhang jagdbare Tiere. Je nach Region werden der weißen Göttin unterschiedliche, als sehr kraftvoll und kämpferisch verstandene Tiere zugeordnet, so z.B. (Raub)Katzen. Ebenso regional bedingt ist die Unterscheidung der ihren Himmelswagen ziehenden Tiere. So treffen wir auf Hirsch oder Löwe.

Die Zuordnung der Vögel zu den einzelnen Phasen der Göttin gestaltet sich etwas komplizierter und ist auch in der entsprechenden Literatur oft einander widersprechend. Gemäß der Charakteristik der weißen Göttin stelle ich Adler, Gans, Kuckuck, Pfau und Schwan in Beziehung zu dieser.

Die weiße Göttin beherrscht, teilen wir mit Heide Göttner-Abendroth die matriarchale Welt in der Reflexion der Menschen in drei "Stockwerke" ein, die oberste Etage, den Himmel. Verbunden hiermit ist zum einen die Herrschaft über die atmosphärischen Gewalten, aber auch die Kontrolle über die strahlende, lichte astrale Welt. Dort finden wir in der matriarchalen Vorstellung die göttlichen Gestirne, die Mondhäuser und aber auch in den einzelnen Sternen die Seelen aller verstorbenen oder noch inkarnierenden Menschen. Das Prinzip ihres Wirkens ist das der Hoffnung und Erwartung.

9.3 – Der schwarze Aspekt

Die schwarze Göttin erhält ihre Farbbezeichnung von der ihr zugeordneten Mondphase, dem Neumond. Im Neumond sehen wir bereits das Hauptmerkmal der schwarzen Phase der Göttin. Sie ist im Grunde nicht sichtbar, sondern wirkt aus der Unsichtbarkeit heraus. Im Verlauf der Verdrängung der Göttin als dreieiniger Erscheinung aus dem Bewusstsein der Gesellschaften blieb einzig der Charakter der schwarzen Göttin erhalten und Frauengestalten zugeordnet; das Ziel ist klar: Tod und Vergehen wurden dem zu unterwerfenden Geschlecht "übergeholfen", Freiheit, Wachstum und Fruchtbarkeit gingen auf männliche Götter über.

Dabei ist die Reduzierung der schwarzen Göttin auf Tod und Vergehen unzulässig und beschreibt nur das Unverständnis des matriarchalen Weltbildes. Die schwarze Phase der Göttin steht für die alte, weise Frau, die Greisin. Sie ist die Herrscherin über die Unterwelt, sie spinnt und durchtrennt den Lebensfaden. Aber nicht um zu vernichten, sondern um den Zyklus von Gebären - Befruchten - Vergehen - Reinkarnation aufrecht zu erhalten. Wir finden ein tiefes Verständnis kosmischer Rhythmik, universalen Aus- und Einströmens.

Die schwarze Göttin ist die Herrscherin über das Jenseits, die Unterwelt. Sie steht für Tod, Wandlung und Wiedergeburt im karmischen Jahreslauf. Noch einmal sei gesagt: Reinkarnation ist im matriarchalen Weltbild eine akzeptierte Tatsache, aber der Sinninhalt von Karma ist noch ein Ursprünglicher, mit dem patriarchal forcierten Leidensbegriff unvereinbarer. Karma heißt hier noch: Es gibt eine neue Chance, nutze sie! Mache es einfach anders und besser.

Die Symbole der schwarzen Göttin sind uns sehr vertraut: Neben der Farbe Schwarz finden wir einen weiteren Verweis auf überlieferte Darstellungen der Hexe, nämlich den Spinnrocken (vgl. engl. "rocket" = Rakete), später als Besen missverstanden und sprichwörtlich geworden. Dazu stellen sich weitere Attribute mit Herkunft aus der Textilherstellung, zuvorderst die Spindel, das Spinnrad, der (Schicksals-/Ariadne-)Faden, das Spinnen und Weben an sich. Die Spinne, zumeist die Kreuzspinne, steht ebenso für die schwarze Göttin wie viele Tiere, die der Unterwelt zugeordnet (Schlange, Lindwurm, Drache, Greif), nachtaktiv (Eule, Fledermaus) oder schwarz bzw. weiß (Pferd, Hund) sind. Weitere Verweise auf die Schicksalshaftigkeit der schwarzen Göttin sehen wir im Todesapfel (das Apfelparadies bzw. Appeland, Avalon) und der Waage als Zeichen der Gerechtigkeit aus Weisheit.

Die Zuordnung der Vögel zur schwarzen Göttin zeigt neben der o.g. Eule weiter die Krähe, den Kolkraben, die Elster, den Falken, den Ibis, den Zaunkönig und den Geier.

Die schwarze Göttin beherrscht das Schicksal, und somit auch die Magie und das Orakel. Als die Alte, Wissende steht sie zudem für das Künstlerische und Wissen Schaffende. Beide Begriffe sind jedoch nicht mit unserer heutigen Auffassung hinlänglich beschrieben. Viel stärker ist hier die Akzeptanz von Intuition, Medialität und Erfahrung einzubeziehen. Das Prinzip des Wirkens der schwarzen Göttin ist das der Prüfung und der Transformation.

9.4 – Der Heros

Sehen wir im Weltbild des entwickelten Matriarchates eine deutliche Trinität der Göttin mit der Unterteilung in die weiße, rote und schwarze Phase, so können wir dies nicht auf den Heros übertragen. Korrespondierend mit den einzelnen Phasen der Göttin verkörpert der Heros auch unterschiedliche Qualitäten, allerdings definiert er sich immer in Abhängigkeit zur Großen Mutter. Er beschreibt seinen Gang durch den Jahreskreis nicht aus eigenem Antrieb heraus; immer bleibt die kosmisch- zyklische Allmacht der Göttin die treibende Kraft. Sahen die Menschen die Göttin als die allmächtige, absolute Urkraft, so nahm der Heros in der Beziehung zur Göttin eine Stellung analog der der Menschheit ein.

Gemäß den drei Phasen der Göttin können auch dem Heros jahreszeitlich bedingte Qualitäten zugewiesen werden. Der neugeborene, junge bis pubertierende Heros steht im Frühling. Der geschlechtsreife, befruchtende Mann charakterisiert den Heros im Sommer. Den sich opfernden, die Wandlungsarbeit in der Unterwelt leistenden Heros finden wir zur schwarzen Göttin gestellt im Herbst und Winter. Bei all dem bleibt der Heros jedoch immer von kindlicher, unreifer Natur. Dies scheint im Widerspruch zu seiner Rolle als potenter Befruchter zu stehen, erschließt sich jedoch in seiner Abstammung aus der Muttergöttin.

Der Sinn des Heros im Frühjahr erfüllt sich in seiner Initiation. Hiermit ist der Erwerb bzw. der Nachweis seiner Befähigung als Befruchter der Göttin gemeint. Unser Wort "König" beschreibt genau diese Qualität. Diese Initiation wird, mitunter bereits patriarchal gebrochen, in verschiedenen Varianten geschildert. Am ursprünglichsten ist die Initiation auf gewaltlosem Wege durch den Nachweis bzw. Erwerb von magischen Attributen wie Fähigkeiten und eines intuitiv kosmischen Bewusstseins des All-Eins-Seins. In Märchen wird dieser "Wissenstest" oft als eine Abfolge dreier zu lösender Rätsel tradiert.

Weiter finden wir die Kür des Königs/ Heros aus einem Kampf heraus: Noch sehr nahe am Ursprung ist die Initiation des Heros aus einem Wettkampf mit mythischen Tieren, vor allem einer Schlange oder einem Drachen, aber auch dem Hund, Wolf und Löwen. Schon hier sehen wir einen ersten Ansatz gewaltsamen Eingreifens in eigentlich naturgegebene, sich ohnehin erfüllende Abläufe. Drastischer wird dieser Einbruch der Gewalt bei den Initiationsmythen deutlich, die von einem Mord am Amtsvorgänger, dem Königsvater oder dem Mörder des eigenen Königsvaters erzählen. Das Prinzip dieser ersten Phase des Heros ist das der Macht.

Der befruchtende Mann im Sommer wird gerne mit der Bedeutung des Heros an sich gleichgesetzt. Im Prinzip ist dies sowohl richtig als auch grundfalsch: Natürlich ist es an ihm, sich in der Heiligen Hochzeit, die tatsächlich eine Zeit(spanne) und kein Zeitpunkt ist, mit der Göttin zu vereinigen, sie zu befruchten und so für irdischen Wohlstand zu sorgen. Aber kann ein Heros ein Heros sein ohne Nachweis seiner Befähigung und einer entsprechenden Weihe? Und kann ein Heros zum Heros werden ohne seine Neugeburt nach seinem Opfer und seiner Transformation? Nein. Der befruchtende, phallische Heros ist ein wesentlicher Aspekt, aber keinesfalls isoliert zu betrachten.

Das Prinzip der zweiten Phase des Heros ist das der Lust.

Der Tod des Heros ist immer ein Opfertod. Nur in seiner selbstlosen Hingabe erfüllt sich sein Wesen. Reinkarnation bedeutet Wiederfleischwerdung des Heros. Folglich verliert sein Opfer jeden grausamen Anstrich, versetzt man sich in das matriarchale Wertesystem. Sein Opfer, entweder vollzogen direkt durch die Göttin/ Priesterin/ Königin, durch der Göttin zugeschriebene mythische Tiere oder aber später durch den Herosnachfolger ist wichtig im Sinne des kosmischen Prinzips von Werden und Vergehen, von Einatmen und Ausatmen. Mit seinem Opfer geht der Heros ein in die Unterwelt, in der er stellvertretend für die Menschen die kathartische Arbeit von Transformation vollzieht.

Das Prinzip der dritten Phase des Heros ist das einer kosmischen, bedingungslosen Hingabe und Liebe.

Die Symbole des Heros sind sehr vielfältig und stehen stets direkt oder in Analogie zum erigierten Glied und/oder den Hoden. Entweder werden Phallen direkt oder nur wenig verfremdet etwa in Säulen dargestellt. Oder aber Tiere wie der Hahn, das Rotkehlchen, die Möwe oder der seine Löffel aufstellende Hase kodieren den Phallus. Exakt dieselbe Funktion haben männliche, gehörnte Tiere. Die unserem Empfinden zuwiderlaufenden Bräuche von Stierkampf oder Hahnenkampf sind nichts anderes als inzwischen unverstandene und durch ihre Entwurzelung verkommene Opferriten. Aber das allumfassende und allgemeingültige Symbol des Heros ist die Sonne.

LITERATURVERZEICHNIS

Teil 1und 2

Beck, Andreas — Der Untergang der Templer
Verlag Herder, 1993, ISBN: 978-3730601891

Berckhemer, Hans — Grundlagen der Geophysik
Wissenschaftliche Buchgesellschaft
Darmstadt, 1990, ISBN: 3-534-03974-2

Berger, Dieter — Geographische Namen in Deutschland
Duden Verlag, 1996/99, ISBN: 3-411-06252-5

Bronowski, Jacob — Der Aufstieg des Menschen
Stationen unserer Entwicklungsgeschichte
Verlag Ullstein GmbH, Frankfurt/Main, 1973
ISBN: 3-550-07471-9

Carmin, E. — Das schwarze Reich
Heyne Verlag, ISBN: 9783453160187

Cousto — Die kosmische Oktave
Synthesis Verlag Siegmar Gerken, 1984
ISBN: 3-922026-24-9

Devereux, Paul — https://en.wikipedia.org/wiki/Paul_Devereux

Büchergilde Gutenberg — Die deutschen Burgen und Schlössern
S. Fischer Verlag, Franfurt am Main, 1987
ISBN: 3-7632-3347-4

Drößler, Rudolf — Astronomie in Stein
Prisma Verlag, Leipzig, 1990
ISBN: 3-7354-0019-1

Ehrenmal Wittringen
https://de.wikipedia.org/wiki/Freizeitst%C3%A4tte_Wittringen

Euklids Elemente, fünfzehn Bücher, übersetzt von Johann Friedrich Lorenz, Halle 1781
https://reader.digitale-sammlungen.de //de/fs1/object/display/
bsb10235925_00005.html

Euklids Elemente   https://de.wikipedia.org/wiki/Elemente_(Euklid)

Essener Münster
https://de.wikipedia.org/wiki/Essener_M%C3%BCnster

Externsteine   https://de.wikipedia.org/wiki/Externsteine

Ahnenerbe
https://de.wikipedia.org/wiki/Forschungsgemeinschaft_Deutsches_Ahnener
be

Freund, Michael   Deutsche Geschichte
                         Verlag für Wissen und Bildung, 1972
                         Verlagsgruppe Bertelsmann Nr 196

Frisby, John P.   Optische Täuschungen
                         Sehen, Wahrnehmung, Gedächtnis
                         Weltbild Verlag, Augsburg, 1987
                         ISBN: 3-926187-24-7

Geomantie im Ruhrgebiet   https://www.pimath.de/PiRuhr/index.htm

Hartmann, Ernst   Krankheit als Standortbestimmung
                         5. Auflage, Karl F. Haug Verlag, Heidelberg, 1986
                         ISBN 3-7760-0653-6

Hammer E.   Lehr- und Handbuch der ebenen und sphärischen
                         Trigonometrie, Stuttgart 1916

Hartmann, Ernst
https://de.wikipedia.org/wiki/Ernst_Hartmann_(Mediziner)

Hartmann, Ernst
https://www.pimath.de/diverses/ernst_hartmann.html

Heinrich, Arno   Ur-Geschichte im Ruhrgebiet
                         Edition Agora, 1992, ISBN: 978-3929439205

Heinsch, Joseph   Vorzeitliche Ortung in kultgeometrischer Sinndeu-
                         tung
                         Allgemeine Vermessungs-Nachrichten
                         Heft 22+23, Jahrgang 1937

Heinsch, Joseph	Vorzeitliche Raumordnung als Ausdruck magischer Weltschau, Moers, 1959
Heinsch, Joseph	Zur Wiederaufdeckung der vorchristlichen Kultgeographie, Moers, 1959
Himmler, Heinrich	https://de.wikipedia.org/wiki/Heinrich_Himmler
Hüttermann, Armin	Karteninterpretationen – in Stichworten Geographische Interpretation topographischer Karten Verlag Ferdinand Hirt, Kile, 1981 ISBN: 3-554-80356-1
Irminsul	https://de.wikipedia.org/wiki/Irminsul
Jänich, Klaus	Topologie Springer-Lehrbuch, ISBN: 978-3-662-10575-7
Knaur Verlag	Knaurs Weltatlas Istituto Geografico De Agostini, Novara Lexikografisches Institut, München Knaur Verlag, 1988
Koch, Wilfried	Baustilkunde Bertelsmann Lexikon Verlag, Gütersloh, 1193 ISBN: 3-570-10524-5
Kusch, Lothar	Mathematik 2 – Geometrie und Trigonometrie Cornelsen Verlag, Berlin, 11. Auflage 2012 ISBN: 978-3-464-41302-9
Lentz, Andreas	Geomantie/Tiefenökologie Neue Erde Verlag, 1998, ISBN: 3-89060-485-4
Ley-Linie	https://de.wikipedia.org/wiki/Ley-Linie
Machalett, Walther	Die Externsteine: Das Zentrum des Abendlandes Hallonen-Verlag, Maschen, 1970
Machalett, Walther	https://de.wikipedia.org/wiki/Walther_Machalett

Michell/ Wagner	Maßsysteme der Tempel Neue Erde Verlag, 1988 ISBN: 3-89060—009-3
Michell, John	https://en.wikipedia.org/wiki/John_Michell_(writer)
Miers, Horst. E	Lexikon des Geheimwissens Goldmann Verlag, 1980, ISBN: 9783442121793
Möller, Jens M.	Geomantie in Mitteleuropa Aurum Verlag, 1988, Braunschweig ISBN: 3-591-08272-4
Pennick, Nigel	Hitlers secret scienes Neville Spearman Limited, 1981
Pennick, Nigel	The ancient science of Geomancy Thames and Hudson Ltd. London, 1979 ISBN: 0 500 05032 5
Pennick, Nigel	https://en.wikipedia.org/wiki/Nigel_Pennick
Petrahn, Günter	Grundlagen der Vermessungstechnik Cornelsen Verlag, 1996, ISBN: 3-464-43305-6
Piontzik, Klaus	Gitterstrukturen des Erdmagnetfeldes Books on Demand, Norderstedt, 2006 ISBN: 9-783833-491269
Piontzik, Klaus	Planetare Systeme der Erde 1 Klassische Systeme Books on Demand, Norderstedt, 2012 ISBN: 978-3-7494-8112-5
Piontzik, Klaus	Planetare Systeme der Erde 2 Systeme der Radiästhesie Books on Demand, Norderstedt, 2020 ISBN: 978-3-7504-3144-7
Piper, Otto	Burgenkunde Bauwesen und Geschichte der Burgen Piper & Co. Verlag, München, 1912 ISBN: 3-8035-0316-7

Pogačnik, Marco   Die Erde heilen
Eugen Diederichs Verlag, 1989,
ISBN: 978-3424009910

Pogačnik, Marco   Schule der Geomantie
Droemersche Verlagsanstalt, München, 1996
ISBN: 3-426-87033-9

https://de.wikipedia.org/wiki/Marko_Pogacnik

Rathaus Bottrop   https://de.wikipedia.org/wiki/Rathaus_Bottrop

Sedlmayr, Hans   Die Entstehung der Kathedrale
VMA Verlag, 1976, ISBN: 978-3451041815

Skinner, Stephen   Chinesische Geomantie
Goldmann Verlag, 1983, ISBN: 978-3-442-11786-0

Stemberger, Günter   2000 Jahre Christentum
Illustrierte Kirchengeschichte in Farbe
Manfred Pawlak Verlagsgesellschaft
Salzburg, 1983, ISBN: 3-88199-122-0

Teudt, Wilhelm   Germanische Heiligtümer
Severus Verlag;
ISBN: 978-3863476526

Teudt, Wilhelm   https://de.wikipedia.org/wiki/Wilhelm_Teudt

Torge, Wolfgang   Geodäsie
Sammlung Göschen 2163
Walter de Gruyter, Berlin, New York, 1975
ISBN: 3-11-004394-7

Walters, Derek   Feng-Shui – Die Kunst des Wohnens
Goldmann Verlag, München, 1998
ISBN: 3-442-16120-7

Watkins, Alfred   https://en.wikipedia.org/wiki/Alfred_Watkins

Wewelsburg   https://de.wikipedia.org/wiki/Wewelsburg

Wilhelm-Denkmal (Essen)
https://de.wikipedia.org/wiki/Kaiser-Wilhelm-Denkmal_(Essen)

Wirth, Herman   https://de.wikipedia.org/wiki/Herman_Wirth

Yggdrasil   https://de.wikipedia.org/wiki/Yggdrasil

Teil 3

Günther Binding, Gabriele Annas, Bettina Jost, Anne Schunicht
      Baubetrieb im Mittelalter
      Darmstadt 1993

Karl Friederich   Die Steinbearbeitung in ihrer Entwicklung vom 11. bis zum 18. Jahrhundert
Augsburg Reprint d. Orig.-Ausg. [Augsburg 1932], Ulm 1988, vorher: masch. phil. Diss., Karlsruhe 1929

Johann Wolfgang von Goethe
      Kunst und Alterthum am Rhein und Mayn.
      1. Heft; 1816

Graf, Uwe   http://www.Onomantie.de, Symbole der Bauhütte

Konrad Hecht   Maß und Zahl in der gotischen Baukunst,
3 Teile in einem Band,
2. Nachdruck der Ausgabe
Göttingen 1969-72, Olms, Hildesheim 1997

Carl von Heideloff   Die Bauhütte des Mittelalters in Deutschland
Nürnberg 1844

Ferdinand Janner   Die Bauhütten des deutschen Mittelalters
Leipzig 1876

Werner Jüttner   Ein Beitrag zur Geschichte der Bauhütte und des Bauwesens im Mittelalter
Köln 1935

Kieslinger, Alois   Die Steine von St. Stephan
Wien 1949

Gottfried Kiesow	Architekturgeschichte in: Naturstein und Umweltschutz in der Denkmalpflege hrsg. vom Berufsbildungswerk des Steinmetz- und Bildhauerhandwerks Ulm 1997
Hans Koppelt	Steinmetzzeichen in Ost-Unterfranken. Ein Beitrag zur Handwerks- und Baugeschichte, Würzburg 1977 (= Festgabe der Handwerkskammer für Unterfranken zum Deutschen Handwerkstag 13./14. Juni 1977 in Würzburg, hrsg. v. d. Handwerkskammer Unterfranken)
Karl List	Die Steinmetzzeichen von St. Cyriak in Sulzburg (Kr. Müllheim), in: Nachrichten der Denkmalpflege in Baden - Württemberg 5/ 4 (1962)
Horst Masuch	Steinmetzzeichen. Eine Einführung zu einer systematischen Erfassung, in: Berichte über die Tätigkeit der Bau- und Kunstdenkmalpflege in den Jahren 1989 - 1990, hrsg. v. Christiane Segers-Glocke Hameln 1992
Clemens Pfau	Das gotische Steinmetzzeichen Leipzig 1895
Otto Erwin Plettenbacher	Vom alten und vom neuen Steinmetzzeichen. Was jeder Steinmetz von seinem Ehrenzeichen wissen muß Wien 1961
Franz von Ržiha	Studien über Steinmetz-Zeichen mit einem Vorwort von Hendrik Heidelmann Reprint d. Orig.-Ausg. Wien 1883, Wiesbaden, Berlin 1989
Louis Francis Salzman	Building in England down to 1540 A documetary History Oxford 1992

Elisabeth Schatz

Über Steinmetzzeichen.
Zur Bedeutung und Dokumentation eines mittelalterlichen „Markenzeichens" am Fallbeispiel der „Doppelwendeltreppe" der Grazer Burg
phil. dipl. Graz 2005

Alfred Schottner

Das Brauchtum der Steinmetze in den spätmittelalterlichen Bauhütten und dessen Fortleben und Wandel bis zur heutigen Zeit
phil. Diss., Münster 1991

Louis Schwarz

Die deutschen Bauhütten des Mittelalters und die Erklärung der Steinmetzzeichen
Berlin, 1926

George Edmund Street „Gothic Architecture in Spain" in zwei Bänden
New York 1914

Michael Werling

Die Baugeschichte der ehemaligen Abteikirche Otterberg unter besonderer Berücksichtigung ihrer Steinmetzzeichen
Kaiserslautern 1986

Rudolf Wissell

Des alten Handwerks Recht und Gewohnheit
Berlin 1929
2 Bände (Geschichte des deutschen Handwerks)

Zappe, Alfred

Steinmetzzeichen.
Ihre geschichtliche Entwicklung und Bedeutung unter besonderer Berücksichtigung der Bauhütten
in: Archiv für Sippenforschung und alle verwandten Gebiete. Mit praktischer Forschungshilfe 29/9 (1963)

Bilderverzeichnis

Seite

11   Skinner, Stephen   Chinesische Geomantie, Seite 133

12   https://de.m.wikipedia.org/wiki/Datei:Alfred_Watkins_-_Map_of_two_leys.jpg

13   Pogačnik, Marco   Die Erde heilen, Seite 30

16   Möller, Jens M.   Geomantie in Mitteleuropa, Seite 101

49   Möller, Jens M.   Geomantie in Mitteleuropa, Seite 195

49   Möller, Jens M.   Geomantie in Mitteleuropa, Seite 129

117   Heinsch, Joseph   Vorzeitliche Raumordnung als Ausdruck magischer Weltschau

118   https://de.wikipedia.org/wiki/Externsteine

118   Möller, Jens M.   Geomantie in Mitteleuropa, Seite 46

119   Möller, Jens M.   Geomantie in Mitteleuropa, Seite 48

138   Möller, Jens M.   Geomantie in Mitteleuropa, Seite 195

150   Ausschnitt Topographische Karte 4407

156   Möller, Jens M.   Geomantie in Mitteleuropa, Seite 53

177   https://www.wewelsburg.de/

205   https://de.wikipedia.org/wiki/Helena_Petrovna_Blavatsky
https://de.wikipedia.org/wiki/Rudolf_Steiner

206   https://en.wikipedia.org/wiki/John_Woodroffe

212   https://www.urocnice.eu/
https://www.jewishpress.com/

228-233   Graf, Uwe   http://www.onomantie.de (existiert nicht mehr)

Alle anderen Bilder entstammen dem Archiv des Autors.